国家"双高计划"建筑钢结构工程技术专业群成果教材
高等职业教育土建类"十四五"系列教材

建筑工程测量（活页式）

JIANZHU
GONGCHENG CELIANG
（HUOYESHI）

编　陈　锋　文　学　雷朋涛
主编　吴永春　李亚泽　欧阳亚
编　陈　超　刘　雄　张亮亮
审　张红兵

活页式教材

华中科技大学出版社
http://press.hust.edu.cn
中国·武汉

内 容 简 介

本书由黄冈职业技术学院、湖北城市建设职业技术学院、甘肃工业职业技术学院与中国铁路设计集团有限公司、中国电力工程顾问集团中南电力设计院有限公司、武汉久违空间信息技术有限公司校企合作编写。

本书从培养应用型人才的目标出发，岗课赛证融通，教学内容全面对接测量技能大赛和"1+X"证书试点。本书共分为 14 个学习情境，包括测量基础知识、水准测量、角度测量、距离测量与直线定向、测量误差的基本知识、全站仪及 GNSS 测量原理、小区域控制测量、地形图的测绘与应用、施工测量的基本工作、施工控制测量、民用建筑施工测量、工业建筑施工测量、道路工程测量、建筑物变形观测和竣工总平面图测绘等内容。

为了方便教学，本书还配有电子课件等资料，任课教师可以发邮件至 husttujian@163.com 索取。

本书可作为高职高专土建类专业测量相关课程的教材，也可作为教师和相关工程技术人员学习测量使用技术的参考书。

图书在版编目(CIP)数据

建筑工程测量：活页式/陈锋，文学，雷朋涛主编. —武汉：华中科技大学出版社，2023.6
ISBN 978-7-5680-9548-8

Ⅰ.①建… Ⅱ.①陈… ②文… ③雷… Ⅲ.①建筑测量-高等职业教育-教材 Ⅳ.①TU198

中国国家版本馆 CIP 数据核字(2023)第 112971 号

建筑工程测量(活页式) 　　　　　　　　　　　　　　陈　锋　文　学　雷朋涛　主编
Jianzhu Gongcheng Celiang(Huoyeshi)

策划编辑：康　序
责任编辑：李曜男
封面设计：孢　子
责任监印：朱　玢

出版发行：华中科技大学出版社(中国·武汉)　　电话：(027)81321913
　　　　　武汉市东湖新技术开发区华工科技园　　邮编：430223
录　　排：武汉正风天下文化发展有限公司
印　　刷：武汉科源印刷设计有限公司
开　　本：787mm×1092mm　1/16
印　　张：18.75
字　　数：468 千字
版　　次：2023 年 6 月第 1 版第 1 次印刷
定　　价：58.00 元

本书若有印装质量问题，请向出版社营销中心调换
全国免费服务热线：400-6679-118　竭诚为您服务
版权所有　侵权必究

前言

　　本书是一本全面介绍建筑工程领域测量技术及应用的教材。本书融入目前建筑工程中的新规范、新标准和新技术，具有较强的技能性、实用性和先进性，符合技术技能型人才培养的要求。本书按学习情境的模式展开编写，结构安排合理，知识讲解深入浅出，注重学以致用。本书倡导行动导向的学习，通过问题的引导，促进学生进行主动的思考和学习。本书通过分析实际工作过程中的典型工作任务，从每个典型工作任务中归纳出若干个知识点和技能点，并设置相应的实训项目对技能点进行应用强化。本书在注重技能学习的同时，也注重思政育人，在导言部分提出思政目标，落实到每个具体任务中。为使本书更具先进性和实用性，编写人员多次深入施工现场进行调研，与现场施工技术人员进行探讨，邀请企业测量专家共同参与本书的编写。

　　本书由黄冈职业技术学院陈锋、湖北城市建设职业技术学院文学、中国铁路设计集团有限公司雷朋涛担任主编，由甘肃工业职业技术学院吴永春、武汉久违空间信息技术有限公司李亚泽、中国电力工程顾问集团中南电力设计院有限公司欧阳亚担任副主编。武汉久违空间信息技术有限公司陈超、刘雄、张亮亮参编。具体编写分工为学习情境2～4、7～9、13、14由陈锋编写，学习情境1、6由文学编写，学习情境5由雷朋涛编写，学习情境11由吴永春编写，学习情境12由李亚泽编写，学习情境10由欧阳亚编写，陈超、张亮亮、刘雄负责提供技术指导和修订意见，陈锋负责统稿。本书由黄冈职业技术学院张红兵审核。本书可作为高职高专土建类专业测量相关课程的教材，也可作为教师和相关工程技术人员学习测量使用技术的参考书。

　　本书由校企合作编写，编者既有教学经验，也有实际项目经历。本书在编写的过程中参考了同类教材等资料，在此向相关作者表示衷心的感谢！由于编者水平有限，书中难免存在缺点和错误，恳请读者批评指正。

为了方便教学，本书还配有电子课件等资料，任课教师可以发邮件至 husttujian@163.com 索取。

本书配套的智慧职教平台建筑工程测量课程的网址为 https://qun.icve.com.cn/zyq/v8uzaakpgivax1cyr4wi0w/courseDetail/eeajaiuub5lexn0apscm9a。

编　者

2023 年 1 月

1. 课程性质描述

建筑工程测量是建筑工程技术专业的一门职业技术必修课,根据建筑工程施工现场的施工员、测量放线员等岗位的需求,来统筹考虑和选取教学内容。课程的主要任务是阐述建筑工程测量的基本理论和基本知识,使学生在掌握测量基本技能的基础上着重实践操作。通过本课程的学习,学生能掌握测量的基础知识和基本技能,能运用测量仪器进行建筑工程的测量与施工放样等工作,为学习后续课程及就业打下基础。

适用专业:建筑工程技术、工程造价技术、道路与桥梁工程技术、建筑钢结构工程技术、建筑装配式工程技术。

开设时间:第二学期。

建议课时:92课时。

2. 典型工作任务描述

建筑工程测量是工程建设的重要组成部分。测量员按照工程进度,制订测量实施方案,完成施工测量任务,在施工全过程进行变形观测,保证施工质量。测量员在整个工作过程中必须严格按照规定进行文明和安全施工。

3. 课程学习目标

通过本课程的学习,学生应该达到以下要求。

1)知识目标

(1)熟悉测量学的基本原理,掌握测量的基本方法。

(2)掌握常规仪器(电子经纬仪、全站仪、水准仪等)的构造与用途,熟悉 GPS 的原理及用途。

(3)熟悉大比例尺地形图的测绘方法。

(4)掌握建筑工程施工放样的基本原理和方法。

2)能力目标

(1)能使用常规测量仪器进行测绘工作。

(2)具有测设成果计算等数据处理能力。

(3)能识读和使用地形图,具备大比例尺地形图测绘能力。

(4) 具有建筑工程施工放样的能力。

3) 思政目标

(1) 明社会事理,会处理人际关系。

(2) 具备讲诚信、重承诺、肯吃苦、肯奉献、勇于负责的道德品质和爱岗敬业的工作态度。

(3) 具备良好的心理素质和健康的体魄,在自身的工作领域,能独立思考,有不断创新的精神。

4. 学习组成形式与方法

学生划分小组,每个组就是一个工作小组。教师在进行小组划分时应考虑学生个体差异。教师根据实际工作任务设计教学情境。教师的任务是策划、分析、辅导、评估和激励。学生的任务是主体性学习,应主动思考、自己决定、动手操作。学生小组长要引导小组成员制订详细规划并进行合理有效的分工。

本课程倡导行动导向的教学,通过问题的引导,促进学生主动思考和学习。教师应根据学习情境的工作要求,组建学生学习小组,使学生在合作中共同完成工作任务。分组时请注意兼顾学生的学习能力、性格和态度等个体差异,以自愿为原则。

5. 学习情境设计

学习情境设计表

序号	学习情境	学习任务简介	课时
1	测量基础知识	1. 熟悉建筑工程测量的任务及作用 2. 了解地面点位确定的方法 3. 熟悉测量常用的坐标系统及高程系统 4. 了解测量工作的程序和原则	4
2	水准测量	1. 熟悉水准仪的构造及各部件的名称和作用 2. 掌握水准仪的基本操作及水准路线的外业、内业工作方法 3. 掌握由已知点高程测出未知点高程的方法	8
3	角度测量	1. 熟悉经纬仪的构造及各部件的名称和作用 2. 理解水平角、竖直角测量原理 3. 掌握经纬仪的基本操作 4. 掌握水平角观测与记录、计算方法 5. 掌握竖直角观测与记录、计算方法	12
4	距离测量与直线定向	1. 掌握距离测量的基本方法 2. 理解视距测量和光电测距的基本原理 3. 掌握直线定向的方法	6
5	测量误差的基本知识	1. 理解误差产生的原因及分类 2. 掌握产生系统误差的原因和解决方法 3. 掌握偶然误差的特征和处理办法 4. 理解精度的概念,掌握衡量精度的标准 5. 理解中误差的定义并能够进行一般的计算	4

续表

序号	学习情境	学习任务简介	课时
6	全站仪及GNSS测量原理	1. 了解全站仪测角、测距、测坐标的原理；掌握全站仪的操作方法、角度测量方法、距离测量方法、坐标测量方法和坐标放样方法 2. 了解GNSS的基本组成部分，理解GNSS的测量原理；掌握RTK测量系统的使用	8
7	小区域控制测量	1. 了解控制测量的精度等级划分 2. 掌握导线测量的外业观测和内业计算工作 3. 掌握三、四等水准测量外业观测和内业计算工作	12
8	地形图的测绘与应用	1. 掌握全站仪数据采集的方法和地物地貌点的选择与取舍 2. 掌握地形图草图绘制方法 3. 掌握数据传输、地形图绘制（CASS成图软件使用）方法 4. 了解地形图的基本应用	8
9	施工测量的基本工作	1. 了解工程建筑物的施工放样必须遵循的"由整体到局部，先控制后碎部"的原则和工作程序 2. 理解施工测设与地形图测绘的工作目的的不同 3. 掌握测设已知水平距离、已知水平角、已知高程的方法 4. 掌握坡度线的测设方法 5. 掌握测设点的平面位置的几种方法	12
10	施工控制测量	1. 掌握施工控制网的布设方法 2. 掌握施工控制网的测量方法 3. 了解建筑基线的布设形式，掌握建筑基线的测设方法	4
11	民用建筑施工测量	1. 掌握民用建筑施工测量方法 2. 将测设的基本工作方法综合运用到施工测量中 3. 进行测设数据计算与检核	8
12	工业建筑施工测量	1. 掌握厂房矩形控制网的测设方法 2. 掌握厂房柱列轴线放样 3. 掌握厂房构件及设备安装测量方法	8
13	道路工程测量	1. 理解道路工程在初测和定测阶段的主要测量工作 2. 掌握中线测量的主要测设内容和测设方法 3. 掌握圆曲线主点和细部点的计算和测设方法	12
14	建筑物变形观测和竣工总平面图测绘	1. 掌握水平位移监测方法 2. 掌握沉降观测方法 3. 进行平面图的测绘	6

注：对于不同专业的学生，学习情境11至学习情境13选择性学习。学习情境11为建筑工程技术专业学生学习；学习情境12为建筑钢结构工程技术专业学生学习；学习情境11、12为装配式建筑工程技术专业学生学习；学习情境13为道路与桥梁工程技术专业学生学习。

6. 学业评价

学生评价表

学习情境	分值	权重	按权重得分
1		0.05	
2		0.1	
3		0.1	
4		0.1	
5		0.05	
6		0.1	
7		0.1	
8		0.05	
9		0.15	
10		0.05	
11		0.1	
12		0.1	
13		0.15	
14		0.05	
课程学习总分			

目录 Contents

▶ **学习情境 1　测量基础知识**/001

  1.1　建筑工程测量的任务　/006

  1.2　地球表面特征及地面点位置的确定　/006

  1.3　用水平面代替水准面的限度　/013

  1.4　测量基本工作概述　/014

▶ **学习情境 2　水准测量**/017

  2.1　水准测量原理　/024

  2.2　水准测量的仪器与工具　/026

  2.3　水准测量的实施　/030

  2.4　DS3 型自动安平水准仪的检验与校正　/037

  2.5　水准测量的误差来源及消减办法　/040

▶ **学习情境 3　角度测量**/043

  3.1　角度测量原理　/052

  3.2　电子经纬仪的构造及其使用　/053

  3.3　经纬仪的使用　/054

  3.4　水平角测量　/056

  3.5　竖直角测量　/059

▶ **学习情境 4　距离测量与直线定向**/063

  4.1　距离测量与直线定向概述　/069

  4.2　钢尺量距　/070

  4.3　视距测量　/076

  4.4　光电测距　/078

4.5 直线定向 /079
4.6 坐标正反算 /082

学习情境 5　测量误差的基本知识 /085

5.1 测量误差概述 /090
5.2 偶然误差的统计规律 /092
5.3 评定精度的指标 /095
5.4 算术平均值及其中误差 /097

学习情境 6　全站仪及 GNSS 测量原理 /099

6.1 全站仪简介 /106
6.2 全站仪的操作与使用 /107
6.3 全站仪的功能与测量 /107
6.4 全站仪的坐标放样 /109
6.5 GNSS 测量原理 /110
6.6 RTK 测量 /113

学习情境 7　小区域控制测量 /117

7.1 控制测量概述 /126
7.2 导线测量 /129
7.3 高程控制测量 /140

学习情境 8　地形图的测绘与应用 /145

8.1 地形图的基本知识 /150
8.2 地形图的分幅和编号 /157
8.3 全站仪地面数字测图 /160
8.4 地形图应用的基本知识 /162

学习情境 9　施工测量的基本工作 /165

9.1 施工测量概述 /173
9.2 施工放样的基本方法 /174
9.3 点的平面位置的测设方法 /178

学习情境 10　施工控制测量 /183

10.1 概述 /189
10.2 施工场地的平面控制测量 /190
10.3 施工场地的高程控制测量 /193

学习情境 11　民用建筑施工测量 /195

11.1 施工测量前的准备工作 /201

11.2 定位和放线 /203
11.3 基础工程施工测量 /204
11.4 墙体施工测量 /206
11.5 建筑物的轴线投测 /208
11.6 建筑物的高程传递 /208
11.7 高层建筑施工测量 /209

学习情境 12　工业建筑施工测量/213

12.1 概述 /219
12.2 厂房矩形控制网测设 /219
12.3 厂房柱列轴线与柱基施工测量 /220
12.4 厂房预制构件安装测量 /221
12.5 烟囱、水塔施工测量 /225

学习情境 13　道路工程测量/229

13.1 道路工程测量概述 /235
13.2 公路工程施工测量的依据 /238
13.3 公路工程施工控制点的复测和加密 /244
13.4 水准点的复测和加密 /245
13.5 路线定线测量 /248
13.6 交点和转点的测设 /250
13.7 曲线的测设 /254
13.8 困难地段的曲线测设 /260
13.9 坐标的平移转换 /262
13.10 道路纵、横断面测量 /265
13.11 竖曲线的计算 /268

学习情境 14　建筑物变形观测和竣工总平面图测绘/271

14.1 建筑物变形观测概述 /276
14.2 建筑物沉降观测 /278
14.3 倾斜和位移观测 /281
14.4 挠度与裂缝观测 /283
14.5 竣工总平面图的绘制 /284

参考文献/287

学习情境 1

测量基础知识

学习情境描述

在生活中,我们经常会问"我在哪里""我该怎么去那里""这片地有多大"等。其实,这些问题都可以归结为"定位",测量工作的目的就是解决这些问题。同学们都是刚刚接触建筑工程测量的人,需要对测量工作有一定的认识,为今后的课程学习和生产工作打下一定的基础。下面,我们一起来了解什么是建筑工程测量。

学习目标

(1) 熟悉建筑工程测量的任务及作用。
(2) 了解地面点位确定的方法。
(3) 熟悉测量常用的坐标系统及高程系统。
(4) 了解测量工作的程序和原则。

任务书

搜集资料,学习建筑工程测量的实质、地面点确定的方法、测量常用的坐标系统及高程系统,以及测量工作实施的程序和原则。

任务分组

学生任务分配表

班级		组号		指导老师	
组长		学号			
组员	姓名	学号		姓名	学号
任务分工					

获取信息

引导问题1：什么是测量学？

引导问题2：什么是水准面？

引导问题3：什么是大地水准面？

引导问题4：什么是高斯投影？

引导问题5：已知地面点的经度为东经117°42′，请问该点位于6°投影带的第几带，该投影带的中央子午线的经度是多少？

引导问题6：我们在进行高差测量、角度测量、距离测量时，用水平面代替水准面的限度是多少？

引导问题7：我们国家采用的高程基准是什么？

引导问题8：什么是高差？A、B两点之间高差h_{AB}为负值，表示哪个点高？

引导问题9：什么是绝对高程？什么是相对高程？高差与基准面有没有关系，为什么？

引导问题10：某地面点的相对高程为-15.362 m，对应的假定水准面的绝对高程为56.357 m，则该点的绝对高程是多少？可绘图说明。

工作实施

(1) 建筑工程测量的任务与内容是什么？

(2) 地面点位如何确定？

(3) 测量平面直角坐标系和数学中的平面直角坐标系的异同有哪些？

(4) 确定地面点位的基本要素是什么？

(5) 测量工作的程序和原则是什么？

评价反馈

学生进行自评,评价自己是否能完成工作任务。小组互评,点评其他小组任务完成情况、小组成员的相互配合情况。老师对各小组整个任务完成情况进行评价。

综合评价表

学习情境1		测量基础知识				
评价项目		评分标准	分值	自评(20%)	互评(30%)	师评(50%)
考勤(10%)		无无故迟到、早退、旷课现象	10			
工作过程(55%)	建筑工程测量的任务与作用	能准确表达建筑工程测量的任务与作用	10			
	地面点平面位置的确定	能准确表达平面位置如何确定	10			
	地面点高程的确定	能准确表达高程如何确定	10			
	测量工作的程序与原则	能准确表达测量工作的程序与原则	10			
	工作态度	态度端正、工作严谨、认真、主动	5			
	协调能力	能与小组成员、同学之间合作交流、协调工作	5			
	职业素质	能做到安全生产、文明施工、保护环境	5			
项目成果(35%)	工作完整	能按时完成任务	15			
	成果展示	能准确汇报工作成果	20			
合计			100			
综合评价						

学习情境的相关知识点

1.1 建筑工程测量的任务

建筑工程测量属于工程测量学的范畴,是工程测量学在建筑工程建设领域的具体表现。建筑工程测量的主要任务包括测定、测设。

1. 测定

测定又称测图,是指使用测量仪器和工具,通过测量和计算,按照一定的测量程序和方法将地面局部区域的各种地物和地貌按一定的比例尺和特定的符号绘制成地形图。

2. 测设

测设又称放样,是指使用测量仪器和工具,按照设计要求,采用一定的方法将设计图纸上设计好的建筑物、构筑物测设到实地,作为工程施工的依据。

建筑工程测量主要是指在建筑工程规划设计阶段、施工建设阶段和运营管理阶段进行的各种测量工作。在不同阶段,测量工作的主要内容是不同的。

(1)规划设计阶段:运用各种测量仪器和工具,通过实地测量和计算,把小范围内地面上的地物、地貌按一定的比例尺绘制在地形图上,测绘出工程建设区域的地形图,从而为规划设计提供各种比例尺的地形图和测绘资料。

(2)施工建筑阶段:将图纸上设计好的建筑物或构筑物的平面位置和高程,按设计要求在实地用桩点或线条标定出来,作为施工的依据;在施工过程中,进行各种施工测量工作,以保证所建工程符合设计要求。

(3)运营管理阶段:工程完工后,要测绘竣工图,供日后扩建、改建、维修和城市管理使用;对重要建筑物或构筑物,在建设中和建成以后都需要定期进行变形观测,监测建筑物或构筑物的水平位移和垂直沉降,了解建筑物或构筑物的变形规律,以便采取措施,保证建筑物的安全。

由此可见,工程建设的各个阶段都离不开测量工作,测量工作贯穿于工程建设的始终。工程技术人员必须掌握基本理论、基本知识和基本技能。

1.2 地球表面特征及地面点位置的确定

1. 地球形状和大小

测量工作是在地球的自然表面上进行的,学习本课程,必须先了解地球的形状和大小。地球自然表面是极不平坦和不规则的,分布着高山、高原、洼地、盆地、平原等千姿百态的地貌。位于我国境内的世界上最高的珠穆朗玛峰,2020年我国大地测量工作者测得其高程为8848.86 m;位于太平洋西部低于海平面11 022 m的马里亚纳海沟,形状十分复杂。但是地球表面的高低起伏,相对于地球平均半径6371 km是很小的,所以我们仍可以将地球作为球体看待。地球自然表面大部分是海洋,面积占地球表面的71%,陆地仅占29%。人们设想将静止的海水面向整个陆地延伸,用形成的封闭曲面代替地球表面,这个曲面被称为大地水准面。大地水准面包含的形体被称为大地体,代表了地球的自然形状和大小。

大地水准面的确定是一件非常复杂的工作,地球形状不规则,内部的质量分布不均匀,引起地面上各点的重力线方向产生不规则的变化。由于大地水准面与重力线方向是正交的,水准面是不规则的曲面。长期以来,各国的大地测量工作者进行了大量的重力测量工作和海水面的观测工作,但是到目前为止,还没有得到一个被全球公认的大地水准面。各国采用的大地水准面实际上只是最接近其所在区域平均海水面的水准面。

2. 建筑坐标和测量坐标的换算

1) 建筑坐标系统

为了工作上的方便,在建立施工平面控制网和进行建筑物定位时,多采用一种独立的直角坐标系统,称为建筑坐标系统,也叫施工坐标系。该坐标系统的纵、横坐标轴与场地主要建筑物的轴线平行,坐标原点常设在总平面图的西南角,使所有建筑物的设计坐标均为正值。

为了与原测量坐标系统区别,施工坐标系统的纵轴为 A 轴,横轴为 B 轴。由于建筑物布置的方向受场地地形和生产工艺流程的限制,建筑坐标系统通常与测量坐标系统不一致。故在测量工作中,我们需要将一些点的施工坐标换算为测量坐标。

2) 测量坐标系统

测量坐标系统与施工场地地形图坐标系统一致。在工程建设中,地形图坐标系统有两种,一种是高斯平面直角坐标系,另一种是测区独立平面直角坐标系,用 XOY 表示。

3) 坐标换算公式

如图1-1所示,测量坐标系为 XOY,施工坐标系为 $AO'B$,原点 O' 在测量坐标系中的坐标为 (X'_O, Y'_O)。设两坐标轴之间的夹角为 α(一般由设计单位提供,也可以在总平面图按图解法求得),P 点的施工坐标为 (A_P, B_P),测量坐标为 (X_P, Y_P),则 P 点的施工坐标可按式(1-1)换算成测量坐标。

$$X_P = X'_O + A_P \cdot \cos\alpha - B_P \cdot \sin\alpha$$
$$Y_P = Y'_O + A_P \cdot \sin\alpha + B_P \cdot \cos\alpha \quad (1\text{-}1)$$

P 点的测量坐标可按式(1-2)换算成施工坐标。

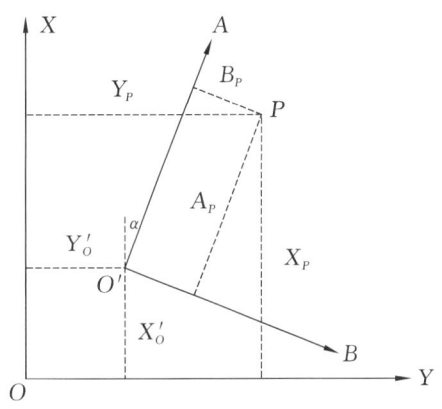

图1-1 测量坐标各点

$$A_P = (X_P - X'_O) \cdot \cos\alpha + (Y_P - Y'_O) \cdot \sin\alpha$$
$$B_P = -(X_P - X'_O) \cdot \sin\alpha + (Y_P - Y'_O) \cdot \cos\alpha$$
$$(1\text{-}2)$$

3. 平面位置与高程的确定

测量中,无论测图还是放样,都必须确定所测对象的特征点的位置。只要将代表其地物、地貌特征的点的位置确定了,其他各点、线、面及形的位置也就容易确定了。因此,研究任意一点位置的确定问题,是测量学的基本问题。

要确定一个点的空间位置,可以通过确定这个点在某个基准面上的投影及该点沿基准线到该基准面的距离来进行。在野外测量时,采用的基准面和基准线分别是水准面和与之垂直的重力线。大地水准面形状不规则,不能作为内业计算的基准面,所以内业计算采用总椭球面或参考椭球面作为基准面,采用与椭球面垂直的法线作为基准线。

确定地面点位的基本方法是数学(几何)方法,用空间三维坐标表示。以参考椭球体表示的为"参心"坐标,以地球质心为坐标系中心表示的为"地心"坐标。地面点的空间位置与一定的坐标系统对应。在测量中常用的坐标系有空间直角坐标系、地理坐标系、高斯投影平面直角坐标系及独立平面直角坐标系等。地面点位的三维在空间直角坐标系中用 X、Y、Z 表示。在地理坐标系和高斯投影平面直角坐标系中,前两个量为平面坐标,表示地面点沿着基准线投影到基准面上后在基准面上的位置。基准线可以是铅垂线,也可以是法线。基准面是大地水准面、平面或椭球体面。第三个量是高程,表示地面点沿基准线到基准面的距离。

新中国成立以来,我国曾以用青岛验潮站 1950—1956 年的观测资料求得的黄海平均海水面作为我国的大地水准面(高程基准面),建立了 1956 年黄海高程系统,并在青岛市观象山上建立了国家水准原点。此后,由于观测数据的积累,黄海平均海水面发生了微小的变化,国家启用了新的高程系,即 1985 年国家高程基准。青岛水准原点的高程在 1956 年黄海高程系统中为 72.289 m,在 1985 年国家高程基准中为 72.260 m。

地面点的高程(绝对高程或海拔)就是地面点到大地水准面的铅垂距离,一般用 H 表示,如图 1-2 所示。图中,地面点 A、B 的高程分别为 H_A、H_B。

在局部测区,若远离已知国家高程点或为便于施工,测量人员也可以假设一个高程起算面(假定水准面),这时地面点到假定水准面的铅垂距离为该点的假定高程或相对高程。如图 1-2 所示,A、B 两点的相对高程为 H'_A、H'_B。

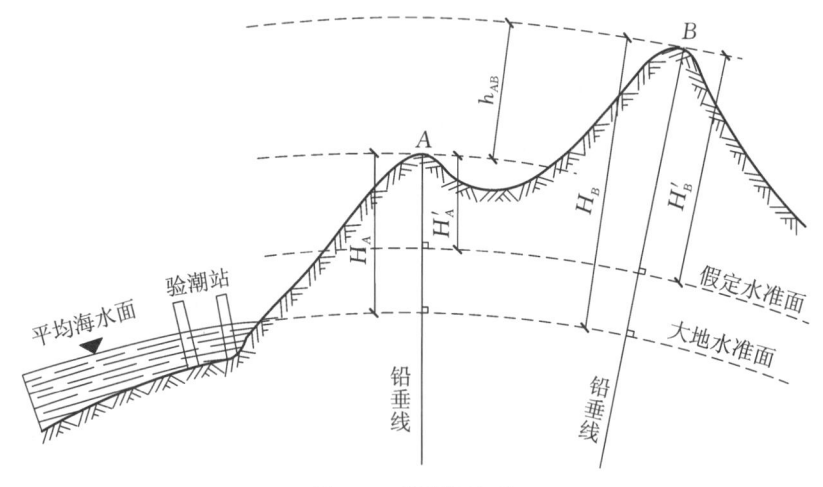

图 1-2 高程和高差

地面上两点的高程之差称为高差,一般用 h 表示。图 1-2 中,A、B 两点的高差 h_{AB} 为

$$h_{AB} = H_B - H_A = H'_B - H'_A \tag{1-3}$$

h_{AB} 有正有负,下标 A、B 表示该高差是从 A 点至 B 点方向的高差。式(1-3)也表明,两点的高差与高程起算面无关。

坐标系统有以下几种。

1) 地理坐标

地面点在球面上的位置是用经度和纬度表示的,称为地理坐标。按照基准面和基准线及求算坐标方法的不同,地理坐标又可以分为天文地理坐标和大地地理坐标两种。天文地理坐标如图 1-3 所示,其基准是铅垂线和大地水准面,表示地面点 A 在大地水准面上的位置,用天文经度 λ 和天文纬度 φ 表示。天文经度、纬度是用天文测量的方法直接测定的。

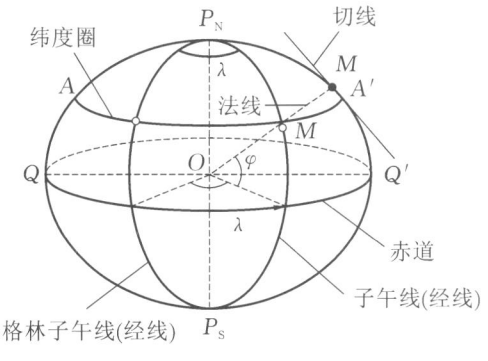

图 1-3 天文地理坐标

大地地理坐标的基准是法线和参考椭球面,表示地面点在地球椭球面上的位置,用大地经度 L 和大地纬度 B 表示,如图 1-4 所示。大地经度、纬度是根据大地测量所得数据推算得到的。

如图 1-4 所示,以 O 为球心的参考椭球体,N 为北极,S 为南极,NS 为短轴。过中心 O、与短轴垂直且与椭球相交的平面为赤道面,P 为地面点,含有短轴的平面为子午面。过 P 点沿法线投影到椭球体面上,得到 P' 点。$NP'S$ 是过 P 点子午面在椭球体面上投影的子午线。过格林尼治天文台的子午线称为本初子午线或首子午线。$NP'S$ 子午面与本初子午面所夹的两面角 L_P 称为 P 点的大地经度。法线与赤道平面的交角 B_P 称为 P 点的大地纬度。P 点沿法线到椭球体面的距离 PP' 称为 P 点的大地高 H_P。

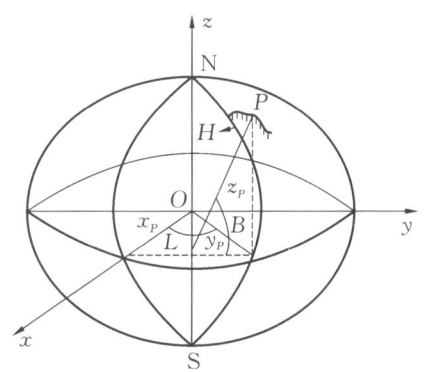

图 1-4 大地地理坐标

国际规定,过格林尼治天文台的子午面为零子午面,经度为 0°,以东为东经、以西为西经,其值域均为 0°~180°;纬度以赤道面为基准面,以北为北纬,以南为南纬,其值均为 0°~90°。椭球体面上的大地高为零。沿法线在椭球体面外为正,在椭球体面内为负。我国处于东经 74°~135°,北纬 3°~54°,如北京位于北纬 40°、东经 116°,用 $B=40°N,L=116°E$ 表示。

地面点位也可以用空间直角坐标 (X,Y,Z) 表示,如 GPS 中使用的 WGS-84 系统。WGS-84 系统是美国为进行 GPS 导航定位于 1984 年建立的地心坐标系统。该坐标系以地心 O 为坐标原点,ON(旋转轴)为 Z 轴方向;格林尼治子午线与赤道面交点与 O 的连线为 X 轴方向;过 O 点与 XOZ 面垂直,并与 X、Z 构成右手坐标系者为 Y 轴方向。点 P 的空间直角坐标为 (X_P,Y_P,Z_P),它与大地坐标 (B,L,H) 之间可用公式转换。

2) 高斯平面直角坐标

(1) 测量问题的提出。大地坐标系是大地测量的基本坐标,常用于大地问题的解算、研究地球形状和大小、编制地图、火箭和卫星发射及军事方面的定位及运算,若将其直接用于工程建设规划、设计和施工等很不方便,所以要将椭球面上的大地坐标按一定数学法则归算到平面上,即采用地图投影的理论绘制地形图,才能用于规划建设。

(2) 解决问题的方案。椭球面是一个不可直接展开的曲面,故将椭球面上的元素按一定条件投影到平面上,总会产生变形。测量上常以投影变形不影响工程要求为条件选择投影方法。地图投影有等角投影、等面积投影和任意投影 3 种,一般常采用等角投影,它可以保证在椭球体面上的微分图形投影到平面后相似,这是地形图的基本要求。

(3) 高斯平面直角坐标介绍。

① 高斯投影的概念。高斯是德国杰出的数学家和测量学家。1820—1830 年,为解决德国汉诺威地区大地测量投影问题,高斯提出了横轴椭圆柱投影方法(正形投影方法)。1912 年起,德国学者克吕格将高斯投影公式加以整理和扩充并导出了实用的计算公式,所以,该方法又称为高斯-克吕格正形投影。它将一个横轴椭圆柱面套在地球椭球体上,如图 1-5 所示。椭球体中心 O 在椭圆柱中心轴上,椭球体南北极与椭圆柱相切,并使某子午线与椭圆柱相切,此子午线称为中央子午线,然后将椭球体面上的点、线按正形投影条件投影到椭圆柱面上,再沿椭圆柱 N、S 点的母线割开,并展成平面,即成为高斯投影平面。

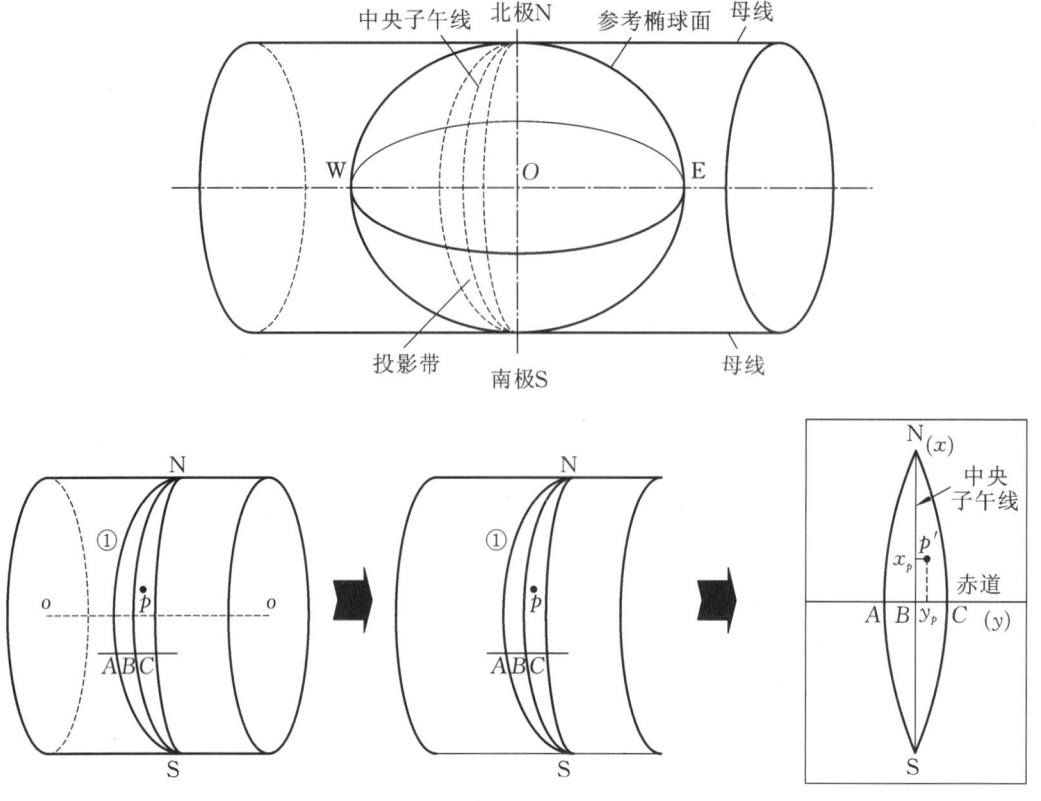

图 1-5　高斯平面直角坐标系建立

在高斯投影平面上,中央子午线是直线,展开后长度不变,其他子午线是弧线,凹向中央子午线。离中央子午线越远,变形越大。投影后,赤道是一条直线,与中央子午线正交。除了赤道的纬线是弧线,凸向赤道。

高斯投影可以将椭球面变成平面,但是离中央子午线越远变形越大,这种变形会影响测图和施工精度。为了对长度变形进行控制,测量中采用了限制投影宽度的方法,即将投影区域限制在靠近中央子午线的两侧狭长地带,这种方法称为分带投影。投影宽度以相邻两个子午线的经差 δ 来划分,包括 6°带、3°带、1.5°带。6°带投影从英国格林尼治子午线开始,自西向东,每隔 6°投影一次。这种做法将椭球分成 60 个带,编号为 1 到 60 带,如图 1-6 所示。各带中央子午线经度可用式(1-4)计算。

$$L_0 = 6N - 3 \tag{1-4}$$

式中：N——6°带的带号。

已知某点大地经度 L，可按式(1-5)、(1-6)计算该点所属的带号。

$$N = L/6（取整）+ 1 \tag{1-5}$$

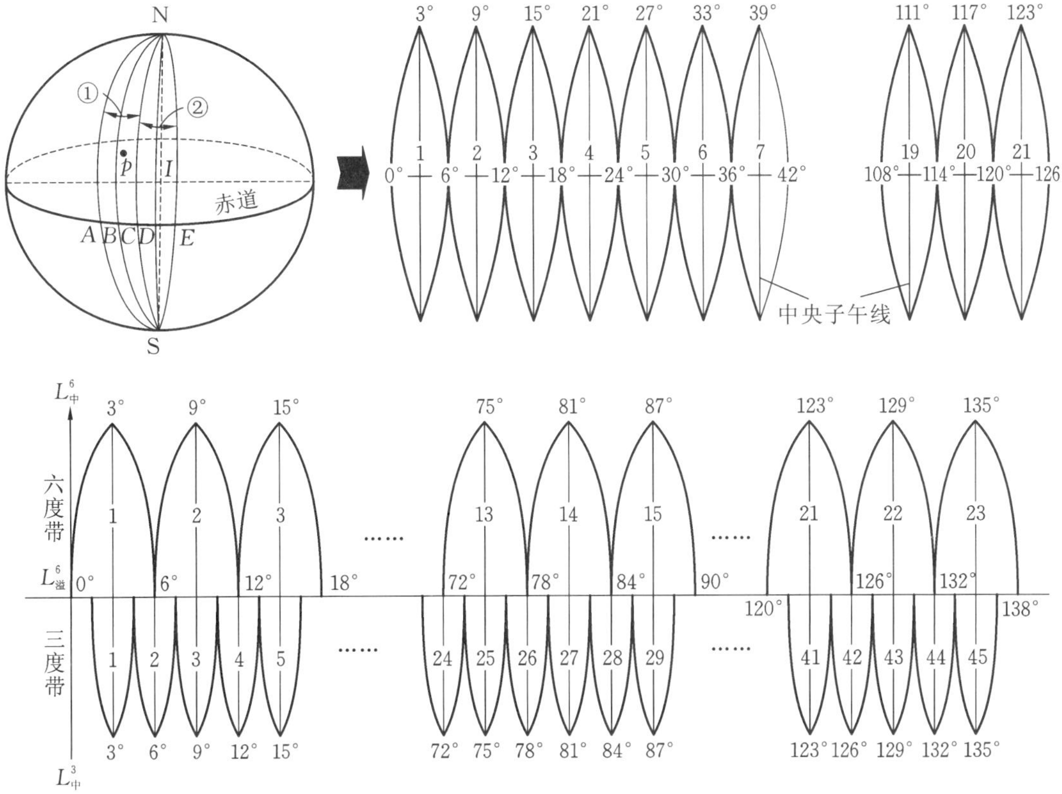

图 1-6 6°带和 3°带投影

$$n = L/3（四舍五入） \tag{1-6}$$

3°带是在 6°带基础上划分的，其中央子午线在奇数带时与 6°带中央子午线重合，每隔 3°为一带，共 120 带，各带中央子午线经度为

$$L = 3n \tag{1-7}$$

式中：n——3°带的带号。

我国幅员辽阔，含有 11 个 6°带，即 13～23 带；21 个 3°带，即 25～45 带。

② 高斯平面直角坐标系的建立。在高斯投影平面上，中央子午线和赤道的投影是两条相互垂直的直线。规定：中央子午线的投影为高斯平面直角坐标系的 x 轴，赤道的投影为高斯平面直角坐标系的 y 轴，两轴交点 O 为坐标原点，x 轴上原点以北为正，y 轴上原点以东为正，象限按顺时针 Ⅰ、Ⅱ、Ⅲ、Ⅳ 排列，如图 1-7 所示。

由于我国国土全部位于北半球（赤道以北），我国国土上全部点位的 x 坐标均为正值。y 坐标值则有正有负。为了避免 y 坐标值出现负值，我国规定将每个带的坐标原点向西移 500 km。由于各投影带上的坐标系采用相对独立的高斯平面直角坐标系，为了能正确区分某点所处投影带的位置，规定在横坐标值前面冠以投影带的带号。例如，在图 1-7 中，P 点位于高斯投影 6°带第 20 号带内($n=20$)，其真正横坐标 $y_P = -113424.690$，按照上诉规定，

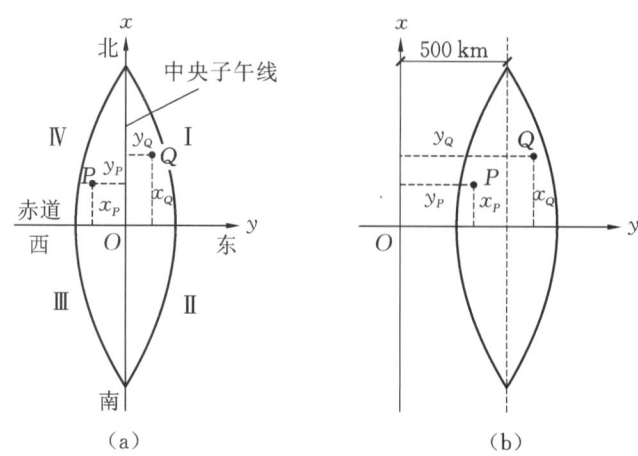

图 1-7 高斯平面直角坐标

y 值应改写为 $y_P=20(-113424.690+500000)=20386575.310$。反之,从这个 y_P 值中可以知道,该点位于第 20 号 6° 带,其真正横坐标 $=(386575.310-500000)=-113424.690$ m。

③ 高斯平面直角坐标系与数学中的笛卡尔坐标系的区别。如图 1-8 所示,高斯平面直角坐标系的纵坐标为 x 轴,横坐标为 y 轴,坐标象限为顺时针方向编号。角度从 x 轴的北方向开始,顺时针计算。这些定义都与数学中的定义不同,目的是使定向方便,能将数学上的几何公式直接应用到测量计算中,无须做任何变更。

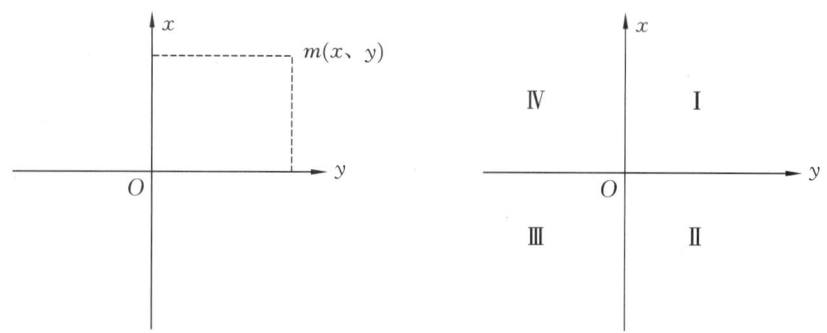

图 1-8 高斯平面直角坐标系

3)独立平面直角坐标

《城市测量规范》(CJJ/T 8—2011)规定,面积小于 25 km² 的城镇,可不经投影采用假定平面直角坐标系统在平面上直接进行计算。

实际测量中,一般将坐标原点选在测区的西南角,使测区内的点位坐标均为正值(第一象限),与高斯平面直角坐标系的特点一样。使该测区的子午线的投影为 x 轴,向北为正,与之垂直的为 y 轴,向东为正,象限顺时针编号,便建立了该测区的独立平面直角坐标系。

上诉 3 种坐标系统之间是相互联系的。例如,地理坐标与高斯平面直角坐标之间可以相互换算,独立平面直角坐标也可以与高斯平面直角坐标(国家统一坐标系)连测和换算。他们以不同的方式来表示地面点的平面位置。

我国选择陕西泾阳县永乐镇某点为大地原点,进行大地定位,利用高斯平面直角坐标的方法建立了全国统一坐标系,即现在使用的 1980 年国家大地坐标系,简称"80 系"或"西安系"。

以前使用的是 1954 年北京坐标系，其原点位于俄罗斯圣彼得堡天文台中央，为与苏联 1940 年普尔科夫坐标系连测，经东北传递过来。2008 年 7 月 1 日，我国启用 2000 国家大地坐标系。

综上所述，通过测量与计算，求得表示地面点位置的 3 个量，即 x、y、H，那么地面点的空间位置也就可以确定了。

1.3 用水平面代替水准面的限度

测量外业工作的基准面是水准面，基准线是铅垂线，测量数据处理首先要归算到参考椭球面上，然后投影到高斯平面上，这是一个相当复杂的过程。在实际测量中，在有一定的精度要求和测区面积不大的情况下，测量人员往往以测区中心的切平面代替水准面，直接将地面点沿铅垂线方向投影到测区中心的水平面上来决定其位置，这样可以简化计算和绘图工作。那么在多大的范围内，水平面代替水准面对距离和高差的影响（或称为地球曲率的影响）可以忽略呢？下面，我们分别对测定地面点位的基本要素（水平距离、水平角、高差）进行讨论。

1. 地球曲率对水平距离的影响

如图 1-9 所示，AB 为参考椭球面（水准面）上的一段圆弧，长度为 S，对应的圆心角为 θ，地球平均半径为 R；另在 A 点作切线，如果将切于 A 点的平面代替参考椭球面，即以相应的切线段代替圆弧则在距离上产生误差 ΔS。由图 1-9 可得

$$\Delta S = AC - AB$$

其中，$AC = R \cdot \tan\theta$，$AB = R \cdot \theta$，则

$$\Delta S = R\left(\frac{1}{3}\theta^3 + \frac{2}{15}\theta^5 + \cdots\right)$$

因 θ 的值很小，故略去五次方以上的各项，并以 $\theta = S/R$ 代入，有

$$\Delta S = \frac{1}{3} \cdot \frac{S^3}{R^2}$$

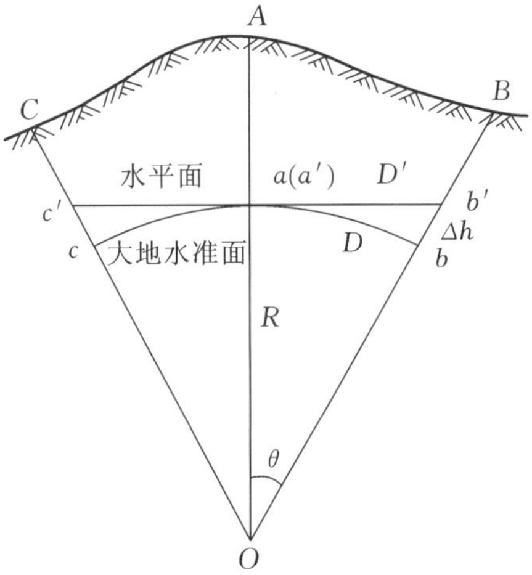

图 1-9 水平面代替水准面关系图

即

$$\frac{\Delta S}{S} = \frac{1}{3}\left(\frac{S}{R}\right)^2$$

当 $S=10$ km 时，$\Delta S = R\left(\frac{1}{3}\theta^3 + \frac{2}{15}\theta^5 + \cdots\right)$。

当 $S=20$ km 时，$\frac{\Delta S}{S} = \frac{1}{1\,217\,700}$。

当 $S=50$ km 时，$\frac{\Delta S}{S} = \frac{1}{48\,710}$。

在普通测量中，距离丈量时的误差为其长度的一百万分之一时，误差是可以忽略不计的。由此可见，当在半径为 10 km 的圆面积内进行距离的测量工作时，一般情况下可以不考虑地球曲率。

2. 地球曲率对水平角的影响

由球面三角学可知，同一个空间多边形在球面上投影的各内角之和，较其在平面上投影的各内角之和大一个球面角超 ε 的数值，其公式为

$$\varepsilon'' = \rho''\frac{P}{R^2} \tag{1-8}$$

式中：ρ''——1 弧度对应的秒数；

P——球面多边形面积；

R——地球平均半径。

根据式(1-8)可知，当 $P=10$ km² 时，$\varepsilon''=0.05''$；当 $P=100$ km² 时，$\varepsilon''=0.51''$；当 $P=400$ km² 时，$\varepsilon''=2.03''$；当 $P=2500$ km² 时，$\varepsilon''=12.70''$。

对于面积在 100 km² 以内的多边形，测量人员可以忽略地球曲率对水平角的影响。

3. 地球曲率对高差的影响

根据图 1-9 可得

$$(R+\Delta h)^2 = R^2 + t^2$$
$$2R \times \Delta h + (\Delta h)^2 = t^2$$

即

$$\Delta h = \frac{t^2}{2R+\Delta h} \approx \frac{S^2}{2R}$$

当 $S=10$ km 时，$\Delta h = 7.8$ m；当 $S=100$ m 时，$\Delta h = 0.78$ mm。

上述计算表明：地球曲率对高差的影响，在很短的距离内也必须加以考虑。

1.4 测量基本工作概述

1. 测量基本工作过程简述

测量工作的主要任务是测绘地形图和施工放样。地球表面的形状简称地形，其千姿百

态、错综复杂。地形分为地物和地貌两类：地物是指地面上的固定物体，如房屋、道路、河流和湖泊等；地貌是指地球表面高低起伏的形态，如山岭、河谷、坡地和悬崖等。

地形图测量实际是在地物和地貌上选择一些有代表性的点进行测量，将测量点投影到平面上，然后用点、折线、曲线连接起来成为地物和地貌的形状图，如房屋在地形图上用房屋地面轮廓折线围成的图形表示。地貌虽然复杂，但仍可以将其看作是由许多不同坡度、不同方向的面组成的。选择坡度变化点、山顶、鞍部及坡脚等能表现地貌特征的点进行测量，然后投影到平面上，将同等高度的线用曲线连起来，就可将地貌的形态表现出来。这些能表现地物和地貌特征的点称为特征点。特征点的测量有卫星定位和几何测量定位两种方法。

放样是先计算好放样地物特征点的平面坐标与高程作为放样数据，然后根据放样数据，用卫星定位和几何测量定位的方法测出点位，用放样标志在地面上表示出来，再根据地物的形状和细部尺寸，在实地画线或拉线。

2. 测量工作的程序和原则

测量中，仪器要经过多次迁移才能完成测量任务。为了使测量成果坐标一致，减小累积误差，测量人员应先在测区内选择若干有控制作用的点组成控制网。测量人员先确定这些点的坐标（称为控制测量，所确定的点为控制点），再以控制点坐标为依据，在控制点上安置仪器进行地物、地貌测量（称为碎部测量），如图 1-10 和图 1-11 所示。控制点测量精度高，

图 1-10 测量工作示意

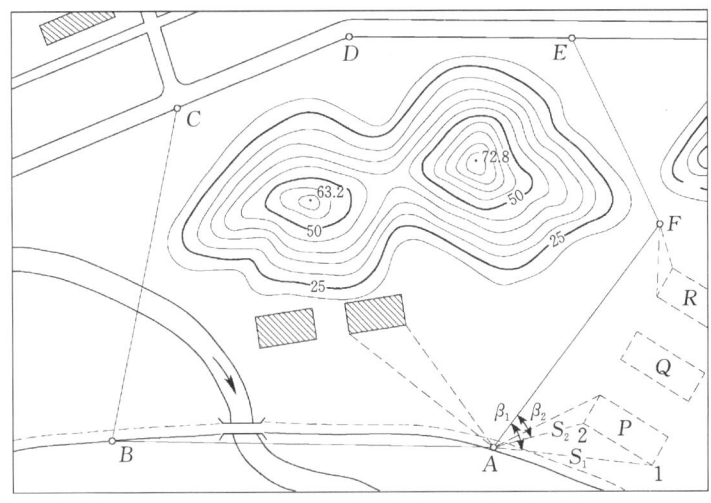

图 1-11 测量工作在地形图上的示意

又经过统一的严密数据处理,在测量中起着控制误差积累的作用。有了控制点,测量人员就可以将大范围的测区工作进行分幅、分组测量。测量工作的程序是"先控制后碎部",即先做控制测量,再在控制点上进行碎部测量。

为了保证测量工作的质量,测量人员必须遵守以下原则。

(1)在布局上——"从整体到局部"。在测量前制订方案时,测量人员必须站在整体和全局的角度,科学分析实际情况,制订切实可行的施测方案。

(2)在程序上——"先控制后碎部"。由上述内容可知,违反程序进行的测量不仅误差难以控制,还会使工作量加大、效率降低,甚至会使成果失去价值,造成返工现象。

(3)在精度上——"由高级到低级"。测图工作是根据控制点进行的,控制点测量的精度必须符合使用的要求。为保证测量成果的质量,等级高、控制范围大的控制点的精度必须更高。施工放样时,才会出现放样碎部点的精度更高的情况。

(4)在管理上——"步步有检核"。测量中,测量人员要严格进行检核工作,即对测量的每项成果必须检核,保证前一步工作无误后,方可进行下一步工作,以确保成果的正确性。

学习情境 2

水准测量

学习情境描述

对某区域进行规划建设。该区域内无高程控制点,该区域以外 3 km 处有一个高等级水准点 A,按照《工程测量通用规范》(GB 55018—2021)中的水准测量等级要求,将 A 点的高程信息传递到该施工区域。

学习目标

(1) 熟悉水准仪的构造及各部件的名称和作用。
(2) 掌握水准仪的基本操作及水准路线的外业、内业工作方法。
(3) 掌握由已知点高程测出未知点高程的方法。

任务书

已知水准点 BM_A 的高程为 20.000 m,通过普通水准测量的方法,测得点 BM_B 的高程。

任务分组

学生任务分配表

班级		组号		指导老师	
组长		学号			
组员	姓名		学号	姓名	学号
任务分工					

获取信息

了解本学习任务需要掌握水准测量原理、水准测量外业基准面、水准仪的使用、水准测量方法和水准路线布设形式,需要搜集相关资料。

引导问题1:什么是水准测量?
_____
_____

引导问题2:什么是高程?什么是高差?
_____
_____

引导问题3:什么是大地水准面?
_____
_____

引导问题4:水准测量使用的仪器为_____。

引导问题5:已知一测站水准测量,后视 A 点读数为 1.560 m,前视 B 点读数为 1.425 m,则 A、B 两点的高差 h_{AB} 为_____。

引导问题6:水准仪的基本操作程序是什么?
_____
_____

引导问题7:什么是视差?如何消除视差?
_____
_____

引导问题8:什么是视准轴?
_____
_____

引导问题9:什么是水准点?什么是转点?转点在水准测量中起什么作用?
_____
_____

引导问题10:型号为 DS3 的水准仪,其中"3"代表什么意思?
_____
_____

引导问题11:水准测量等级如何划分?
_____
_____

引导问题12:什么是水准路线?水准路线的布设形式分为哪几种?
_____
_____

引导问题 13:水准尺前后倾斜对读数有什么影响?

引导问题 14:高差闭合差调整的原则是什么?

引导问题 15:水准测量时,前后视距相等可消除或减弱哪些误差的影响?

工作实施

实训项目一 水准仪的认识与使用

1. 实训目的

(1) 了解自动安平水准仪的基本构造,熟悉各部件的名称及作用。

(2) 掌握水准仪的使用。

(3) 能使用水准仪测量地面两点的高差。

2. 仪器和工具

自动安平水准仪 1 台、脚架 1 副、水准尺 1 对、尺垫 1 对、记录板 1 个、记录纸若干。

3. 实训内容及步骤

内容:说出自动安平水准仪各部件的名称,了解其作用并熟悉其使用方法,弄清楚水准尺的分划与注记。

步骤:安置仪器、仪器整平、照准目标、读数。

4. 注意事项

(1) 搬运仪器前,应检查仪器箱是否扣好或锁好、提手和背带是否牢固。

(2) 取出仪器时,应先看清仪器在箱内的安放位置,以便使用完毕照原样装箱;仪器取出后,应盖好仪器箱。

(3) 安置仪器时,注意拧紧架腿螺旋和中心连接螺旋;在测量过程中,作业员不得离开仪器,特别是在建筑工地等处工作时,更应防止意外事故发生。

(4) 操作仪器时,制动螺旋不要拧得过紧,转动仪器时必须先松开制动螺旋;仪器制动后,不得用力扭转仪器。

(5) 仪器在工作时,为避免仪器被暴晒和雨淋,应撑伞遮住仪器。

(6) 迁站时,若距离较近,可将仪器各制动螺旋固紧,收拢三脚架,一手持脚架,一手托住仪器搬移;若距离较远,应装箱搬运。

(7) 仪器装箱前,先清除仪器外部灰尘,松开制动螺旋,将其他螺旋旋至中部位置;按仪器在箱内的原安放位置装箱。

(8) 仪器装箱后,应放在干燥通风处保存,注意防潮、防霉、防碰撞。
5. 实训报告

变换仪器高法测定两点的高差

日期:　　　　　　　　　天气:　　　　　　　　　仪器编号:
组别:　　　　　　　　　姓名:　　　　　　　　　学号:

测点	后视读数/m	前视读数/m	高差/m	平均高差/m

6. 实训考核
实训结束时,指导教师将从每个小组中抽查1～2名同学回答以下问题或演示指定操作。
(1) 回答水准仪在安置过程中应注意的问题。
(2) 回答目镜对光螺旋、物镜对光螺旋、脚螺旋的功能。
(3) 演示仪器安置、圆水准器调平、读数。

实训项目二　普通水准测量

1. 实训目的
(1) 掌握普通水准测量的观测、记录、计算与校核。
(2) 熟悉水准路线的布设形式。
2. 仪器和工具
自动安平水准仪1台、脚架1副、水准尺1对、尺垫1对、记录板1个、记录纸若干。
3. 实训内容
完成指定线路的水准测量。在地面选定 B、C、D 等若干点作为待定高程点,BM_A 为已知高程点。通过普通水准测量的方法,求得待定点高程。
4. 注意事项
(1) 在已知高程点和待测高程点上立尺时,不得放尺垫。
(2) 前后视距离应大致相等,立尺时可用步丈量。
(3) 水准尺应立直,不能左右倾斜,更不能前后俯仰。
(4) 尺垫仅用于转点,在观测员未迁站之前,不能移动后视点的尺垫。
(5) 不得涂改原始读数的记录,读错或记错的数据应划去,再将正确数据写在上方,并在相应的备注栏内注明原因,记录簿要干净、整齐。

5. 实训报告

普通水准测量记录

日期：　　　　　　　天气：　　　　　　　仪器编号：
组别：　　　　　　　姓名：　　　　　　　学号：

测站	测点	后视读数/m	前视读数/m	高差/m	高程/m	备注

校核计算　　$\sum a - \sum b =$ 　　　　　　　　$\sum h =$

成果计算表

点号	距离/km	实测高差/m	高差改正数/m	改正后高差/m	高程/m
$\sum$					
备注	$f_h=$		$f_{h容}=$		

评价反馈

学生进行自评,评价自己是否能完成水准仪的操作、水准测量成果的计算。小组互评,点评其他小组任务完成速度、成果精度、小组成员的相互配合情况。老师对各小组整个任务完成情况进行评价。

学生自评与小组互评

实训项目					
小组编号		姓名		学号	
序号	评估项目	分值	实训要求		自我评定
1	任务完成情况	30	按时按要求完成实训任务		
2	测量精度	20	成果符合限差要求		
3	实训记录	20	记录规范、完整,计算准确		
4	实训纪律	15	遵守课堂纪律,无事故,仪器未损坏		
5	团队合作	15	服从组长安排,能配合其他成员工作		

实训总结与反思:

其他小组评价得分:＿＿＿＿、＿＿＿＿、＿＿＿＿、＿＿＿＿

教师评价				
实训项目				
小组编号		姓名	学号	
序号	评估项目	分值	实训要求	考核评定
1	操作程序	20	操作规范、程序正确	
2	操作速度	20	按时完成任务	
3	安全操作	10	无事故发生	
4	数据记录	10	记录规范，无篡改、抄袭等	
5	测量成果	30	计算正确、精度达标	
6	团队合作	10	服从组长安排，能配合其他成员工作	

存在问题：

指导老师：

学习情境的相关知识点

2.1 水准测量原理

水准测量是利用水准仪提供的水平视线，借助水准尺，测定地面两点的高差，然后根据其中一点的高程推算出另一点的高程的测量方法。如图 2-1 所示，欲测定 A、B 两点的高差 h_{AB}，可在 A、B 两点分别竖立水准尺，并在 A、B 两点之间安置水准仪，根据仪器提供的水平视线，在 A 点尺上读数(a)，在 B 点尺上读数(b)，则 B 点对于 A 点的高差为

$$h_{AB}=a-b \tag{2-1}$$

如果水准测量是由 A 点到 B 点进行的，我们称 A 点为后视点，A 点尺上读数 a 为后视读数；称 B 点为前视点，B 点尺上读数 b 为前视读数。高差等于后视读数减去前视读数。$a>b$，高差为正，表明前视点高于后视点；$a<b$，高差为负，表明前视点低于后视点。在计算高程时，高差应连同符号一起运算。

若已知 A 点的高程为 H_A，则 B 点的高程为

$$H_B=H_A+h_{AB} \tag{2-2}$$

从图 2-1 中可看出，B 点的高程 H_B 也可以通过仪器的视线高程求得，即

$$H_i=H_A+a \tag{2-3}$$

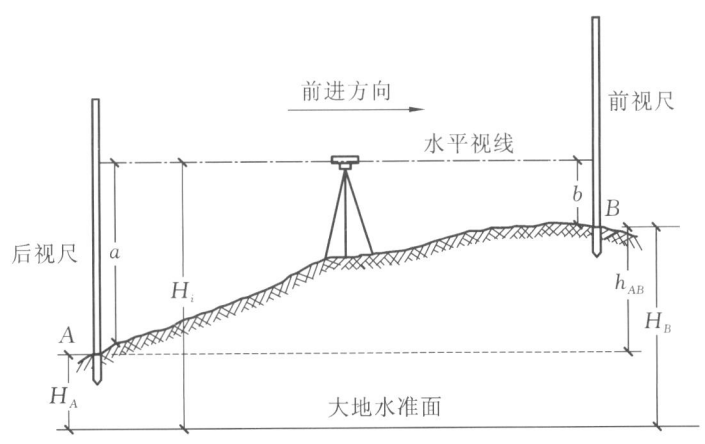

图 2-1 水准测量原理

B 点高程为

$$H_B = H_i - b \tag{2-4}$$

式(2-2)是直接利用高差计算 B 点高程的,称为高差法;式(2-4)是利用仪器视线高程 H_i 计算 B 点高程的,称为仪高法。当安置一次仪器要求测出若干个点的高程时,应用仪高法比高差法方便。

在实际工作中,A、B 两点通常相距较远或高差较大,仅安置一次仪器难以测得两点的高差,此时需连续设站进行观测。如图 2-2 所示,在 A、B 两点之间增设若干个临时立尺点,将 AB 划分为 n 段,逐段安置水准仪进行水准测量。

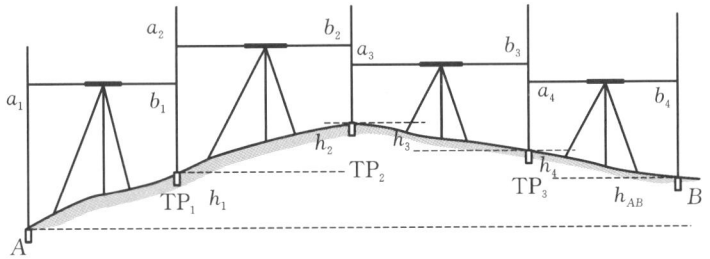

图 2-2 连续水准测量

我们把安置仪器的位置称为测站。在每个测站上进行水准测量,得到各测站的后视读数和前视读数分别为 a_1、b_1、a_2、b_2 等,则各测站测得的高差为

$$h_n = a_n - b_n$$

A、B 两点的高差 h_{AB} 应为各测站高差的代数和,即

$$h_{AB} = h_1 + h_2 + \cdots + h_n = \sum_{i=1}^{n} h_i \tag{2-5}$$

式(2-5)也可以写成

$$h_{AB} = (a_1 - b_1) + (a_2 - b_2) + \cdots + (a_n - b_n) = \sum_{i=1}^{n}(a_i - b_i) = \sum_{i=1}^{n} a_i - \sum_{i=1}^{n} b_i \tag{2-6}$$

若 A 点高程已知,则 B 点的高程为

$$H_B = H_A + h_{AB} \tag{2-7}$$

在水准测量中，A、B 两点之间的临时立尺点仅起传递高程的作用，这些点称为转点，通常以 TP 表示，如图中的 TP_1、TP_2 等。

2.2 水准测量的仪器与工具

水准测量的仪器为水准仪，当前主要有光学水准仪和数字水准仪两种。水准测量的工具为水准尺和尺垫。

2.2.1 DS3 光学水准仪

水准仪的类型很多，有国内产的和国外产的。水准仪按精度分为四个等级，分别为 DS05、DS1、DS3 和 DS10。DS05 和 DS1 为精密水准仪，DS3 和 DS10 为普通水准仪。字母 D 和 S 分别为"大地测量"和"水准仪"汉语拼音的第一个字母，其后的数字代表仪器的测量精度，表示 1 公里往返测量高差中误差。工程测量中广泛使用的是 DS3 级水准仪。

水准仪是提供水平视线的仪器，仪器安置好后理论上视准轴水平。早期的微倾式水准仪在圆水准气泡居中后，通过调整微倾螺旋使长水准管气泡居中来实现视线水平。由于每次读数前都要检查、调整气泡，影响观测速度和效率，后来又产生了自动安平水准仪。自动安平水准仪没有长水准管和微倾螺旋，而是借助一种补偿装置，即使在视准轴微小倾斜的情况下，也能得到视线水平时对应的读数。自动安平水准仪可以简化操作程序，提高观测速度和工作效率，因此现在使用的光学水准仪，基本上都是自动安平水准仪。图 2-3 所示为 DS3 型自动安平水准仪，主要由望远镜、水准器和基座三部分构成，内置自动安平装置。

图 2-3　DS3 型自动安平水准仪

1. 望远镜

图 2-4 所示为 DS3 型自动安平水准仪望远镜构造图。望远镜主要由物镜、目镜、对光凹透镜和十字丝分划板等组成。物镜和目镜多采用复合透镜组。十字丝分划板上刻有两条互相垂直的长线，竖直的一条称为竖丝，横的一条称为中丝。竖丝和中丝的目的分别是瞄准目标和读取读数。在中丝的上下还对称地刻有两条与中丝平行的短横线，是用来测定距离的，

称为视距丝。十字丝分划板是由平板玻璃圆片制成的,平板玻璃片装在分划板座上,分划板座由止头螺丝固定在望远镜筒上。

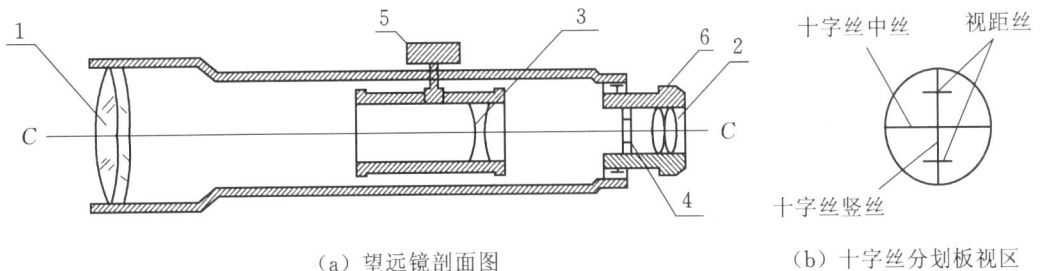

(a) 望远镜剖面图　　　　　　　　(b) 十字丝分划板视区

图 2-4　DS3 型自动安平水准仪望远镜构造图

1—物镜;2—目镜;3—对光凹透镜;4—十字丝分划板;5—物镜调焦螺旋;6—目镜对光螺旋

十字丝交点与物镜光心的连线,称为视准轴(图 2-4 中的 CC)。水准测量是在视准轴水平时,用十字丝的中丝来截取水准尺上的读数的。DS3 型自动安平水准仪望远镜的放大率一般为 28 倍。

2. 水准器

水准器是用来指示视准轴是否水平或仪器竖轴是否竖直的装置。自动安平水准仪设有视准轴水平自动补偿装置,观测员只需粗略整平仪器,自动补偿装置即可获得水平视线读数。所以自动安平水准仪不设长水准管气泡,只设粗略整平用的圆水准气泡。

水准仪的认识与使用

水准器有管水准器和圆水准器两种。管水准器是用来指示视准轴是否水平的装置;圆水准器是用来指示竖轴是否竖直的装置。

1) 管水准器

管水准器(见图 2-5)又称为水准管,是一个纵向内壁磨成圆弧形的玻璃管,管内装酒精和乙醚的混合液,加热融封冷却后留一个气泡。气泡较轻,一直处于管内最高位置。

水准管上一般刻有间隔为 2 mm 的分划线,分划线的对称中心称为水准管的零点。通过零点做水准管圆弧的切线,称为水准管轴(图 2-5 中的 LL)。当水准管的气泡中点与水准管零点重合时,称为气泡居中,这时水准管轴口处于水平位置。水准管圆弧长 2 mm 所对的圆心角 τ,称为水准管分划值,即

$$\tau = \frac{2}{R} \cdot \rho'' \tag{2-8}$$

式中:ρ''——206265″;

R——水准管圆弧半径,mm。

式(2-8)说明圆弧的半径 R 越大,圆心角 τ 越小,水准管的灵敏度越高。DS3 型自动安平水准仪水准管的分划值一般为 20″。

微倾式水准仪的水准管的上方安装有一组附合棱镜,如图 2-6 所示。附合棱镜的反射作用,使气泡两端的像反映在望远镜旁的附合气泡观察窗中。气泡两端的半像吻合表示气泡居中。气泡两端的半像错开表示气泡不居中。测量人员应转动微倾螺旋,使气泡两端的半像吻合。

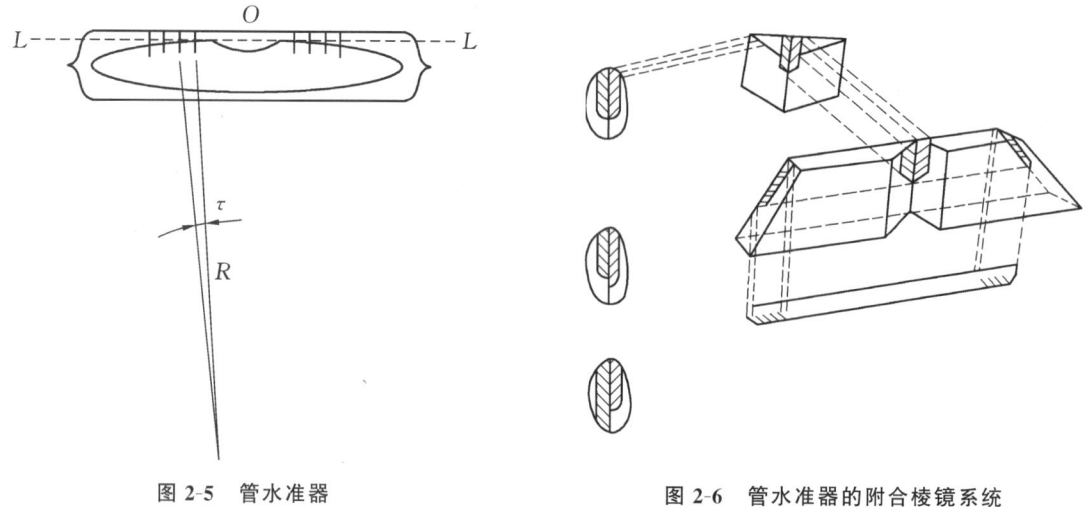

图 2-5 管水准器　　　　　图 2-6 管水准器的附合棱镜系统

2）圆水准器

如图 2-7 所示，圆水准器顶面的内壁是球面，球面中央刻有小圆圈，圆圈的中心为水准器的零点。通过球心和零点的连线是圆水准器轴，当圆水准器气泡居中时，圆水准器轴处于竖直位置。气泡中心偏移零点 2 mm，轴线所倾斜的角值，称为圆水准器的分划值。DS3 型自动安平水准仪圆水准器的分划值一般为 8′。圆水准器的精度较低，只用于仪器的粗略整平。

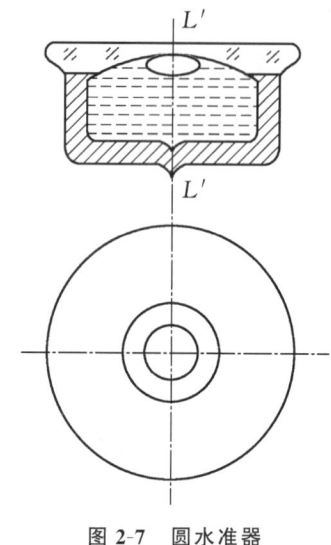

图 2-7 圆水准器

3．基座

基座的作用是支撑仪器的上部并与三脚架连接。它主要由轴座、脚螺旋、底板和三角压板构成。

4．自动安平装置

自动安平水准仪上没有水准管和微倾螺旋，但圆水准器的气泡居中，在十字丝交点上读得的便是视线水平时应该得到的读数。自动安平装置的原理如图 2-8 所示。

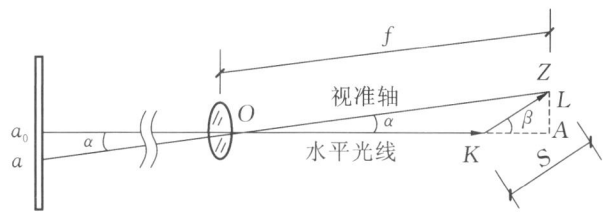

图 2-8　自动安平装置的原理

2.2.2　水准尺和尺垫

1. 水准尺

水准尺(见图 2-9)是水准测量时使用的标尺,其质量直接影响水准测量的精度。因此,水准尺需用不易变形且干燥的优质木材制成,要求尺长稳定、分划准确。常用的水准尺有塔尺和双面尺两种。三、四等水准测量或普通水准测量使用的水准尺是用干燥木料或玻璃纤维合成材料制成的,一般长 3~4 m,按其构造不同可分为折尺、塔尺、直尺等。折尺可以对折,塔尺可以缩短,这两种尺运输方便,但用旧后的接头处容易损坏,影响尺长的精度,所以三、四等水准测量规定只能用直尺。尺子底面钉铁片,以防磨损。

塔尺多用于等外水准测量,长度有 3 m 和 5 m 两种,用两节或三节套接在一起。双面水准尺多用于三、四等水准测量,长度为 3 m,两根尺为一对。尺的两面均有刻划,红白相间的一面称为红面;黑白相间的一面称为黑面。两面刻划均为 1 cm 并在分米处注字。两根尺的黑面均由零开始;而红面,一根尺由 4.687 m 开始至 7.687 m,另一根由 4.787 m 开始至 7.787 m。为使水准尺能更精确地处于竖直位置,可在水准尺侧面装一个圆水准器。

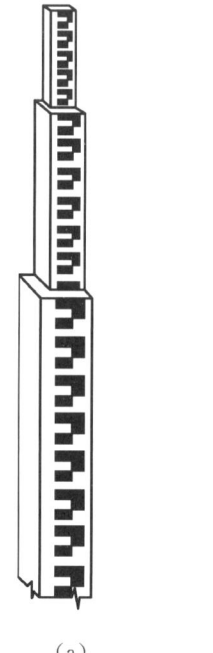
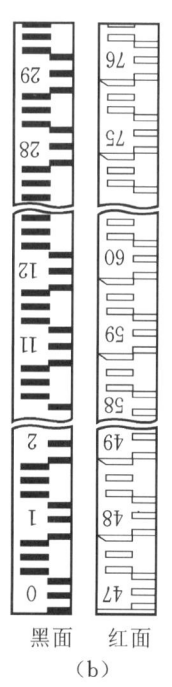

(a)　　黑面　红面
　　　　(b)

图 2-9　水准尺

2. 尺垫

尺垫是在转点处放置水准尺用的,用生铁铸成,一般为三角形,中央有一个突起的半球体,下方有三个支脚,如图 2-10 所示。使用时将支脚牢固地插入土中,以防下沉和移位,上方突起的半球形顶点用来竖立水准尺和标志转点。

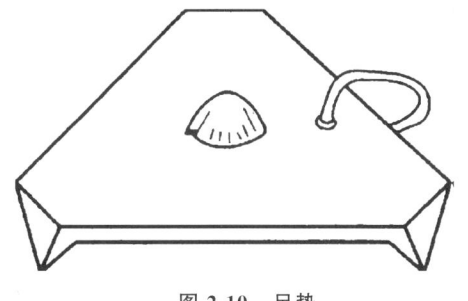

图 2-10　尺垫

2.3 水准测量的实施

2.3.1 水准仪的使用

水准仪的使用包括安置水准仪、粗略整平、瞄准水准尺、精确整平与读数等操作步骤。

1. 安置水准仪

打开三脚架,将其支在地面上,并使高度适当,使架头大致水平,检查脚架腿是否安置稳固,脚架伸缩螺旋是否拧紧,然后打开仪器箱取出水准仪,置于三脚架头上并用连接螺旋将仪器牢固地连在三脚架头上。

2. 粗略整平

粗略整平是指借助圆水准器的气泡居中,使仪器竖轴大致铅直,从而使视准轴粗略水平。如图2-11(a)所示,气泡未居中,则先按图上箭头所指的方向用两手相对转动脚螺旋①和②,使气泡移到b的位置,如图2-11(b)所示,再转动脚螺旋③使气泡居中,如图2-11(c)所示。在整平的过程中,气泡的移动方向与左手大拇指运动的方向一致。

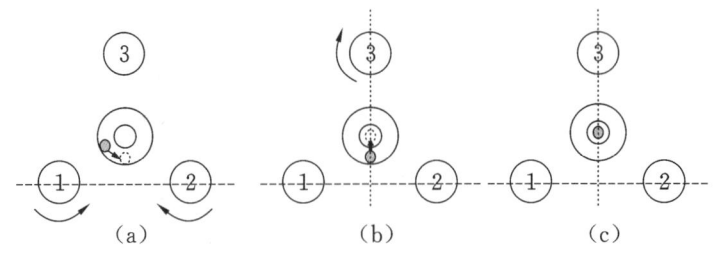

图2-11 粗略整平

3. 瞄准水准尺

(1) 使望远镜对向远方明亮的背景,转动目镜对光螺旋,直到十字丝清晰。

(2) 松开制动螺旋,转动望远镜,通过镜筒上部的瞄准器瞄准水准尺,然后拧紧制动螺旋。

(3) 转动物镜调焦螺旋,使水准尺成像清晰。

(4) 转动微动螺旋,使十字丝的竖丝贴近水准尺的边缘或中央。

(5) 使眼睛在目镜端上下微动,若看到十字丝与标尺的影像有相对移动(这种现象称为视差)表明存在视差。产生视差的原因是标尺影像所在平面没有与十字丝分划板平面重合。由于视差的存在,当眼睛与目镜的相对位置不同时,会得到不同的读数,如图2-12(a)所示,从而增大了读数的误差,应予以消除。消除的方法是仔细调节目镜和物镜调焦螺旋,直到眼睛上、下移动时读数不变,如图2-12(b)所示。

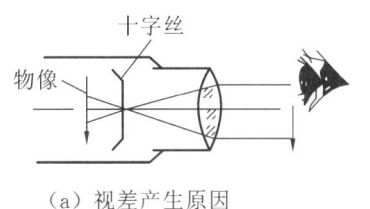 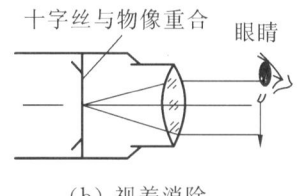

（a）视差产生原因　　　　　　（b）视差消除

图 2-12　视差产生的原因及消除

4. 精确整平与读数

使眼睛靠近气泡观察窗，同时缓慢地转动微倾螺旋，当气泡影像吻合并稳定不动时，气泡已居中，视线处于水平位置。此时应及时用中丝在水准尺上截取读数。首先估读水准尺与中丝重合位置处的毫米数，然后报出全部读数。图 2-13 中所示的中丝读数应为 0.859 m。

读完数后，测量人员还需再检查气泡影像是否仍然吻合，若发生了移动需再次精平，重新读数。

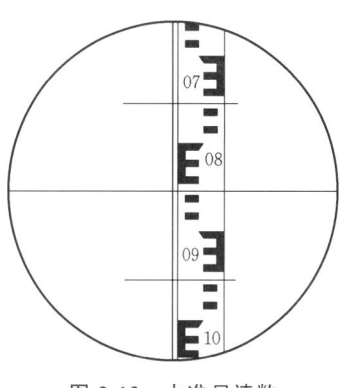

图 2-13　水准尺读数

2.3.2　普通水准测量

我国国家水准测量依精度要求分为一、二、三、四等，一等的精度最高，四等的精度最低。不属于国家规定等级的水准测量一般称为普通水准测量（也称等外水准测量）。等级水准测量对所用仪器、工具以及观测、计算方法都有特殊要求。但和普通水准测量相比，由于基本原理相同，基本工作方法也有许多地方相同。

1. 水准点和水准路线布设形式

1）水准点

用水准测量方法测定高程的控制点称为水准点，简记为 BM。水准点有永久性和临时性两种。等级水准点需按规定要求埋设永久性固定标志。图 2-14(a)所示为国家等级水准点，一般用石料或钢筋混凝土制成，深埋到地面冻结线以下，在标石的顶面设有用不锈钢或其他不易锈蚀的材料制成的半球状标志。有些水准点也可设置在稳定的墙脚上，称为墙上水准点，如图 2-14(b)所示。普通水准点一般为临时性水准点，可以在地上打入木桩，也可在建筑物或岩石上用红漆画一个临时标志标定点位，如图 2-15 所示。

2）水准路线布设形式

水准路线是水准测量施测时经过的路线。为便于施测，水准路线应尽量沿公路、大道等平坦地面布设。水准路线上两相邻水准点之间的段落为一个测段。

水准路线的布设分为单一水准路线布设和水准网布设两种。单一水准路线的布设形式有以下三种。

(1)附合水准路线。

如图 2-16(a)所示，从一高级水准点 BM_1 出发，沿各待定高程点 1、2、3 进行水准测量，最后测至另一高级水准点所构成的施测路线，称为附合水准路线。

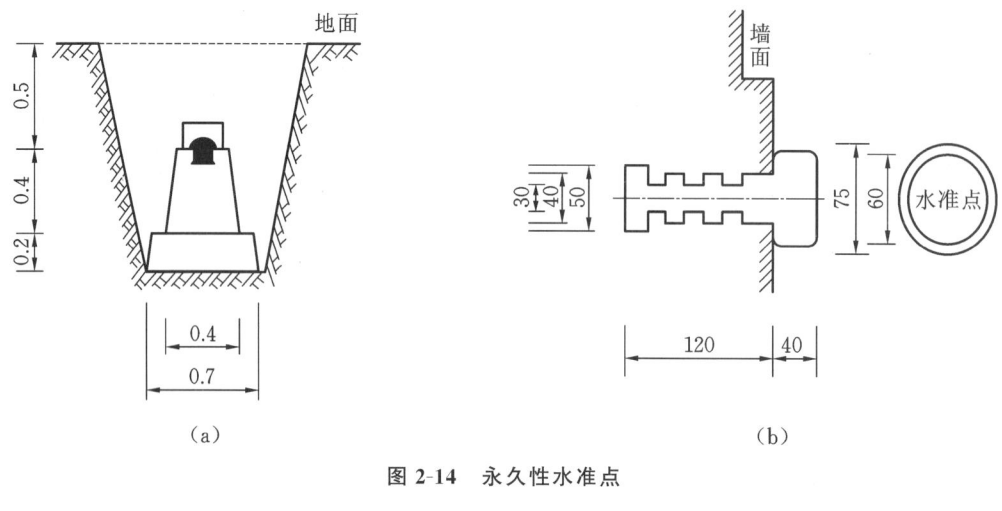

图 2-14 永久性水准点

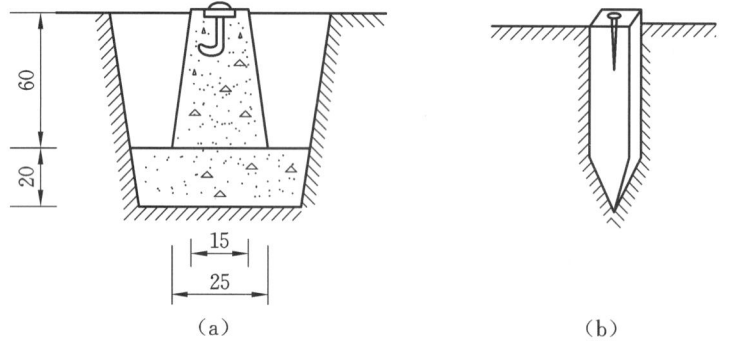

图 2-15 临时性水准点

(2) 闭合水准路线。

如图 2-16(b) 所示,从一已知水准点 BM_1 出发,沿待定高程点 1、2、3、4 进行水准测量,最后仍回到原水准点所组成的环形路线,称为闭合水准路线。

(3) 支水准路线。

如图 2-16(c) 所示,从一已知水准点 BM_1 出发,沿待定高程点 1、2 进行水准测量,其路线既不附合也不闭合,称为支水准路线。支水准路线无检核条件,必须往返观测来校核。

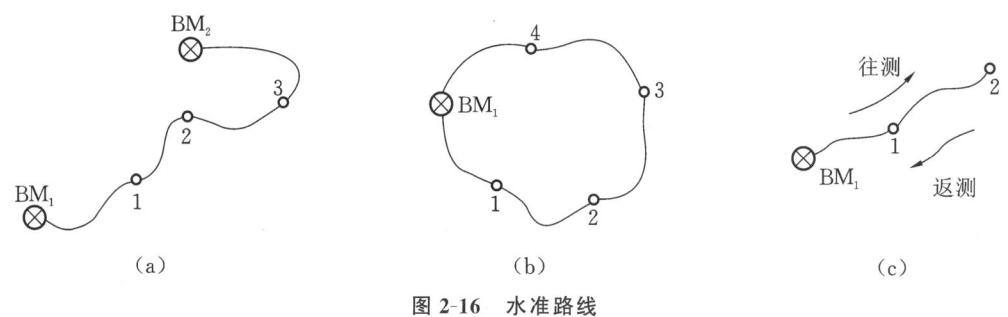

图 2-16 水准路线

2. 水准测量的外业工作

1) 外业观测、记录及计算

拟定出水准路线并选定水准点之后,测量人员即可进行水准路线的外业施测,如图 2-17

所示,水准点 A 的高程为 7.654 m,现拟测量 B 点的高程,其观测步骤如下。

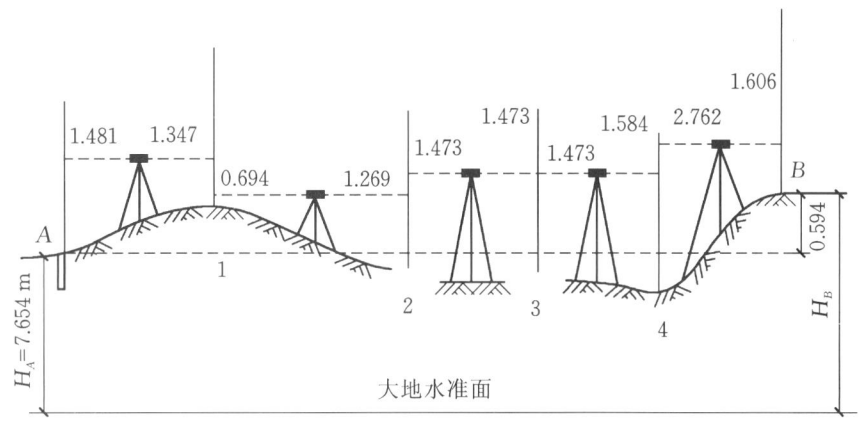

图 2-17 水准路线的外业施测

(1) 在起始水准点 A 上竖立水准尺,作为后视点。

(2) 在路线上适当位置安置水准仪,并在路线的前进方向取仪器到后视点大致相等距离处放置尺垫,在尺垫上竖立水准尺作为前视点。仪器到两水准尺的距离应基本相等,最大差值不应超过 20 m;最大视距应不大于 150 m。

(3) 观测员将仪器粗略整平,照准后视尺,消除视差,精确整平,用中丝读取后视读数并记入手簿(见表 2-1)。

(4) 转动水准仪,照准前视尺,消除视差,精确整平,用中丝读数并记入手簿。

(5) 前视尺位置不动,变作后视,按(2)、(3)、(4)步骤进行操作,测到终点 B 为止。

每测站观测完毕后,应及时按式 $h=a-b$ 算出高差,记入手簿中的相应位置,如表 2-1 所示。

表 2-1 水准测量手簿

日期_____ 仪器_____ 观测_____
天气_____ 地点_____ 记录_____

测站	测点	水准尺读数/m		高差/m	高程/m
		后视(a)	前视(b)		
Ⅰ	A 1	1.481	1.347	+0.134	$H_A=7.654$
Ⅱ	1 2	0.694	1.269	−0.575	
Ⅲ	2 3	1.473	1.473	0	
Ⅳ	3 4	1.473	1.584	−0.111	
Ⅴ	4 B	2.762	1.606	+1.156	$H_B=8.258$
计算校核	$\sum h$	7.883	7.279	+0.604	
		$\sum a - \sum b = +0.604$			

2) 水准测量的校核

(1) 计算检核。

为保证高差计算的正确性,测量人员应在每页手簿下方进行计算检核。检核的依据:各测站测得的高差的代数和应等于后视读数之和减去前视读数之和。表 2-1 中, $\sum h = +0.604$, $\sum a - \sum b = 7.883 - 7.279 = +0.604$,所求两数相等,说明计算正确无误。

(2) 测站检核。

各站测得的高差是推算待定点高程的依据,若其中任何一测站所测高差有误,则全部测量成果就不能使用。计算检核仅能检查高差的计算是否正确,并不能检核因观测、记录原因导致的高差错误。因此,测量人员还要对每一站的高差进行测站检核。测站检核通常采用变动仪器高法或双面尺法。

① 变动仪器高法。在同一测站上,改变仪器高度,两次测定高差。第一次测定后,重新安置仪器,使仪器高度的改变量不小于 10 cm,再进行第二次高差测定,两次测得的高差之差若不超过允许值(如等外水准测量为 ±6 mm),则符合要求。取高差的平均值作为该测站的观测高差。否则需返工重测。

② 双面尺法。在同一测站上使仪器高度不变,分别用水准尺的黑、红面各自测出两点之间的高差,若两次高差之差不超过允许值,同样取高差的平均值作为观测结果。

3. 水准测量的内业计算

水准路线所有测段的外业观测结束后,测量人员应对各测段的记录手簿进行认真细致的检查,确认无误后,汇总出全线实测高差,进行高差闭合差的计算与调整,计算各点的高程。以上工作称为水准测量的内业。

1) 水准测量的精度要求

一条水准路线,从理论上讲其实测高差应等于其理论值,若不等,其差值即为高差闭合差,其值不应超过规定的限差。对于不同形式的水准路线,高差闭合差的含义有所差异,计算方法也不同。

对于附合水准路线,各测段观测高差的代数和 $\sum h_{测}$ 应等于路线两端已知水准点 A、B 的高程差 $H_B - H_A$。由于测量误差的存在,实际上这两者一般不会相等,两者的差值称为附合水准路线的高差闭合差,用 f_h 表示,即

$$f_h = \sum h_{测} - (H_B - H_A) \tag{2-9}$$

对于闭合水准路线,各测段观测高差的代数和 $\sum h_{测}$ 应等于零,如果不等于零,即为高差闭合差,即

$$f_h = \sum h_{测} \tag{2-10}$$

对于支水准路线,沿同一路线往测所得高差 $\sum h_{往}$ 与返测所得高差 $\sum h_{返}$ 的绝对值应大小相等,如果不相等,其差值即为高差闭合差,亦称较差,即

$$f_h = \left| \sum h_{往} \right| - \left| \sum h_{返} \right| \tag{2-11}$$

对于不同等级的水准测量,高差闭合差的限值也不相同。等外水准测量高差闭合差的容许值的规定如下:

$$\begin{cases} f_{h容} = \pm 40\sqrt{L} \text{（平地）} \\ f_{h容} = \pm 12\sqrt{n} \text{（山地）} \end{cases} \qquad (2\text{-}12)$$

式中：L——水准路线的长度，以 km 为单位；

$\quad\quad n$——测站数。

水准测量的高差闭合差若超过容许值，应查找原因并返工重测。

2）附合水准路线高差闭合差的调整与高程计算

如图 2-18 所示，A、B 为已知高程的水准点，A 点的高程为 $H_A=42.365$ m，B 点的高程为 $H_B=32.509$ m，1、2、3 为高程待定点，h_1、h_2、h_3、h_4 为各测段高差观测值，n_1、n_2、n_3、n_4 为各测段测站数，L_1、L_2、L_3、L_4 为各测段距离。计算步骤如下。

（1）填写观测数据和已知数据。将图 2-18 中的观测数据（各测段的测站数、实测高差）及已知数据（A、B 两点的高程），填入表 2-2 所示的相应栏目内。

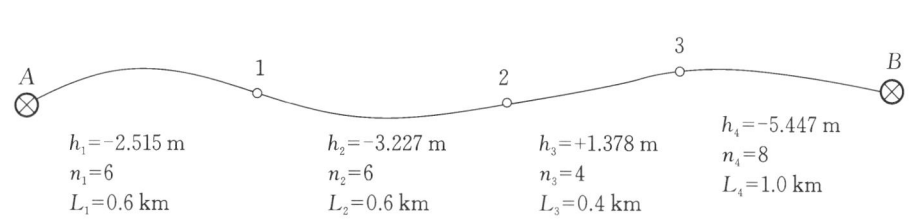

图 2-18　附合水准路线略图

表 2-2　水准路线高差闭合差调整与高程计算

测段编号	点名	测站数	距离/km	实测高差/m	改正数/m	改正后高差/m	高程/m
1	A	6	0.6	-2.515	-0.011	-2.526	42.365
	1						39.839
2		6	0.6	-3.227	-0.011	-3.238	
	2						36.601
3		4	0.4	$+1.378$	-0.008	$+1.370$	
	3						37.971
4		8	1.0	-5.447	-0.015	-5.462	
	B						32.509
Σ		24	2.6	-9.811	-0.045	-9.856	
辅助计算			$f_h=+45$ mm　　$f_{h容}=\pm 58$ mm				

（2）计算高差闭合差。

$$f_h = \sum h - (H_B - H_A) = [-9.811 - (32.509 - 42.365)] \text{ m} = +0.045 \text{ m}。$$

设为山地，闭合差的容许值为

$$f_{h容}=\pm 12\sqrt{n}$$

$$f_{h容}=\pm 12\sqrt{24}\ \text{mm}=\pm 58\ \text{mm}$$

由于$|f_h|<|f_{h容}|$,高差闭合差在限差范围内,说明观测成果的精度符合要求。

(3) 闭合差的调整。水准测量的闭合差可按各测段的长度或测站数成正比例进行调整,其调整值称作改正数,按测站数计算改正数的公式为

$$V_i=-\frac{f_h}{n}\times n_i \tag{2-13}$$

按测段长度计算改正数的公式为

$$V_i=-\frac{f_h}{L}\times L_i \tag{2-14}$$

式中:V_i——第i测段的高差改正数;
n——水准路线测站总数;
n_i——第i测段的测站数;
L——水准路线的全长;
L_i——第i测段的路线长度。

本例是按测站数来计算改正数的,如第1测段的改正数为

$$V_i=-\frac{f_h}{n}\times n_i=-\frac{45}{24}\times 6\ \text{mm}=-11\ \text{mm}$$

改正数应凑整至毫米,以米为单位填写在表2-2的相应栏内。改正数的总和应与闭合差数值相等、符号相反,根据这一关系可对各段高差改正数进行检核。由于收舍误差的存在,改正数在数值上的总和可能与闭合差存在微小差值,此时可将这个微小差值分配到测站数最多或路线最长的一个或几个测段。

各测段实测高差与其改正数的代数和就是改正后的高差。改正后的高差记入表2-2的相应栏内。改正后的各测段高差代数和应与水准点A、B的高差H_B-H_A相等,据此对改正后的各测段高差进行检核。

(4) 计算待定点高程。用改正后高差,按顺序逐点推算各点的高程,即

$$H_1=H_A+h_{1改}=(42.365-2.526)\ \text{m}=39.839\ \text{m}$$
$$H_2=H_1+h_{2改}=(39.839-3.238)\ \text{m}=36.601\ \text{m}$$

仿此推算出所有待定点的高程,并逐一记入表2-2的相应栏内。最后推算得到的B点高程应与水准点B的已知高程相同,以此来检核高程推算的正确性。

3) 闭合水准路线高差闭合差的调整与高程计算

利用式(2-10)计算高差闭合差f_h,闭合差的容许值和调整方法以及高程计算方法均与附合水准路线相同。

4) 支水准路线高差闭合差的调整与高程计算

支水准路线的高差闭合差及容许值可分别通过式(2-11)和式(2-12)求得,但式(2-12)中路线长度L或测站总数n只按单程计算。当$|f_h|\leqslant|f_{h容}|$时,取测段往、返高差绝对值的平均值作为测段的最终高差,其符号以往测为准。支水准路线推算待定点高程的方法与附合水准路线的方法相同。

2.4　DS3型自动安平水准仪的检验与校正

根据水准测量原理,水准仪只有准确地提供一条水平视线,才能测出两点间的正确高差。为此,DS3型自动安平水准仪在构件上应满足以下几何关系,如图2-19所示。
(1) 圆水准器轴$L'L'$平行于仪器竖轴VV。
(2) 十字丝的中丝垂直于仪器竖轴。
(3) 水准管轴LL平行于视准轴CC。

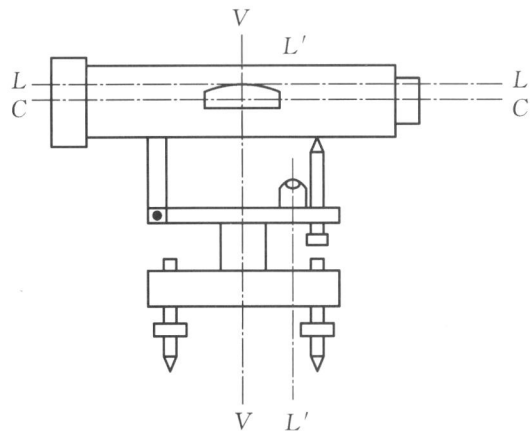

图2-19　DS3型自动安平水准仪的轴线关系

2.4.1　圆水准器轴平行于仪器竖轴的检验与校正

1. 检验

图2-20所示为圆水准器的检验原理。调整脚螺旋,使圆水准器气泡居中,则圆水准器轴$L'L'$处于竖直位置。松开制动螺旋,使仪器绕其竖轴VV旋转180°,若气泡仍然居中,则说明VV轴也处在竖直位置,$L'L'$与VV平行,不需校正。若旋转180°后,气泡不再居中,则说明$L'L'$与VV不平行,两轴必然存在交角,需要校正。图2-20(a)、图2-20(b)为两轴不平行时,转动180°前、后的示意图,转动前$L'L'$轴处于竖直位置,VV轴偏离竖直方向的角度为α,转动后$L'L'$轴与转动前比较倾斜角度为2α。

2. 校正

圆水准器底部的构造如图2-21所示。校正时应先松开中间的紧固螺丝,然后根据气泡偏移方向用校正针拨动校正螺丝,使气泡向零位置移动偏离量的一半,$L'L'$轴与竖直方向的倾角由2α变为α,从而使$L'L'$与VV变成平行关系,如图2-20(c)所示。转动脚螺旋,使圆水准器气泡居中,$L'L'$和VV同时变为竖直位置,如图2-20(d)所示。

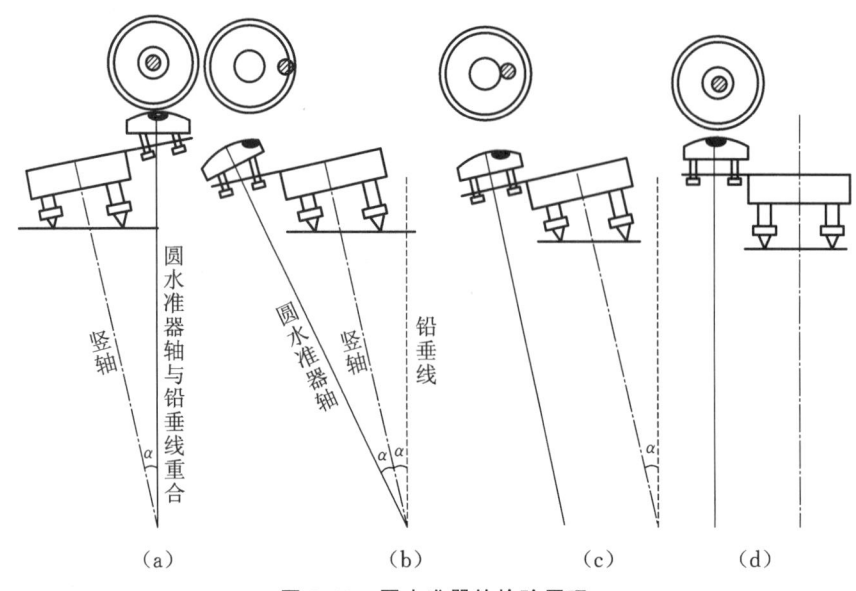

图 2-20 圆水准器的检验原理

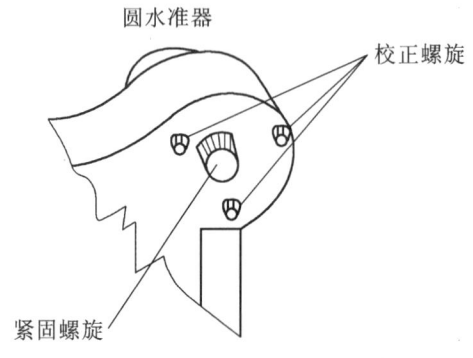

图 2-21 圆水准器底部的构造

校正工作一般需反复进行 2～3 次,直到仪器转到任一位置,圆水准器气泡均处在居中位置,校正完成后注意拧紧紧固螺丝。

2.4.2 十字丝的中丝垂直于仪器竖轴的检验与校正

1. 检验

用十字丝的中丝的一端瞄准一个目标点 M,如图 2-22(a)所示,然后用微动螺旋使望远镜缓慢转动。如果 M 点不离开中丝,如图 2-22(b)所示,说明中丝与仪器竖轴 VV 垂直,不需校正。若 M 点偏离中丝,如图 2-22(c)所示,说明需要校正。

2. 校正

取下十字丝分划板护盖,放松十字丝分划板座的压环螺丝,如图 2-22(d)所示,微微转动十字丝分划板座,使心点对准中丝。检验、校正需反复进行数次,直到 M 点不再偏离中丝,最后拧紧压环螺丝。

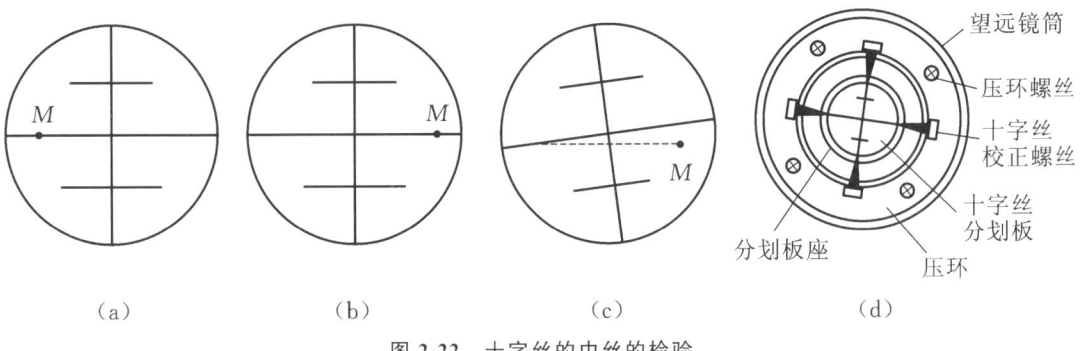

图 2-22 十字丝的中丝的检验

2.4.3 水准管轴平行于视准轴的检验与校正

1. 检验

(1) 如图 2-23(a)所示,在地面上选定相距约 80 m 的 A、B 两点,并打入木桩或放置尺垫。安置水准仪于 AB 的中点。若水准管轴 LL 与视准轴 CC 平行,仪器精平后,分别读出 A、B 两点水准尺的读数 a、b,根据两读数就可求出两点间的正确高差 h。若 LL 轴与 CC 轴不平行,也不会影响该高差值的正确性,这是因为仪器到 A、B 点的距离相等,在所得读数 a_1、b_1 中,因两轴不平行所产生的偏差 Δ 是相同的,在计算高差时可以抵消,即

$$h = a_1 - b_1 = (a + \Delta) - (b + \Delta) = a - b$$

(2) 将仪器安置于 A(或 B)点附近,如距离 A 点约 3 m 处,如图 2-23(b)所示,精平后分别读得 A、B 点水准尺读数为 a_2、b_2'。因仪器到 A 点的距离很近,两轴不平行引起的读数误差很小,可忽略不计,即认为 a_2 为准确读数。由 a_2 和 b_2' 求得两点的高差 h',即

$$h' = a_2 - b_2'$$

若 $h' \neq h$,说明 LL 轴与 CC 轴不平行,需要校正。

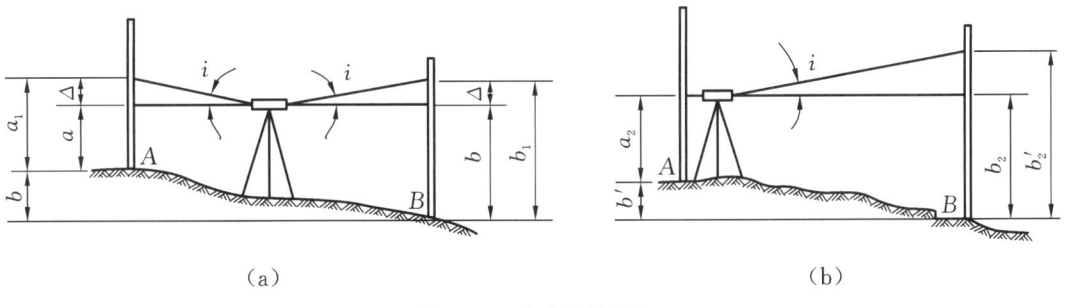

图 2-23 水准管的检验

2. 校正

根据读数 a_2 和高差 h,计算视线水平时 B 点水准尺上的正确读数 b_2,即

$$b_2 = a_2 - h$$

转动微倾螺旋,用中丝对准 B 点水准尺上的读数 b_2,此时视准轴 CC 处于水平位置,而水准管气泡却不再居中。用校正针先松水准管一端的左(或右)校正螺丝,再分别拨动上、下两个

校正螺丝,如图 2-24 所示,将水准管的一端升高或降低,使气泡居中。

图 2-24 水准管的校正

该项校正工作需反复进行,直到 B 点水准尺的实际读数 b_2' 与正确读数 b_2 的差值不大于 3 mm,最后拧紧左(或右)侧的校正螺丝。

2.5 水准测量的误差来源及消减办法

水准测量的误差包括仪器误差、观测误差和外界条件引起的误差三个方面。分析误差产生的原因,找出防止和减小各类误差的方法,对提高水准测量的精度具有重要作用。

1. 仪器误差

1) 视准轴与水准管轴不平行的误差

虽然经过检验和校正,两轴仍会残留一个微小的交角。因此,水准管气泡居中时,视线仍会有些倾斜。根据前面的讨论可知,观测时只要使前、后视距相等,就可减少或消除该项误差。

2) 水准尺的误差

水准尺刻划不准确、尺底磨损、弯曲、变形等都会给读数带来误差,因此测量人员应对水准尺进行检验。不合格的水准尺不能使用。

2. 观测误差

1) 整平误差

视线是否水平是根据水准管气泡是否居中来判断的,如果整平存在误差 i,则视线倾斜角度为 i,将使尺上读数产生误差 Δ,设仪器至标尺的距离为 D,则

$$\Delta = \frac{i}{\rho} \times D \tag{2-15}$$

设仪器水准管分划值为 20″,如果气泡偏离 1/4 格,即 $i=5″$,当距离 $D=100$ m 时,产生的读数误差 Δ 为 2.4 mm。这么大的读数误差是不被允许的。因此,每次读数之前,测量人员一定要使水准管气泡严格居中。

2)读数误差

在水准尺上读取的毫米位的数,是用估计的方法读取的。估读不准确会产生误差。此项误差与望远镜的放大率和视距长度有关。因此,不同等级水准测量对望远镜放大率和视距长度都有相应的要求和限制。在普通水准测量中,望远镜的放大率应在20倍以上,视距不应超过150 m。

3)视差影响

目镜和物镜对光不完善,就会存在视差。视差的存在会给读数带来很大误差,因此必须通过重新对光进行消除。

4)水准尺倾斜的影响

水准尺倾斜将使尺上读数增大,如水准尺倾斜3°,在水准尺上1.5 m处读数时,将会产生2 mm的误差,因此,在观测过程中,测量人员应严格将水准尺扶正。

3. 外界条件引起的误差

1)仪器下沉

仪器下沉使视线降低,从而引起高差误差。采用"后、前、前、后"的观测程序,可减弱仪器下沉的影响。

2)尺垫下沉

如果在转点发生尺垫下沉,下一站后视读数会增大,这将引起高差误差。采用往返观测的方法,取观测成果的中数,可以减弱尺垫下沉的影响。

3)地球曲率的影响

如图2-25所示,大地水准面是一个曲面,如果水准仪的视线与大地水准面平行,A、B两地面点的尺上读数应为a和b,即正确高差应为$h=a-b$;但利用水平视线读取的读数分别为a'和b',a'和a、b'和b之差就是地球曲率的影响。从图2-25中不难看出,如果水准仪至A、B两点的距离相等,$a'-a=b'-b=c$,于是地球曲率的影响在计算高差时可以抵消,即$h=a'-b'=(a+c)-(b+c)=a-b$。

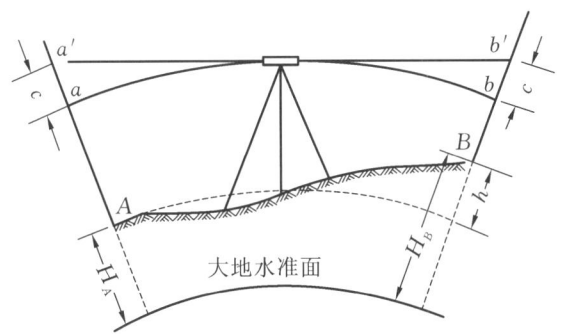

图2-25 地球曲率对水准测量的影响

4)大气折光影响

光线穿过不同密度的大气层时会发生折射,因此视线是弯曲的,这将给观测带来误差,这种误差称为大气折光差。大气折光差的大小与大气层竖向温差有关,越接近地面,温差越大,大气折光差也越大。在水准测量中,如果前、后视线弯曲相同,那么只要前、后视的距离相等,折光差对前、后视读数的影响也相等,在计算高差时可以相互抵消。但在一般情况下,前、后视线离地面高度往往不一致,因此前、后视线弯曲是不同的,如图 2-26 所示,折光差 r_1 和 r_2 的方向相反,会使观测高差中包含这种误差的影响。为了减小这种影响,视线离地应有足够的高度,尤其在斜坡上进行水准测量时,需使上坡方向的视线最小读数不小于 0.3 m。

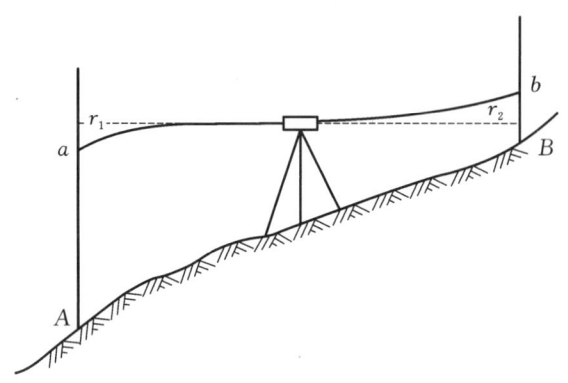

图 2-26 大气折光对读数的影响

5) 温度影响

温度的变化会引起大气折光的变化。而且,当烈日照射水准管时,由于水准管本身和管内液体温度的升高,气泡向温度高的方向移动,影响仪器水平,产生气泡居中误差。因此,在观测时,测量人员应注意给仪器撑伞遮阳。

学习情境 3

角度测量

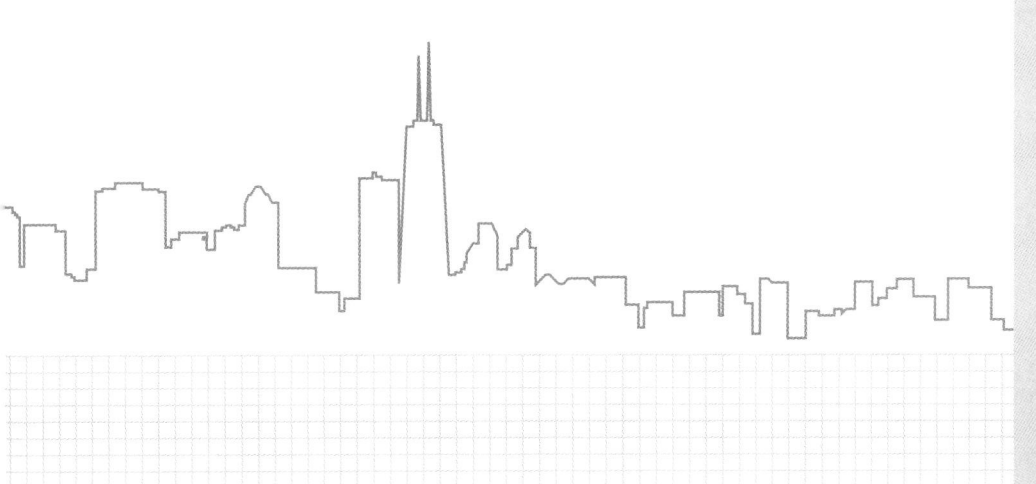

学习情境描述

测量工作的基本任务是确定地面点的位置,距离、角度和高程是确定地面点的三个基本要素。其中,角度测量包括水平角测量和竖直角测量。测量水平角是为了确定地面点的平面位置,测量竖直角是为了间接测定地面点的高程。常用的角度测量的仪器为经纬仪,它不仅可以测量水平角和竖直角,还可以间接测量距离和高差,是测量工作中常用的仪器。

学习目标

(1)熟悉经纬仪的构造及各部件的名称和作用。
(2)理解水平角、竖直角测量原理。
(3)掌握经纬仪的基本操作。
(4)掌握水平角观测与记录、计算方法。
(5)掌握竖直角观测与记录、计算方法。

任务书

(1)如下图所示,使用测回法观测水平角 β。

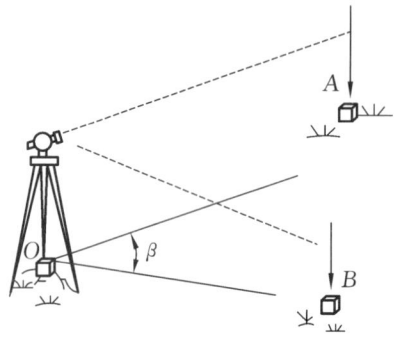

(2)如下图所示,使用全圆方向观测法观测各水平角。

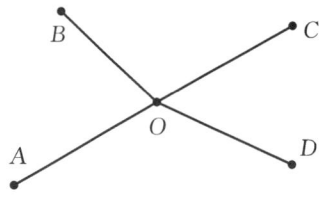

(3) 如下图所示,完成竖直角观测。

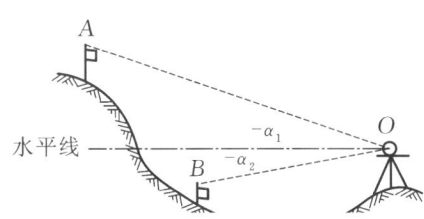

任务分组

学生任务分配表

班级		组号		指导老师	
组长		学号			
组员	姓名	学号		姓名	学号

任务分工

获取信息

引导问题1:什么是水平角?水平角的取值范围是多少?

引导问题2:经纬仪由哪几个部分组成?

引导问题3：如何使用经纬仪照准目标？

引导问题4：观测水平角时，对中和整平的目的是什么？

引导问题5：水平角测量的方法有哪几种？

引导问题6：测回法观测水平角的步骤是什么？

引导问题7：观测水平角时，若需要观测两个以上测回，为什么要变动度盘位置？若测四个测回，各测回起始方向读数应是多少？

引导问题8：观测水平角时，为什么采用盘左、盘右观测？

引导问题9：全圆方向观测法和测回法各适用于什么情况？

引导问题10：什么是2C值？

引导问题11：什么是竖直角？竖直角的取值范围是多少？

引导问题12：什么是竖盘指标差？如何计算竖盘指标差？

工作实施

实训项目一　经纬仪的认识与使用

1. 实训目的

(1) 了解DJ6型经纬仪的基本构造及各部件的功能。

(2) 练习仪器的安置、对中、整平、照准和读数。

2. 仪器和工具

每组配备电子经纬仪1台、脚架1副、对中杆1副、铅笔、记录板等。

3. 实训内容

(1) 经纬仪的架设与使用。

(2) 测量指定目标的盘左和盘右读数,计算2C值。

4. 注意事项

(1) 仪器从箱中取出前,应看好它的放置位置,以免装箱时不能恢复到原位。

(2) 仪器在三脚架上未使用连接螺旋连接好前,手必须握住仪器,不得松手,以防仪器跌落。

(3) 转动望远镜或照准部之前,必须先松开制动螺旋,用力要轻;一旦发现转动不灵,要及时检查原因,不可强行转动。

(4) 当一个人操作时,其他组员只能用语言帮助,不能多人操作一台仪器,以免发生仪器跌落的危险。

(5) 仪器装箱后,要及时上锁,以防存在事故危险。

5. 实训报告

经纬仪测角记录表

日期:　　　　　　天气:　　　　　　仪器编号:
组别:　　　　　　姓名:　　　　　　学号:

测站	目标	盘左读数/(° ′ ″)	盘右读数/(° ′ ″)	2C值/(″)	备注

6. 实训考核

实训结束后,老师从每个小组抽查1~2名同学讲解经纬仪各部件的名称和功能,演示经纬仪的使用。

实训项目二　测回法观测水平角

1. 实训目的

(1) 进一步熟悉电子经纬仪的使用。

(2) 掌握测回法观测水平角的方法,掌握记录、计算的方法。

2. 仪器和工具

每组配备电子经纬仪1台、脚架1副、对中杆2副、铅笔、记录板等。

3. 实训内容

练习用测回法观测水平角。

4. 实训要求

(1) 每人至少测两个测回。

(2) 对中误差小于 3 mm,水准管气泡偏离不超过一格。

(3) 第一测回对 0°,其他测回改变 $180°/n$。

(4) 上、下半测回角值差不超过 36″,各测回角值差不超过 24″。

5. 注意事项

(1) 在记录前,弄清记录表格的填写次序和填写方法。

(2) 每一测回测量期间,要注意水准管气泡是否在中间,如果偏离零点超过一格,应重新整平并重测该测回。

(3) 照准目标时,要根据目标情况正确使用单丝和双丝;上半测回瞄准目标的某个部位,下半测回仍要照准目标的同一位置。

(4) 测量水平角时,应注意先测观测者左手目标,再测观测者右手目标,这样测定的水平角才是观测者正向面对的水平角。

6. 实训报告

测回法观测水平角记录表

日期:　　　　　　　　天气:　　　　　　　　仪器编号:

组别:　　　　　　　　姓名:　　　　　　　　学号:

测站	竖盘位置	目标	水平度盘读数/(°′″)	半测回角值/(°′″)	一测回角值/(°′″)	各测回平均角值/(°′″)

7. 实训考核

实训结束时,指导教师将从每个实训小组中抽查1～2名同学回答以下问题或演示指定操作。

(1) 测量水平角时先测观测者左手目标再测观测者右手目标,与先测观测者右手目标再测观测者左手目标有什么区别?

(2) 演示一测回水平角测量照准目标的顺序。

实训项目三　全圆方向法观测水平角

1. 实训目的

掌握全圆方向法观测水平角的观测、记录、计算方法。

2. 仪器和工具

每组配备电子经纬仪1台、脚架1副、对中杆4副、铅笔、记录板等。

3. 实训内容

练习全圆方向法观测水平角。

4. 实训要求

(1) 每人观测一个测回,四个方向,测回起始读数变动数值仍用公式 $180°/n$ 计算。

(2) 要求半测回归零差不超过 24″,各测回同一方向值互差不超过 24″。

5. 注意事项

(1) 在记录前,要弄清记录表格的填写次序和填写方法。

(2) 每一测回测量期间,要注意水准管气泡是否在中间,如果偏离零点超过一格,应重新整平并重测该测回。

(3) 照准目标时,要根据目标情况正确使用单丝和双丝;上半测回瞄准目标的某个部位,下半测回仍要照准目标的同一位置。

6. 实训报告

全圆方向法观测水平角记录表

日期：　　　　　　　天气：　　　　　　　仪器编号：
组别：　　　　　　　姓名：　　　　　　　学号：

测站	目标	水平度盘读数		2C(″)	平均读数/ (°′″)	一测回归零后方向值/ (°′″)	各测回平均方向值/ (°′″)
		盘左/ (°′″)	盘右/ (°′″)				

7. 实训考核

实训结束时,指导教师将从每个实训小组中抽查1~2名同学回答以下问题或演示指定操作。

(1) 演示一测回方向法测量水平角照准目标的顺序。

(2) 全圆方向观测法和测回法各适用于什么情况?

(3) 演示或回答通过本次实训总结出检查仪器2C值的方法。

实训项目四　竖直角观测

1. 实训目的

(1) 掌握竖直角的观测、记录与计算。

(2) 了解竖盘指标差的检查和计算方法。

2. 仪器和工具

每组配备电子经纬仪1台、脚架1副、对中杆1副、铅笔、记录板等。

3. 实训内容

测量指定目标的竖直角。

4. 实训要求

(1) 每个目标,观测1个测回,每人完成两个目标观测。

(2) 同一组测得的竖盘指标差的互差不得超过24″。

5. 注意事项

(1) 在记录前,首先要弄清记录表格的填写次序和填写方法。

(2) 每一测回测量期间,要注意水准管气泡是否在中间,如果偏离零点超过一格,应重新整平并重测该测回。

(3) 照准目标时,要根据目标情况正确使用单丝和双丝;上半测回瞄准目标的某个部位,下半测回仍要照准目标的同一位置。

(4) 计算竖直角和指标差时,应注意正、负号。

6. 实训报告

竖直角观测记录表

日期:　　　　　　　天气:　　　　　　　仪器编号:
组别:　　　　　　　姓名:　　　　　　　学号:

测站	目标	竖盘位置	竖盘读数/(° ′ ″)	指标差/(″)	竖直角/(° ′ ″)

7. 实训考核

演示竖直角观测过程,总结检查仪器指标差大小的方法。

评价反馈

学生进行自评,评价自己是否能完成实训任务。小组互评,点评其他小组任务完成速度、成果精度、小组成员的相互配合情况。老师对各小组整个任务完成情况进行评价。

学生自评与小组互评

实训项目				
小组编号		姓名	学号	
序号	评估项目	分值	实训要求	自我评定
1	任务完成情况	30	按时按要求完成实训任务	
2	测量精度	20	成果符合限差要求	
3	实训记录	20	记录规范、完整,计算准确	
4	实训纪律	15	遵守课堂纪律,无事故,仪器未损坏	
5	团队合作	15	服从组长安排,能配合其他成员工作	

实训总结与反思:

其他小组评价得分:_____、_____、_____、_____

教师评价

实训项目				
小组编号		姓名	学号	
序号	评估项目	分值	实训要求	考核评定
1	操作程序	20	操作规范、程序正确	
2	操作速度	20	按时完成任务	
3	安全操作	10	无事故发生	
4	数据记录	10	记录规范,无篡改、抄袭等	
5	测量成果	30	计算正确、精度达标	
6	团队合作	10	服从组长安排,能配合其他成员工作	

存在问题:

指导老师:

学习情境的相关知识点

3.1 角度测量原理

3.1.1 水平角测量原理

1. 水平角的概念

如图 3-1 所示，A、B、C 是空间任意高度的三点，$\angle ABC$ 是这三个点在同一个水平面上的垂直投影。A_1B_1、B_1C_1 是直线 AB、BC 在水平面上的垂直投影，从数学角度来讲 $\angle ABC$ 就是通过 AB 和 BC 两个面所形成的二面角，也就是测量所需的水平角（及通过空间任意两条相交直线的面与已知水平面的二面角），简言之，测量中的水平角就是空间两条相交直线在水平面上的垂直投影所夹的角，用 β 表示。

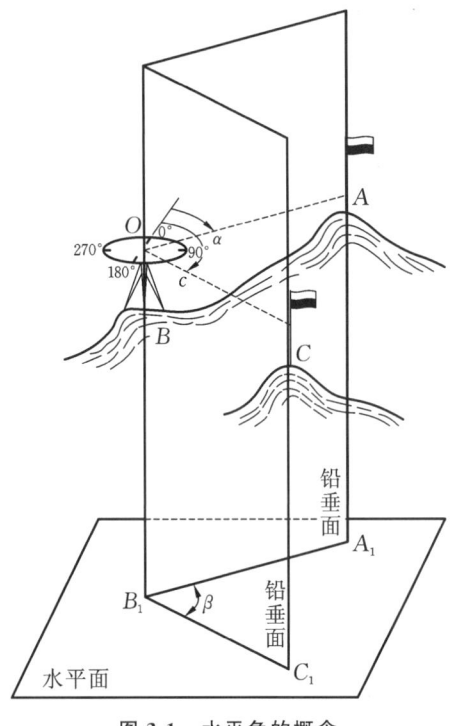

图 3-1 水平角的概念

2. 水平角测量的原理

设想在两铅垂面交线铅垂线上的任意一点水平放置一个全圆顺时针刻划的度盘（水平度盘），并使其中心落在角的顶点的铅垂线上，水平方向 B_1A_1 和 B_1C_1 在水平度盘上的读数为 a_1 和 b_1，则水平角为

$$\beta = b_1 - a_1 \tag{3-1}$$

水平角角值范围为 0°～360°，均为正值。

由上文可知，用于测量水平角的仪器必须具备以下主要条件：

（1）有能将刻度盘置于水平的水准器，即度盘中心安置在角顶点的铅垂线上的对中装置。

（2）有能读取水平度盘读数的读数装置。

（3）能在铅垂面内转动，并能绕铅垂线水平转动的照准设备望远镜。

3.1.2 竖直角测量原理

1. 竖直角的概念

竖直角是指某一方向与其在同一铅垂面内的水平线所夹的角度。

由图 3-2 可知，同一铅垂面上，空间方向线 OA 和水平线所夹的角 α_A 就是 OA 方向与水平线的竖直角,若方向线在水平线之上,竖直角为仰角,用"+α"表示,若方向线在水平线之下,竖直角为俯角,用"-α"表示,即仰角为正值,俯角为负值。竖直角角值范围为-90°~+90°。

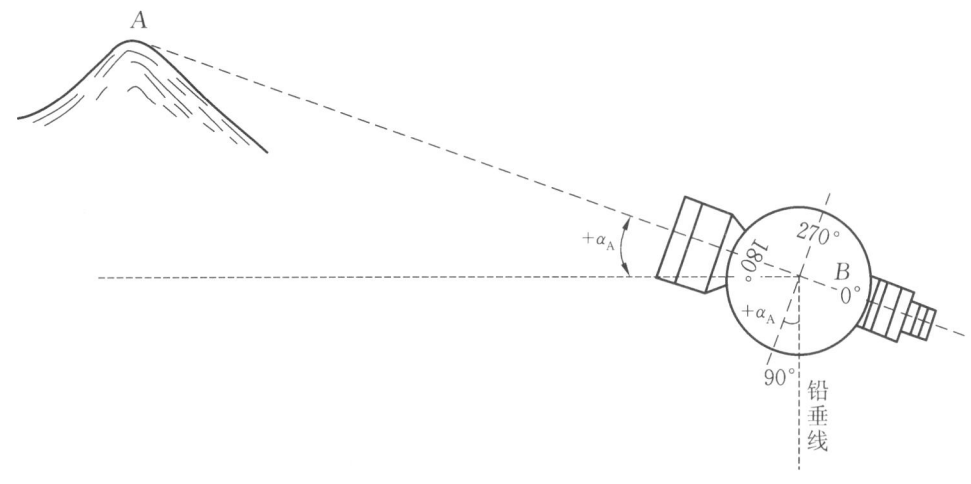

图 3-2 竖直角的概念

2. 竖直角测量的原理

在望远镜横轴的一端竖直设置一个刻度盘(竖直度盘),竖直度盘中心与望远镜横轴中心重合,度盘平面与横轴轴线垂直,视线水平时指标线为一个固定读数,当望远镜瞄准目标时,竖盘随着转动,则望远镜照准目标的方向线读数与水平方向上的固定读数之差为竖直角。

根据上述测量水平角和竖直角的要求设计、制造的一种测角仪器称为经纬仪。

3.2 电子经纬仪的构造及其使用

随着电子技术、计算机技术、光电技术、自动控制等现代科学技术的发展,角度测量向自动化记录方向的发展有了技术基础。近几年,连续出现的电子经纬仪和全站型电子速测仪,标志着经纬仪发展到了一个新的阶段,为测量工作的自动化创造了有利的条件。电子经纬仪与光电测距仪、计算机、自动绘图仪结合,使地面测量工作实现了自动化和内外业一体化,这是测绘工作的一次历史性变化。

电子经纬仪在结构及外观上和光学经纬仪类似,主要不同点在于读数系统:电子经纬仪采用光电扫描和电子元件进行自动读数和液晶显示。

DJ6 型电子经纬仪如图 3-3 所示。

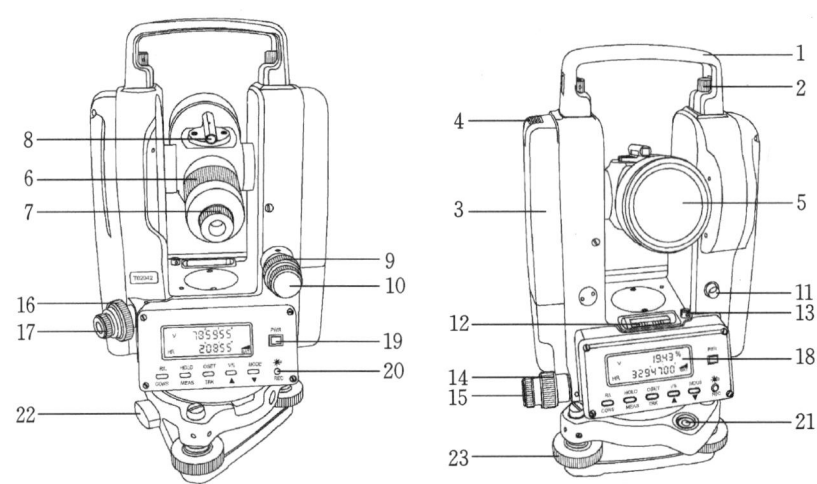

图 3-3　DJ6 型电子经纬仪

1—提把；2—提把固定螺旋；3—电池盒；4—电池盒按钮；5—望远镜物镜；6—物镜调焦螺旋；7—目镜调焦螺旋；8—光学瞄准器；9—望远镜制动螺旋；10—望远镜微动螺旋；11—测距仪数据接口；12—管水准器；13—管水准器矫正螺旋；14—水平制动螺旋；15—水平微动螺旋；16—对中器物镜调焦螺旋；17—对中器目镜调焦螺旋；18—显示窗；19—电源开关；20—显示窗照明开关；21—圆水准器；22—轴套锁定旋钮；23—脚螺旋

3.3　经纬仪的使用

经纬仪最基本的功能是测水平角和竖直角。使用时，测量人员先将经纬仪安置在测站上，然后瞄准目标进行读数，经过计算获得角值。经纬仪的使用步骤主要包括：经纬仪的安置、照准和读数。

1. 经纬仪的安置

1) 对中

对中的目的是使仪器的中心与测站点的中心位于同一铅垂线上。对中时，测量人员可以使用垂球或光学对点器对中。

2) 整平

整平的目的是使仪器的竖轴处于铅垂位置、水平度盘处于水平状态。经纬仪的整平是通过调节脚螺旋，以照准部水准管为标准来进行的。

3) 具有光学对点器的经纬仪的安置

对于具有光学对点器的经纬仪，其对中和整平是互相影响的，应交替进行，直至对中、整平均满足要求。

经纬仪的安置的具体操作方法如下：

（1）将三脚架安置于测站点上，目估使架头大致水平，同时注意仪器高度要适中，安上仪器，拧紧中心螺旋，转动目镜调整螺旋使对点器中心圈清晰，再拉伸镜筒，使测站点成像清晰，然后将一个架腿插入地面固定，用两手把握住另外两个架腿，移动这两个架腿，直至测站点的中心位于圆圈的内边缘处或中心,停止转动脚架并将其踩实。注意基座面要基本水平。

(2) 调节脚螺旋,使测站点中心处于圆圈中心位置。

(3) 伸缩架腿,使圆气泡居中。

(4) 调节脚螺旋,使水准管气泡居中。

整平是指利用基座上的三个脚螺旋,使照准部水准管在相互垂直的两个方向上气泡都居中,具体做法如下:转动仪器照准部,使水准管平行于任意两个脚螺旋的连线方向,如图 3-4(a)所示,两手同时向内或向外旋转这两个(1,2)脚螺旋,使气泡居中,然后将照准部旋转 90°,调节第 3 个脚螺旋,使气泡居中,如图 3-4(b)所示;如此反复进行,直至照准部水准管在任意位置气泡均居中。

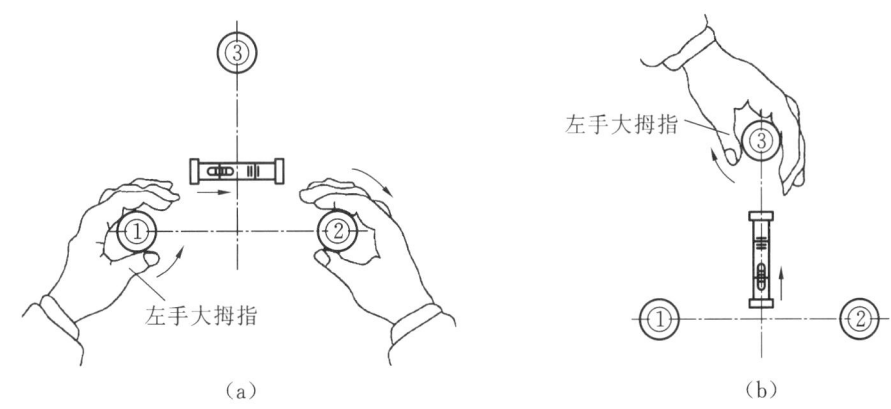

图 3-4 经纬仪整平方法

(5) 检查测站点是否位于圆圈中心,若相差很小,可轻轻平移基座,使其精确对中(注意仪器不可在基座面上转动),如此反复操作直到仪器对中和整平均满足要求。

2. 照准和读数

测角时要照准目标,目标一般是竖立于地面上的标杆、测钎或觇牌。测水平角时,以望远镜的十字丝的纵丝照准目标,操作方法是用光学瞄准器粗略瞄准目标,进行目镜对光,使十字丝清晰,调节物镜对光螺旋,使成像清晰,注意消除视差的影响。准确照准目标(见图 3-5)时,用十字丝的单丝和垂线重合,用垂线平分十字丝双丝。若为标杆、测钎等粗目标时,用十字丝的单丝平分目标,使目标位于双丝中央。最后,测量人员按照前面所述的读数方法来进行读数。

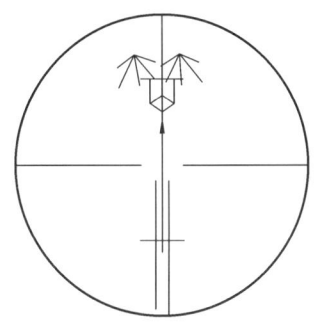

图 3-5 经纬仪十字丝照准目标

3.4 水平角测量

水平角的测量方法根据测量工作的精度要求、观测目标的多少及所用的仪器而定,一般有测回法和方向观测法两种。

3.4.1 测回法

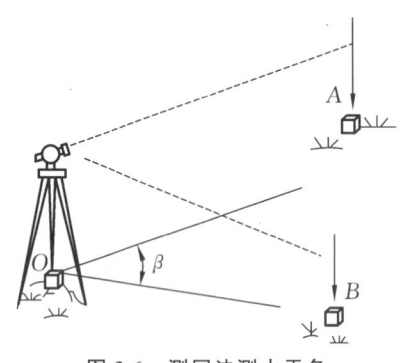

图 3-6 测回法测水平角

测回法适用于在一个测站有两个观测方向的水平角测量,如图 3-6 所示。设要测量的水平角为 $\angle AOB$,测量人员应先在目标点 A、B 设置观测标志,在测站点 O 安置经纬仪,然后分别瞄准 A、B 两个目标点进行读数,水平度盘两个读数之差即为要测的水平角。为了消除水平角测量中的某些误差,测量人员通常对同一角度进行盘左、盘右两个盘位观测(观测者对着望远镜目镜时,竖盘位于望远镜左侧,称盘左,又称正镜;当竖盘位于望远镜右侧时,称盘右,又称倒镜)。盘左位置观测,称为上半测回;盘右位置观测,称为下半测回。上下两个半测回合称一个测回。

具体步骤如下。

(1)安置仪器于测站点 O 上,对中、整平。

(2)盘左位置瞄准 A 目标,读取水平度盘读数为 a_1,设为 $0°04'30''$,记入记录手簿(见表 3-1)中盘左 A 目标水平度盘读数一栏。

(3)松开制动螺旋,顺时针方向转动照准部,瞄准 B 点,读取水平度盘读数为 b_1,设为 $95°22'48''$,记入记录手簿中盘左 B 目标水平度盘读数一栏,完成上半个测回的观测,即

$$\beta_{左}=b_1-a_1 \tag{3-2}$$

(4)松开制动螺旋,倒转望远镜成盘右位置,瞄准 B 点,读取水平度盘的读数为 b_2,设为 $277°19'12''$,记入记录手簿中盘右 B 目标水平度盘读数一栏。

(5)松开制动螺旋,逆时针方向转动照准部,瞄准 A 点,读取水平度盘读数为 a_2,设为 $182°00'42''$,记入记录手簿中盘右 A 目标水平度盘读数一栏,完成下半个测回观测,即

$$\beta_{右}=b_2-a_2 \tag{3-3}$$

上、下半测回合称一个测回,取盘左、盘右所得角值的算术平均值作为该角的一个测回角值,即

$$\beta=\frac{\beta_{左}+\beta_{右}}{2} \tag{3-4}$$

表 3-1 水平角观测记录（测回法）

测站	目标	竖盘	水平度盘读数/(° ′ ″)	半测回角值/(° ′ ″)	一测回角值/(° ′ ″)	备注
O	A	左	0 04 30	95 18 18	95 18 24	
	B		95 22 48			
	A	右	182 00 42	95 18 30		
	B		277 19 12			

测回法的限差：一是两个半测回角值较差；二是各测回角值较差。精度要求不同的水平角，有不同的规定限差，如表 3-2 所示。

当要求提高测角精度时，往往要观测 n 个测回，每个测回可按变动值概略公式 $\dfrac{180°}{n}$ 的差数改变度盘起始读数，其中 n 为测回数，如测回数 $n=4$，则各测回的起始方向读数应等于或略大于 $0°$、$45°$、$90°$、$135°$，这样做的主要目的是减弱度盘刻划不均匀造成的误差。

表 3-2 水平角角值限差

仪器类型	两个半测回角值较差	各测回角值较差
DJ6	30″	20″
DJ2	20″	15″

3.4.2 方向观测法

当一个测站有三个或三个以上的观测方向时，应采用方向观测法进行水平角观测，方向观测法从所选定的起始方向（零方向）开始，依次观测各方向相对于起始方向的水平角值，也称方向值。两任意方向值之差，就是这两个方向之间的水平角值。如图 3-7 所示，有 4 个观测方向，需采用方向观测法进行观测。现就其观测、记录、计算及精度要求做如下介绍。

测回法观测水平角

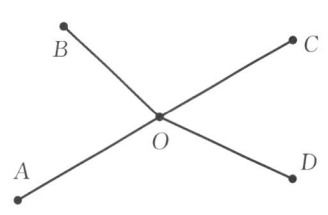

图 3-7 方向观测法示意

1. 观测步骤

（1）安置经纬仪于测站点 O，对中、整平。

（2）盘左位置瞄准起始方向（也称零方向）A 点，并安置水平度盘读数使其略大于零。转动测微轮使对经分划吻合，读取 A 方向水平度盘读数，同样以顺时针方向转动照准部，依次瞄准 B、C、D 点读数，为了检查水平度盘在观测过程中有无带动，最后再次瞄准 A 点读数，称为归零。

每一次照准要求测微器两次重合读数，将方向读数按观测顺序自上而下记入观测记录手簿（见表 3-3），完成上半个测回。

（3）盘右位置瞄准 A 点读取水平度盘的读数，逆时针方向转动照准部，依次瞄准 D、C、

B、A 点，将方向读数按观测顺序自下而上记入观测记录手簿，完成下半个测回。

上、下半个测回合称一个测回。需要观测多个测回时，各测回间应按 $\dfrac{180°}{n}$ 变换度盘位置。

表 3-3　水平角观测记录（方向观测法）

测站	测回数	目标	水平度盘读数 盘左/(° ′ ″)	水平度盘读数 盘右/(° ′ ″)	2C/(″)	平均读数/(° ′ ″)	归零方向值/(° ′ ″)	各测回平均归零方向值/(° ′ ″)
O	1	A	0 02 42	180 02 42	0	(0 02 38) 0 02 42	0 00 00	0 00 00
		B	60 18 42	240 18 30	+12	60 18 36	60 15 58	60 15 56
		C	116 40 18	296 40 12	+6	116 40 15	116 37 37	116 37 28
		D	185 17 30	5 17 36	−6	185 17 33	185 14 55	185 14 47
		A	0 02 30	180 02 36	−6	0 02 33		
			$\Delta_{左}=-12''$	$\Delta_{右}=-6''$				
	2	A	90 01 00	270 01 06	−6	(90 01 09) 90 01 03	0 00 00	
		B	150 17 06	330 17 00	+6	150 01 03	60 15 54	
		C	206 38 30	26 38 24	+6	206 38 27	116 37 18	
		D	275 15 48	95 15 48	0	275 15 48	185 14 39	
		A	90 01 12	270 01 18	−6	90 01 15		
			$\Delta_{左}=-12''$	$\Delta_{右}=-12''$				

2. 计算方法与步骤

（1）半测回归零差的计算。

每半测回零方向有两个读数，它们的差值称为归零差。表 3-3 中第一测回上、下半测回归零差分别为 $\Delta_{左}=30''-42''=-12''$；$\Delta_{右}=36''-42''=-6''$，对照表 3-4 中观测限差可知，其归零差不超限。

（2）2C 的计算。

2C＝盘左－（盘右±180°）。2C 的精度要求参考表 3-4。

（3）平均读数的计算。

表 3-3 目标 A 中零方向有两个平均值，取这两个平均值的中数记在上方并加括号。

（4）归零方向值的计算。

表 3-3 中归零方向值的计算是用各平均读数减去零方向括号内的值，如第一测回方向 C 的归零方向值为 $116°40'15''-0°02'38''=116°37'37''$。一测站按规定测回数测完后，应比较同一方向各测回归零后的方向值，检查其较差是否超限，如表 3-3 中 D 方向两个测回的较差为

16″。如不超限,则取各测回同一方向值的中数记入表 3-3 中各测回平均归零方向值。相邻两方向值之差即为两个方向线之间的水平角。一测回观测完成后应及时进行计算,并对照检查各项限差,如有超限,应进行重测。水平角观测各项限差要求见表 3-4。

3. 精度要求

方向观测法的限差如表 3-4 所示。

表 3-4　方向观测法的限差

经纬仪型号	光学测微器两次重合读数差/(″)	半测回归零差/(″)	一测回 2C 互差/(″)	同一方向值各测回互差/(″)
DJ1	1	6	9	6
DJ2	3	8	13	9
DJ6		18		24

（1）光学测微器两次重合读数差:每一次照准,测微器两次重合读数差在限差以内时,取其平均值作为该次照准的读数。

（2）半测回归零差:两次观测零方向的差值,在限差以内时,取其平均值作为起始方向值。

（3）一测回 2C 互差:2C 即二倍的照准差,测规对 2C 规定了各方向之间互差限差。

（4）同一方向值各测回互差:观测为四个测回,各测回的 B 方向归零方向值间的差值。

3.5　竖直角测量

3.5.1　竖直度盘的构造

竖直度盘固定安装在望远镜旋转轴（横轴）的一端,其刻划中心与横轴的旋转中心重合,所以在望远镜做竖直方向旋转时,度盘也随之转动。分微尺的零分划线作为读数指标线相对于转动的竖盘是固定不动的。根据竖直角的测量原理,竖直角 α 是视线读数与水平线的读数之差,水平方向线的读数是固定数值,所以当竖盘转动在不同位置时用读数指标读取视线读数,就可以计算出竖直角。

竖直度盘的刻划有全圆顺时针和全圆逆时针两种,如图 3-8 所示。在盘左位置,(a)图为全圆逆时针方向注字,(b)图为全圆顺时针方向注字。当视线水平时,指标线所指的盘左读数为 90°,盘右读数为 270°,对于竖盘指标的要求是,始终能够读出与竖盘刻划中心在同一铅垂线上的竖盘读数,为了满足这一个要求,早期的光学经纬仪多采用水准管竖盘结构,这种结构将读数指标与竖盘水准管固连在一起,转动竖盘水准管定平螺旋,使气泡居中,读数指标处于正确位置,可以读数。现代的仪器则采用自动补偿器竖盘结构,这种结构借助一组棱镜的折射原理,自动使读数指标处于正确位置,也称为自动归零装置,整平和瞄准目标后,能立即读数,因此操作简便、读数准确、速度快。

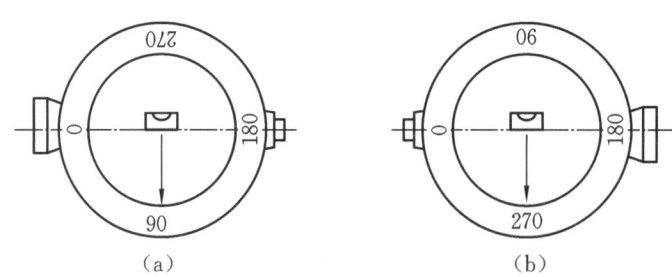

图 3-8 竖直度盘的刻划注记形式

3.5.2 竖直角观测

竖直角观测步骤如下。

(1) 安置仪器于测站点 O,对中、整平后,打开竖盘自动归零装置。

(2) 盘左位置瞄准 A 点,用十字丝中丝照准或相切目标点,读取竖直度盘的读数 L,设为 $80°04'12''$,记入观测记录手簿(见表 3-5),完成上半个测回的观测。

(3) 将望远镜倒转变成盘右,瞄准 A 点,读取竖直度盘的读数 R,设为 $279°55'42''$,记入观测手簿,完成下半个测回的观测。

(4) 上、下半个测回合称一个测回,根据需要进行多个测回的观测。

表 3-5 竖直角观测记录

测站	测点	盘位	竖盘读数/(° ′ ″)	半测回角值/(° ′ ″)	一测回角值/(° ′ ″)	指标差/(″)
O	A	左	80 04 12	9 55 48	9 55 45	−3
		右	279 55 42	9 55 42		

3.5.3 竖直角的计算

竖直角是指某一方向与其在同一铅垂面内的水平线所夹的角度,视线方向读数与水平线读数之差即为竖直角值。其水平线读数为一个固定值,实际只需观测目标方向的竖盘读数。度盘的刻划注记形式不同,用不同盘位进行观测,视线水平时读数不同,因此,竖直角计算应根据不同度盘的刻划注记形式对应的计算公式计算所测目标的竖直角。下面,我们以顺时针方向注记形式为例说明竖直角的计算方法及如何确定计算式。

如图 3-9(a)所示,盘左位置,视线水平时读数为 $90°$。如图 3-9(a)所示,望远镜上仰,视线向上倾斜,指标处读数减小,根据竖直角定义,仰角为正,则盘左时竖直角计算公式为式(3-5)。如果 $L>90°$,竖直角为负值,表示是俯角。

如图 3-9(b)所示,盘右位置,视线水平时读数为 $270°$。如图 3-9(b)所示,望远镜上仰,视线向上倾斜,指标处读数增大,根据竖直角定义,仰角为正,则盘右时竖直角计算公式为式(3-6)。如果 $R<270°$,竖直角为负值,表示是俯角。

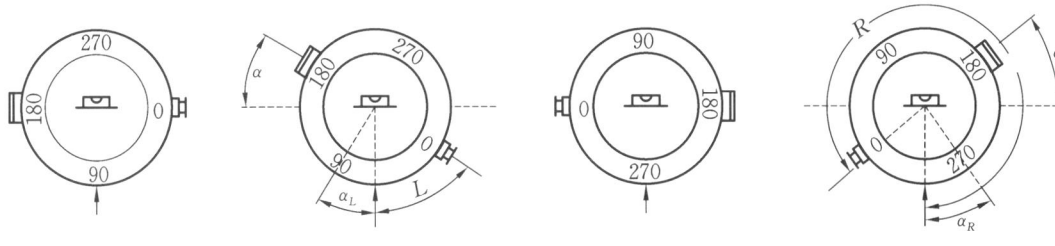

(a) 盘左　　　　　　　　　　　(b) 盘右

图 3-9　竖直角计算

$$\alpha_L = 90° - L \tag{3-5}$$
$$\alpha_R = R - 270° \tag{3-6}$$

式中：L——盘左竖盘读数；

R——盘右竖盘读数。

为了提高竖直角精度，取盘左、盘右的平均值作为最后结果，即

$$\alpha = \frac{\alpha_L + \alpha_R}{2} = \frac{1}{2}(R - L - 180°) \tag{3-7}$$

同理可推出全圆逆时针刻划注记的竖直角的计算公式，即

$$\alpha_L = L - 90° \tag{3-8}$$
$$\alpha_R = 270° - R \tag{3-9}$$

3.5.4　竖盘指标差

上述竖直角计算公式依据竖盘的构造和注记特点，即视线水平，竖盘自动归零时，竖盘指标应指在正确的读数 90°或 270°上，但因仪器在使用过程中受到震动或者制造上不严密，指标位置偏移，导致视线水平时的读数与正确读数有一差值，此差值称为竖盘指标差，用 x 表示，如图 3-10 所示。由于指标差存在，盘左读数和盘右读数都差了一个值。正确的竖直角应对竖盘读数进行指标差改正。竖直角计算公式为式(3-10)和式(3-11)。

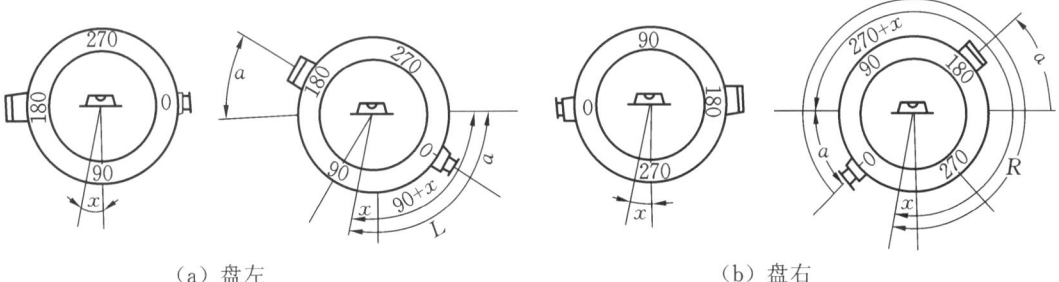

(a) 盘左　　　　　　　　　　　(b) 盘右

图 3-10　竖盘指标差

盘左竖直角的计算公式为

$$\alpha = 90° - (L - x) = \alpha_L + x \tag{3-10}$$

盘右竖直角的计算公式为

$$\alpha = (R - x) - 270° = \alpha_R - x \tag{3-11}$$

将式(3-10)与式(3-11)相加并除以2得

$$\alpha = \frac{\alpha_L + \alpha_R}{2} = \frac{R - L - 180°}{2} \tag{3-12}$$

用盘左、盘右测得的竖直角取平均值,可以消除指标差的影响。

将式(3-10)与式(3-11)相减得指标差计算公式,即

$$x = \frac{1}{2}(L + R - 360°) \tag{3-13}$$

用单盘位观测时,应加指标差改正,可以得到正确的竖直角。当指标偏移方向与竖盘注记的方向相同时指标差为正,反之为负。

以上各公式是按顺时针方向注字形式推导的,同理可推出逆时针方向注字形式的计算公式。

由上述内容可知测量竖直角时,盘左、盘右观测取平均值可以消除指标差对竖直角的影响。同一台仪器的指标差,在短时间内理论上为定值,即使受外界条件变化和观测误差的影响,也不会有大的变化,因此在精度要求不高时,先测定 x 值,以后观测时可以用单盘位观测,加指标差改正得到正确的竖直角。

在竖直角测量中,测量人员常以指标差检验观测成果的质量,即在观测不同的测回中或不同的目标时,指标差的互差不应超过规定的限值,如用 DJ6 级经纬仪做一般工作时指标差互差不超过 25″。

【例题 3-1】 用 DJ6 经纬仪观测一点 A,盘左、盘右测得的竖盘读数如表 3-5 中竖盘读数一栏,计算观测点 A 的竖直角和竖盘指标差。

由式(3-5)、(3-6)得半测回角值:

$$\alpha_L = 90° - L = 90° - 80°04'12'' = 9°55'48''$$
$$\alpha_R = R - 270° = 279°55'42'' - 270° = 9°55'42''$$

由式(3-7)得一测回角值:

$$\alpha = \frac{\alpha_L + \alpha_R}{2} = \frac{9°55'48'' + 9°55'42''}{2} = 9°55'45''$$

由式(3-13)得竖盘指标差:

$$x = \frac{1}{2}(L + R - 360°) = -3''$$

学习情境 4 距离测量与直线定向

学习情境描述

距离测量是测量的基本工作之一。确定地面上两点之间的相对位置关系,仅测定距离是不够的,还必须确定两点直线的方向,即进行直线定向。

学习目标

(1) 掌握距离测量的基本方法。
(2) 理解视距测量和光电测距的基本原理。
(3) 掌握直线定向的方法。

任务书

已知地面上的 A、B 两点,如何确定 A、B 两点的水平距离及直线 AB 的方位。

任务分组

学生任务分配表

班级		组号		指导老师	
组长		学号			
组员	姓名	学号		姓名	学号

任务分工

获取信息

引导问题 1：什么是水平距离？

引导问题 2：什么是直线定线？

引导问题 3：直线定线有哪几种方法？

引导问题 4：如何进行钢尺量距？

引导问题 5：衡量距离测量的精度指标是_____。

引导问题 6：如何使用水准仪进行视距测量？

引导问题 7：如何使用经纬仪进行视距测量？

引导问题 8：什么是直线定向？

引导问题 9：直线定向时，常采用的标准方向有哪几种？

引导问题 10：什么是方位角？方位角的取值范围是多少？什么是坐标方位角？

引导问题 11：直线 AB 的方位角与直线 BA 的方位角有什么关系？

引导问题 12：什么是象限角？象限角的取值范围是多少？

引导问题 13：光电测距的基本原理是什么？

工作实施

实训项目一 距 离 测 量

1. 实训目的

(1) 掌握钢尺量距。

(2) 加深对视距测量原理的理解,熟悉实现水平与视线倾斜情况下的视距测量。

2. 仪器和工具

每组配备 30 m 钢尺 1 把、DJ6 型电子经纬仪 1 台、脚架 3 副、塔尺 1 把、标杆 2 根、测钎 5 根、垂球 2 个、记录板 1 个、记录纸若干。

3. 实训内容及步骤

(1) 用钢尺进行往返丈量、记录与计算。

(2) 用经纬仪进行视距测量、记录、计算。

4. 实训要求

1) 钢尺量距

往返量距的相对误差的容许值 $K_{容} \leqslant 1/3000$。当 $K \leqslant K_{容}$ 时,成果合格,取往返量距结果的平均值为最终成果。当 $K > K_{容}$ 时,成果不合格,应返工重测。

2) 视距测量

(1) 指标差互差在 ±24″ 之内,同一目标各测回竖直角互差在 ±24″ 之内,超限应重测。

(2) 视距测量前应对竖盘指标差进行检校,使其在 ±60″ 之内,往返视距的相对误差的容许值 $K_{容} \leqslant 1/300$,高差之差应小于 5 cm,超限应重测。

5. 注意事项

1) 钢尺量距

(1) 使用钢尺时注意区分端点尺和刻线尺。

(2) 量距时钢尺要拉平,用力要均匀;场地不平时,要注意尺身水平。

(3) 钢尺不宜全部拉出,末端连接处易断,量距时不要把钢尺拖在地上,勿使钢尺受压或折绕。

2) 视距测量

(1) 视线水平时进行视距测量,也可使用水准仪进行测量。

(2) 为便于直接读出尺间隔 L,观测时可用望远镜微动螺旋使上丝读数对在附近的整数上(整米或整分米处)。

(3) 视距测量前应校正竖盘指标差。

(4) 标尺应严格竖直。

(5) 仪器高度、中丝读数和高差计算精确到厘米,平距精确到分米。

6. 实训报告

钢尺量距记录表

日期：　　　　　　　天气：　　　　　　　仪器编号：
组别：　　　　　　　姓名：　　　　　　　学号：

测线		往测		返测		$D_{往}-D_{返}$	相对精度 K	平均长度 D
起点	终点	尺段数	$D_{往}$	尺段数	$D_{返}$	$D_{往}+D_{返}$		
		余数		余数				

视距测量记录表

测站	目标	上丝	尺间隔	竖盘读数/(°′″)	竖直角/(°′″)	平距/m	高差/m
		下丝					

7. 实训考核

实训结束时，指导教师将从每个小组中抽查1～2名同学回答以下问题或演示指定操作。

（1）回答直线定线的常用方法有哪几种。

（2）回答钢尺量距时，钢尺不水平，会对观测结果造成什么影响。

（3）演示或回答经纬仪视距测量的步骤。

实训项目二 坐标方位角推算

如下图所示,已知直线 AB 的坐标方位角 $\alpha_{AB}=35°25'40''$,$\angle 1=62°18'28''$,$\angle 2=117°41'37''$,$\angle 3=104°55'14''$,分别求出直线 BC、直线 CD、直线 DE 的坐标方位角。

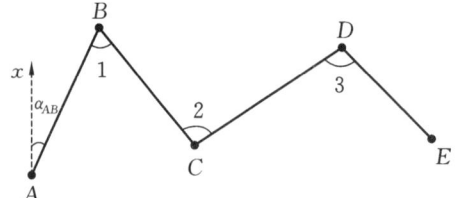

评价反馈

学生进行自评,评价自己是否能完成实训任务。小组互评,点评其他小组任务完成速度、成果精度、小组成员的相互配合情况。老师对各小组整个任务完成情况进行评价。

学生自评与小组互评

实训项目					
小组编号		姓名		学号	
序号	评估项目	分值	实训要求		自我评定
1	任务完成情况	30	按时按要求完成实训任务		
2	测量精度	20	成果符合限差要求		
3	实训记录	20	记录规范、完整,计算准确		
4	实训纪律	15	遵守课堂纪律,无事故,仪器未损坏		
5	团队合作	15	服从组长安排,能配合其他成员工作		

实训总结与反思:

其他小组评价得分:_____、_____、_____、_____

教师评价

实训项目					
小组编号		姓名		学号	
序号	评估项目	分值	实训要求		考核评定
1	操作程序	20	操作规范、程序正确		
2	操作速度	20	按时完成任务		
3	安全操作	10	无事故发生		
4	数据记录	10	记录规范、无篡改、抄袭等		
5	测量成果	30	计算正确、精度达标		
6	团队合作	10	服从组长安排，能配合其他成员工作		

存在问题：

指导老师：

学习情境的相关知识点

4.1 距离测量与直线定向概述

测量地面两点的水平距离，是测量的基本工作之一。地面两点的水平距离是指地面两点的连线沿铅垂线方向在水准面上的投影长度，即地面两点沿铅垂线方向投影到水平面上的投影点的直线距离。测量中的距离是指两点的水平距离，如果测量的是倾斜距离，则需换成水平距离。距离测量常用的方法包括钢尺量距、视距测量以及光电测距。

直线定向是指确定一条直线与标准方向的水平角。

如果能测出两点的水平距离并确定这两点连成的直线的方向，就能确定两点在平面直角坐标系中的相对位置。如果已知某点的绝对位置，则能进一步确定另一点的绝对位置。

4.2 钢尺量距

钢尺量距是利用具有标准长度的钢尺直接测量地面两点的距离的方法。钢尺量距方法简单,一般用于平坦地区的短距离量距,但易受地形限制。钢尺量距按照精度要求不同分为一般方法和精密方法。

4.2.1 工具及设备

钢尺量距常用的工具及设备包括钢尺、测钎、垂球、标杆(花杆)等。精密钢尺量距还需弹簧秤和温度计。

钢尺也称钢卷尺,宽为 1~1.5 cm,长度有 20 m、30 m、50 m 等几种。有的钢尺以 cm 为基本分划,适用于一般量距;有的钢尺以 cm 为基本分划,但尺端第一分米内有 mm 分划,如图 4-1(a)所示;有的钢尺以 mm 为基本分划,如图 4-1(b)所示。后两种分划方式适用于较精密的丈量。钢尺按零点位置分为端点尺和刻线尺。端点尺是以钢尺起始端金属环的顶部为钢尺的零点;刻线尺的零点在钢尺起始端后的零分划位置。

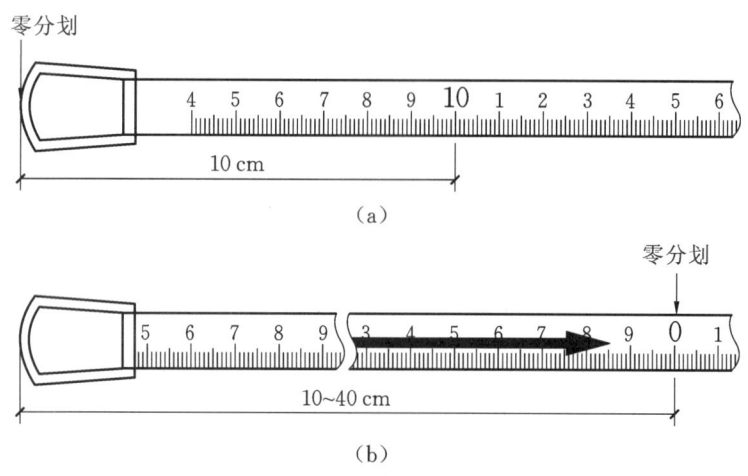

图 4-1 钢尺尺端分划示意图

标杆又称花杆,多数用圆木杆制成,全长 2~3 m,杆上涂红白相间的两色油漆,如图 4-2(a)所示。杆的下端有铁制的尖脚,以便插入地下。

测钎一般长 30~40 cm,由直径为 3~4 mm 的铁丝制成,一端卷成小圆环,便于套在另一铁环内,另一端磨成尖脚,以便插入地里,如图 4-2(b)所示。

垂球为铁制圆锥状,如图 4-2(c)所示,用于铅垂投递点位及对点、标点。

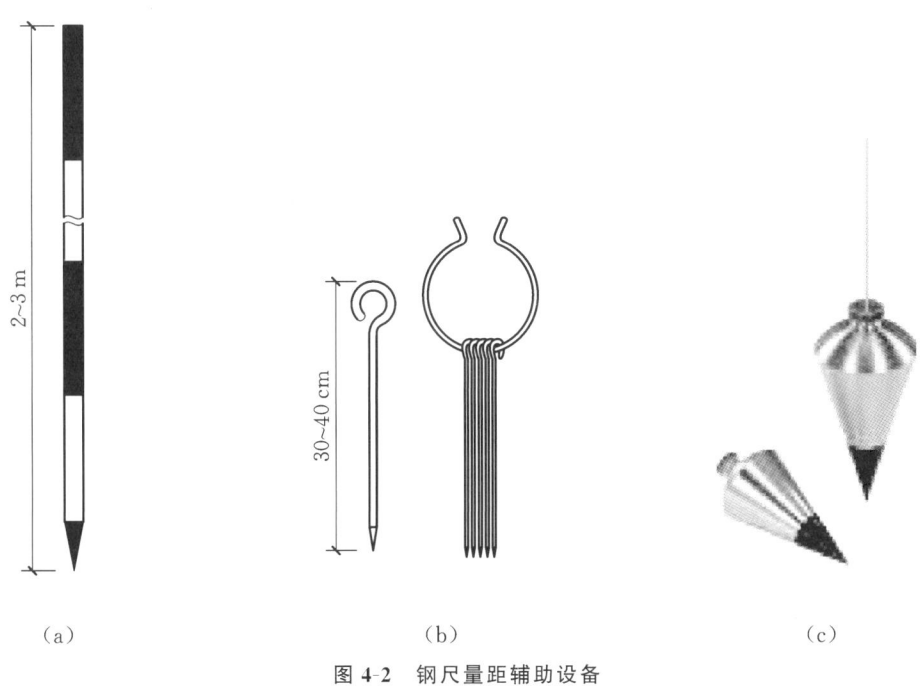

图 4-2 钢尺量距辅助设备

4.2.2 直线定线

地面两点的距离大于钢尺的一个整尺段或地势起伏较大时,为方便量距工作,需分成若干尺段进行丈量,这就需要在直线的方向上插上一些标杆或测钎,在同一直线上定出若干点,这项工作被称为**直线定线**。按精度要求的不同,直线定线有目估定线和经纬仪定线两种方法。

目估定线多用于普通精度的钢尺量距。如图4-3所示,A、B为地面上待测距离的两个端点,现在需要在AB直线上定出1、2两点。先在A、B两点上立上花杆,甲站在A点标杆后约1米处,用眼目估AB视线,指挥乙左右移动花杆到直线上定点,乙在标杆处插上测钎,即为1点。同法可定出其他的点。直线定线一般由远到近,即先定出1点,再定出2点。定线两点的距离要小于一整尺端长。

图 4-3 目估定线

经纬仪定线可用于一般量距和精密量距。如图 4-4 所示，A、B 为地面上待测距离的两个端点，将经纬仪安置于 A 点，对中、整平后用望远镜瞄准 B 点，固定经纬仪照准部，然后望远镜俯向 5 点处，指挥另一人手持测钎移动，当测钎与十字丝竖丝重合时，将测钎立在直线上，即为 5 点。同法可定出其余点。

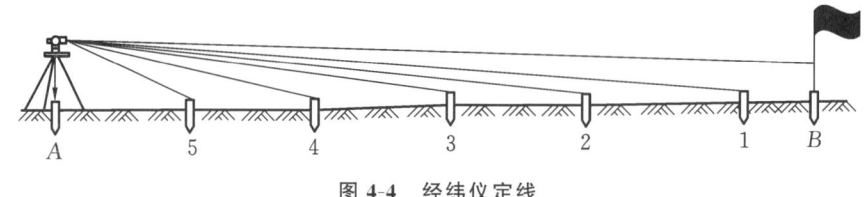

图 4-4　经纬仪定线

4.2.3　普通钢尺量距

1. 平坦地面的水平距离测量

如图 4-5 所示，A、B 为地面上待测距离的两个端点，要测量 A、B 的水平距离，首先应在两点之间进行直线定线，清除直线上的障碍物，然后进行丈量。测量工作一般由两人进行，后尺员手持钢尺的零端在起始点 A 处，前尺员手持钢尺末端并携带若干测钎沿测量方向（AB 方向）前进，到一整尺长处停下，拉紧钢尺，使钢尺位于 AB 直线方向上。后尺员将钢尺的零点对准 A 点，当两人同时将钢尺拉紧、拉稳时，由后尺员喊"预备"，前尺员在钢尺末端处记下标志（插上测钎），并喊"好"，这样便完成了一整尺段的丈量。同法依次向前丈量各整尺段，到最后一段不足一整尺段时为余长，后尺员对准零点后，前尺员在尺上根据 B 点测钎读数（读至 mm），记录员在丈量过程中在普通钢尺量距记录表（见表 4-1）上记下整尺段数及余长，这样便完成了 A、B 两点水平距离的测量。

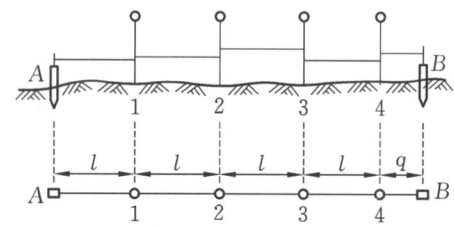

图 4-5　平坦地面的水平距离测量

表 4-1　普通钢尺量距记录表

前尺员：　　　　　　　　　　后尺员：
记录/计算：　　　　　　　　辅助人员：

直线编号	方向	整尺段数	余尺段长/m	全长/m	往返平均/m	相对误差
AB	往测	5	17.254	167.254	167.270	1/5069
AB	返测	5	17.287	167.287	167.270	1/5069
BC	往测	3	25.341	115.341	115.357	1/3605
BC	返测	3	25.373	115.373	115.357	1/3605

A、B 两点的水平距离可用式(4-1)表示,即整尺段数与名义尺长的乘积加上不足一尺长的余长。

$$D_{AB} = nl + q \tag{4-1}$$

式中：n——整尺段数；

l——钢尺长度；

q——不足一整尺的余长。

为了防止丈量错误和提高精度,测量人员需要进行往返测量,即由 A 点开始沿 AB 方向到 B 点(往测),再由 B 点开始沿 BA 方向到 A 点(返测)。测量人员根据往测和返测的总长计算往返差数、相对精度,取往、返测量的平均值作为 A、B 的水平距离。量距精度通常用相对误差 K 来衡量,相对误差 K 需化为分子为 1 的分数形式,即

$$K = \frac{|D_{往} - D_{返}|}{D_{平均}} = \frac{1}{\dfrac{D_{平均}}{|D_{往} - D_{返}|}} \tag{4-2}$$

相对误差的分母越大,K 越小,精度越高；反之,精度越低。在平坦地区,钢尺量距方法的相对误差一般不应大于 1/3000；在量距较困难的地区,相对误差也不应大于 1/10 000。若相对误差符合要求,则取往、返测量的平均长度作为最后结果,若相对误差不符合要求(相对误差超限),则应重新测量。

【例题 4-1】 A、B 的往测距离为 187.530 m,返测距离为 187.580 m,往、返测量的平均值为 187.555 m,则相对误差为

$$K = \frac{|187.530 - 187.580|}{187.555} = \frac{1}{3751} < \frac{1}{3000}$$

2. 倾斜地面的水平距离测量

1) 平量法

在倾斜地面量距时,若地面起伏不大,可将钢尺拉成水平后进行丈量。如图 4-6 所示,要测量 A、B 的水平距离,可将 AB 直线分成若干小段进行测量,每段的长度视坡度大小、量距方便而定。在每小段端点插上标杆定线,利用垂球投点直接测量每小段的水平距离。各测段量得的距离的总和即是 A、B 的水平距离。

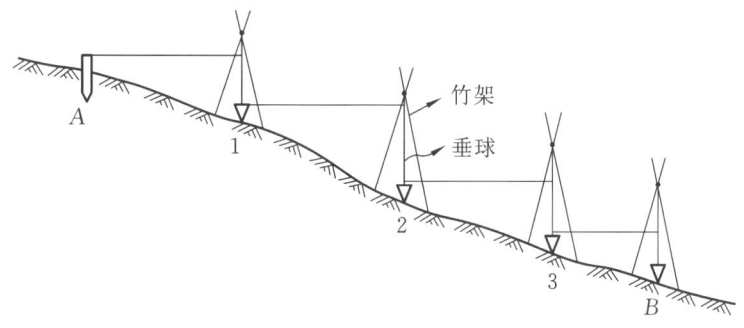

图 4-6　平量法

2) 斜量法

若地面起伏较大,但地面坡度比较均匀,大致成一个倾斜面,如图 4-7 所示,测量人员可

直接沿地面测量倾斜距离 D'，并测量竖直角 α 或两点的高差 h，则可计算 A、B 两点的水平距离，即

$$D = D'\cos\alpha \qquad (4\text{-}3)$$

$$D = \sqrt{D'^2 - h^2} \qquad (4\text{-}4)$$

钢尺量距的注意事项如下。

(1) 钢尺量距的原理简单，但在操作时容易出错，要做到三清：零点看清（尺子的零点不一定在尺端，有些尺子的零点前还有一段分划）；读数认清（尺上读数要认清 m、dm、cm 的注字和 mm 的分划数）；尺段记清（尺段较多时，容易发生少记一个尺段的错误）。

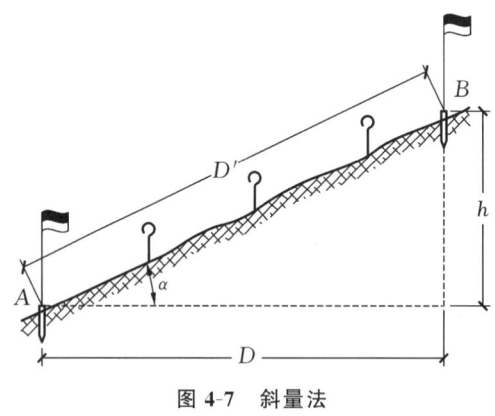

图 4-7 斜量法

(2) 钢尺容易损坏，为维护钢尺，应做到四不：不扭、不折、不压、不拖。用毕要擦净后才可卷入尺壳内。

(3) 钢尺量距时，先量取整尺段，最后量取余长。

(4) 钢尺往、返测量的相对精度高于 1/3000 时，取往、返测量的平均值作为该直线的水平距离，否则应重新测量。

4.2.4 精密钢尺量距

量距的精度要求较高、方法较严格时，通常要求测距的相对误差不大于 1/10 000。因此，测量人员要对钢尺进行检定，得到在标准拉力和标准温度下的尺长方程式，以便在测量结果中加入尺长改正值。

1. 尺长方程式

钢尺在出厂时一般都经过较精密的检定，确定出钢尺检定时的温度、拉力和钢尺的实际长度，并用尺长方程式表示其测量时的实际长度。尺长方程式即在标准拉力下（通常 30 m 钢尺用 100 N，50 m 钢尺用 150 N）钢尺的实际长度与温度的函数关系式，即

$$l_t = l_0 + \Delta l + \alpha(t - t_0)l_0 \qquad (4\text{-}5)$$

式中：l_t——温度为 t 时钢尺的实际长度；

l_0——钢尺的名义长度；

Δl——尺长改正值，即使用时钢尺的全长改正数；

α——钢尺膨胀系数,一般取 $\alpha=1.25\times10^{-5}$ m/℃;
t_0——钢尺检定时的温度;
t——量距时的温度。

【例题 4-2】 某钢尺名义长度为 30 m,其尺长方程式为 $l_t=30+0.007+30\times12.5\times10^{-5}\times(t-20)$,用这根钢尺在温度为 16 ℃ 时测量一段水平距离为 209.62 m,试求改正后的实际距离。

解:钢尺测量时的实际长度为
$$l_t=30 \text{ m}+0.007 \text{ m}+30\times12.5\times10^{-5}\times(16-20) \text{ m}=30.006 \text{ m}$$
实际水平距离为
$$L=209.62\times\frac{30.006}{30} \text{ m}=209.66 \text{ m}$$

2. 精密钢尺量距的方法

精密钢尺量距的主要测量工具包括钢尺、弹簧秤、温度计等。用于精密量距的钢尺必须经过检定,而且有尺长方程式。通常,主要的工作人员有 5 人,其中拉尺员 2 人,读数员 2 人,记录员 1 人,共同协调完成测量工作。

测量人员应先清除欲测量直线上的障碍物,然后用经纬仪进行定线;在定线后的分段点处打下木桩,木桩上设有精确的标志,即在木桩顶面的定线方向上划一个"十"字标志(或小钉)来表示相应点是位置;测量各分段点木桩顶面的高差。

开始测量时,后尺员手持挂在钢尺零端铁环内的弹簧秤,前尺员手持钢尺末端的手柄,前尺员将某一整刻划对准木桩顶部的"十"字标志中心,发出"预备"口令,两人同时用力拉尺,当后尺员所拉的弹簧秤达到检定时标准拉力并等钢尺稳定后,回答"好",此时,前、后两读数员依据"十"字标志中心同时读数,读数时,精确至毫米,估读到 0.1 毫米,并由记录员将读数记录在观测手簿上(见表 4-2)。

表 4-2 钢尺精密量距的记录及成果计算

钢尺号码:No.7　　钢尺膨胀系数:0.000 012　　钢尺检定时的温度 t_0:20 ℃　　计算者:
钢尺名义长度:30 m　　钢尺检定长度:30.001 5 m　　钢尺检定时的拉力:100 N　　日期:

尺段编号	实测次数	前尺读数/m	后尺读数/m	尺段长度/m	温度/℃	高差/m	尺长改正数/mm	温度改正数/mm	倾斜改正数/mm	改正后尺段长/m
A1	1	29.754 1	0.023 0	29.731 1	25.5	−0.142	1.5	2.0	−0.3	29.735 6
	2	29.765 0	0.030 0	29.732 5						
	3	29.746 1	0.012 5	29.733 6						
	平均			29.732 4						
12	1	29.987 0	0.021 2	29.965 8	27.0	0.321	1.5	2.5	−1.7	29.966 5
	2	29.989 5	0.025 8	29.963 7						
	3	29.994 1	0.031 1	29.963 0						
	平均			29.964 2						

每个尺段测量三次,每次测量时应前后移动钢尺,使钢尺位于不同位置。尺段长度=前

尺读数－后尺读数。三次测量的较差必须小于 3 mm，否则应重新测量。若符合要求，计算三次尺段测量的平均值，并填入表格。每个尺段应测一次温度，精确到 0.5 ℃。按上述方法依次测量各个端的距离。往测完毕后，立即进行返测。

各分段点木桩顶面的高差一般在量距前进行往测，在量距后进行返测。同一尺段往返高差的较差应小于 5 mm。

4.3 视距测量

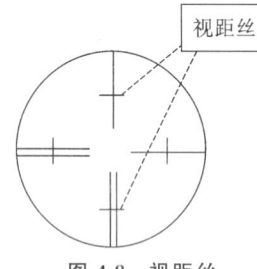

图 4-8 视距丝

视距测量是用望远镜内十字丝分划板上的视距丝及刻有厘米分划的视距标尺，根据光学和三角学原理测定两点的水平距离和高差的一种方法。普通视距测量的精度一般为 1/300～1/200，但由于操作简便，不受地形起伏限制，可同时测定距离和高差，被广泛用于测距精度要求不高的碎部测量。

在经纬仪、水准仪等仪器的望远镜十字丝分划板上，有两条平行于中丝且与中丝等距的短丝，称为视距丝（见图 4-8），也叫上下丝。利用视距丝、视距尺和竖盘可以进行视距测量。

4.3.1 视线水平时的视距测量

如图 4-9 所示，欲测定 N、R 两点的水平距离 D 及高差 h，可在 N 点安置仪器，在 R 点立视距尺，设望远镜视线水平，瞄准 R 点视距尺，此时视线与视距尺垂直。若尺上 A、B 点成像在十字丝分划板上的两根视距丝 a、b 处，那么尺上 AB 的长度可由上、下视距丝读数之差求得。上、下视距丝读数之差称为视距间隔或尺间隔。

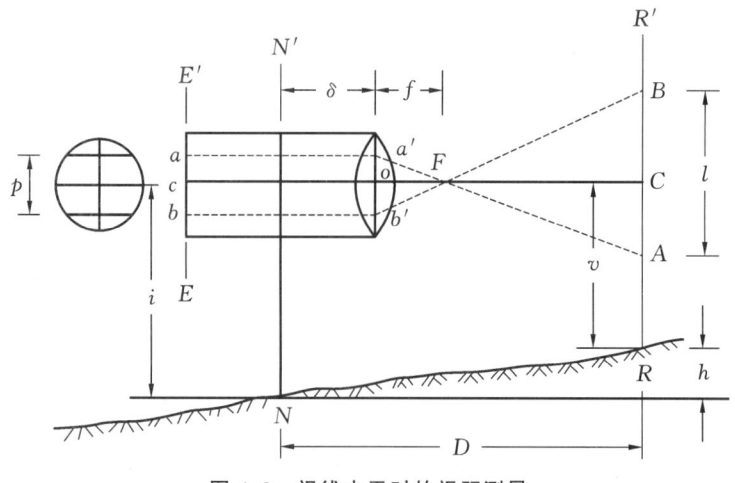

图 4-9 视线水平时的视距测量

在图 4-9 中，l 为视距间隔，p 为上、下视距丝的间距，f 为物镜焦距，δ 为物镜至仪器中心的距离。

$$D = Kl + C \tag{4-6}$$

式中：K——视距乘常数；

C——视距加常数。

现代常用的内对光望远镜在设计时已使 $K=100$、C 接近于零。则式(4-10)可化简为

$$D = Kl = 100l \tag{4-7}$$

高差的计算公式为

$$h = i - v \tag{4-8}$$

式中：i——仪器高，是桩顶到仪器横轴中心的高度；

v——瞄准高，是十字丝中丝在尺上的读数。

4.3.2 视线倾斜时的视距测量

在地面起伏较大的地区进行视距测量时，测量人员必须使视线倾斜才能读取视距间隔，如图 4-10 所示。由于视线不垂直于视距尺，测量人员不能直接应用上述公式。如果能将视距间隔换算为与视线垂直的视距间隔 $A'B'$，测量人员就可以按式(4-7)计算视距，即根据 D' 和竖直角 α 算出水平距离 D 及高差 h。因此，解决这个问题的关键在于求出 AB 与 $A'B'$ 的关系。

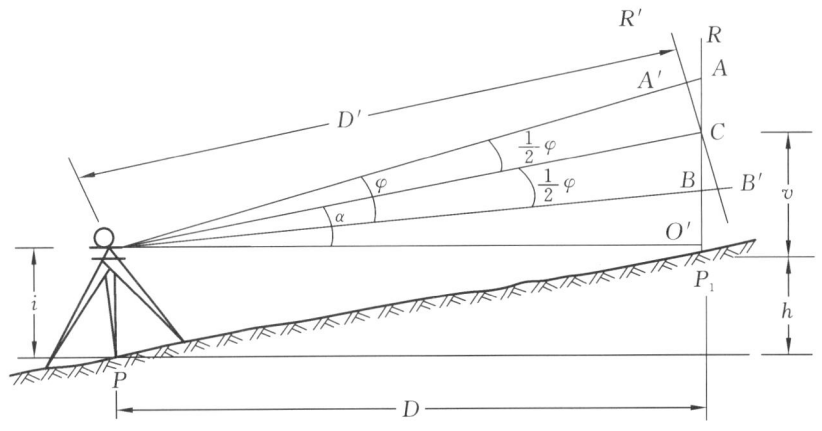

图 4-10　视线倾斜时的视距测量

在地面 P_1 点上竖立视距尺，将经纬仪安置在测站点 P，当望远镜由水平位置向上倾斜 α 时，上、下视距丝在尺上所截的尺间隔为 AB，设 $AB=l$。假设视距尺以 C 点为圆心转动 α，视距尺就和视准轴垂直，对应的尺间隔 $A'B'$ 用 l' 来表示。在这种情况下，测量人员就可以用式(4-7)计算距离 D'，即

$$D' = Kl' \tag{4-9}$$

因此，P、P_1 两点的水平距离 D 为

$$D = D'\cos\alpha = Kl'\cos\alpha \tag{4-10}$$

如图 4-10 所示，在 $\triangle AA'C$ 和 $\triangle BB'C$ 中，有如下关系：

$$\angle ACA' = \angle BCB' = \alpha$$

$$\angle AA'C = 90° + \frac{1}{2}\varphi$$

$$\angle BB'C = 90° - \frac{1}{2}\varphi$$

由于 $\varphi/2(\varphi \approx 34')$ 很小，可以把 $\angle AA'C$ 和 $\angle BB'C$ 都看成直角，因此在 $\triangle AA'C$ 和 $\triangle BB'C$ 中，有如下关系：

$$A'C = AC\cos\alpha$$
$$B'C = BC\cos\alpha$$

于是，

$$A'B' = A'C + B'C$$
$$= AC\cos\alpha + BC\cos\alpha$$
$$= (AC + BC)\cos\alpha$$
$$= AB\cos\alpha$$

即

$$l' = l\cos\alpha \tag{4-11}$$

将式(4-11)代入式(4-10)可得

$$D = Kl\cos^2\alpha \tag{4-12}$$

式(4-12)就是望远镜视准轴倾斜时的视距分式，D 为两点的水平距离。下面，我们继续研究当视线倾斜时，测定 P、P_1 两点高差的问题。如图 4-10 所示，高差关系为

$$i + CO' = V + h$$

由于 $CO' = D\tan\alpha$，高差的计算公式为

$$h = D\tan\alpha - i - v \tag{4-13}$$

式中：i——仪器高；

v——中丝读数；

$D\tan\alpha$——h'，叫作初算高差。

4.4 光电测距

光电测距采用可见光或红外光作为载波，通过测定光线在测量两端点间往返的传播时间 t，以及光波在大气中的传播速度 c，计算出两点的水平距离 D。若光波在测量两端点往返传播的时间为 t_{2D}，光波在大气中的传播速度为 c，则可求出两点的水平距离 D，即

$$D = \frac{1}{2}c \times t_{2D} \tag{4-14}$$

式中：c——光波在大气中的传播速度；

t_{2D}——光波在被测两端点间往返传播一次所用的时间，s。

根据测定光波传播时间方法的不同，光电测距仪可分为脉冲式(直接测定时间)和相位式(间接测定时间)两种。

电磁波测距仪的优点：①测程远、精度高；②受地形限制少；③作业快、工作强度低。建筑工程测量中应用较多的是短程红外光电测距仪。

4.4.1 脉冲式光电测距仪

脉冲式光电测距仪是将发射光波的光强调制成一定频率的尖脉冲，通过测量发射的尖脉冲在待测距离上往返传播的时间来计算距离，即

$$t_{2D} = qT_0 = \frac{q}{f_0} \tag{4-15}$$

式中：f_0——脉冲的振荡频率；
　　　q——计数器计得的时钟脉冲数。

计数器只能计整数个时钟脉冲，不足一周期的时间被丢掉了。脉冲式光电测距仪的测距精度较低，一般为"米"级，最好的达"分米"级。

4.4.2 相位式光电测距仪

相位式光电测距仪是将发射光强调制成正弦波的形式，通过测量正弦光波在待测距离上往返传播的相位移来算时间。

将返程的正弦波以棱镜站为中心对称展开后的图形如图4-11所示。

$$\varphi = 2\pi N + \Delta\varphi \tag{4-16}$$

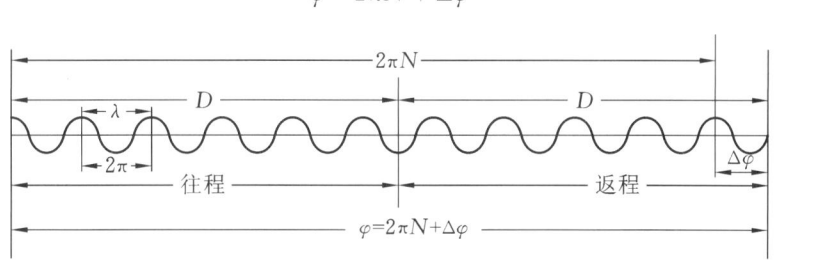

图4-11　将返程的正弦波以棱镜站为中心对称展开后的图形

4.5　直线定向

确定直线与标准方向的水平角称为直线定向。测量上的标准方向一般有三个，即真子午线方向（真北）、磁子午线方向（磁北）以及坐标纵轴方向（坐标北），如图4-12所示。

通过地面上一点并指向地球南北极的真子午线切线方向线，称为该点的真子午线方向。

磁子午线方向是在地球磁场的作用下，磁针自由静止时轴线所指的方向。

由于地磁两极与地球两极不重合，磁子午线与真子午线形成一个夹角δ，称为磁偏角。

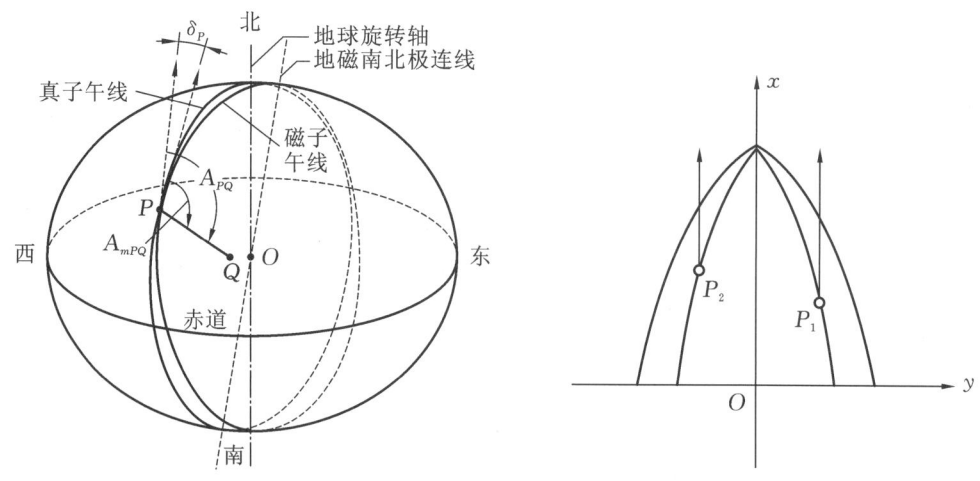

图 4-12 标准方向

磁子午线在真子午线以东为东偏,δ 为正,如图 4-13 所示;在真子午线以西为西偏,δ 为负。

我国采用高斯平面直角坐标系,6°带或3°带都以该带的中央子午线为坐标纵轴,因此取坐标纵轴方向作为标准方向。

真子午线与坐标纵轴间的夹角 γ 称为子午线收敛角。坐标纵轴北端在真子午线以东为东偏,γ 为正;在真子午线以西为西偏,γ 为负,如图 4-13 所示。

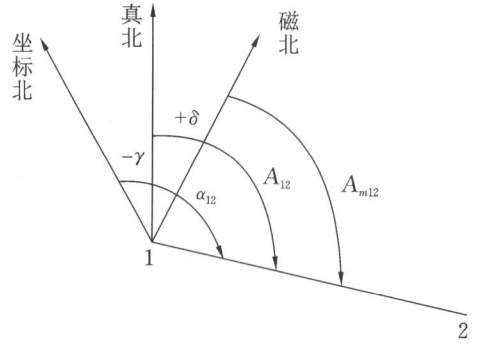

图 4-13 真子午线、磁子午线和坐标纵轴

4.5.1 直线定向的方法

1. 方位角

从直线起点的标准方向北端起,顺时针方向量至直线的水平夹角,称为该直线的方位角;方位角的角值范围为 0°~360°。按标准方向的不同,方位角可以分为真方位角 A、磁方位角 A_m 和坐标方位角 α。

1)方位角的表示方法

α_{12}:α 表示为坐标方位角,1 表示直线始点,2 表示直线终点。

由于地面各点的真北(或磁北)方向互不平行,用真(磁)方位角表示直线方向会给方位角的推算带来不便,所以在一般测量工作中,测量人员常采用坐标方位角来表示直线方向。

2) 几种方位角之间的关系

磁偏角 δ 是真北方向与磁北方向的夹角;子午线收敛角 γ 是真北方向与坐标北方向的夹角。若已知磁偏角 δ 或子午线收敛角 γ,可按以下公式实现方位角之间的转换:

$$A = \alpha + \gamma \tag{4-17}$$

$$A = A_m + \delta \tag{4-18}$$

$$\alpha = A_m + \delta - \gamma \tag{4-19}$$

3) 正、反坐标方位角

如图 4-14 所示,一条直线有它的方向,按照直线的方向如果 A 点为直线起始点,B 点为直线终点,则 α_{AB} 为正坐标方位角,α_{BA} 为反坐标方位角。

$$\alpha_{BA} = \alpha_{AB} + 180°$$

$$\alpha_{AB} = \alpha_{BA} - 180°$$

所以,一条直线的正、反坐标方位角互差为 180°,即

$$\alpha_{反} = \alpha_{正} \pm 180° \tag{4-20}$$

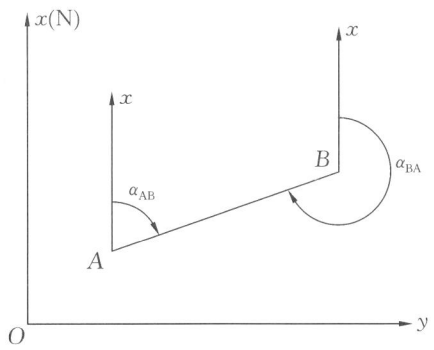

图 4-14 正、反坐标方位角

2. 象限角

象限角是由直线起点的标准方向北端或南端起,沿顺时针或逆时针方向量至该直线的锐角,用 R 表示,取值范围为 0°~90°,如图 4-15 所示。

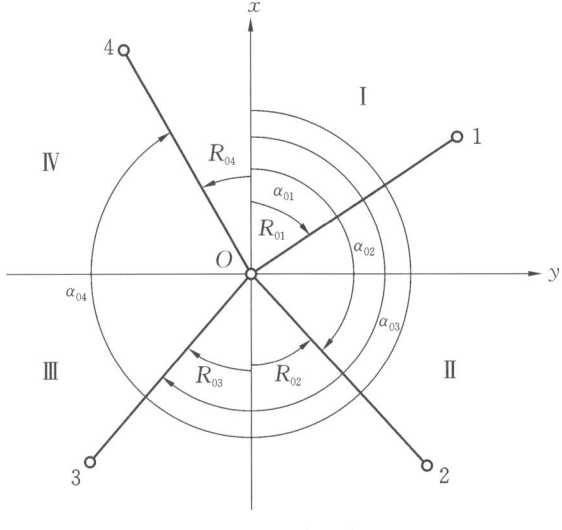

图 4-15 象限角

象限角与坐标方位角的换算如表 4-3 所示。

表 4-3 象限角与坐标方位角的换算

象限	已知坐标方位角,求象限角
象限Ⅰ（北东）	$R=\alpha$
象限Ⅱ（南东）	$R=180°-\alpha$
象限Ⅲ（南西）	$R=\alpha-180°$
象限Ⅳ（北西）	$R=360°-\alpha$

4.5.2 坐标方位角的推算

测量工作中,测量人员并不直接测定每条边的方向,而是通过与已知点进行连测（或根据某直线的已知坐标方位角）,以及测量的转折角来推算各边的坐标方位角。在测量转折角时,有左角和右角之分,按照直线的前进方向,在左手边的叫左角,在右手边的叫右角。

如图 4-16 所示,α_{12} 已知,通过测量水平角,求得 12 边与 23 边的转折角为 β_2（右角）,求得 23 边与 34 边的转折角为 β_3（左角）,推算 α_{23} 和 α_{34},即

$$\alpha_{23}=\alpha_{12}-\beta_2+180°$$
$$\alpha_{34}=\alpha_{23}+\beta_3-180°$$

推算坐标方位角的通用公式为

$$\alpha_{前}=\alpha_{后}+180°\pm\beta_{左}^{右} \tag{4-21}$$

计算中,如果 $\alpha_{前}>360°$,应减去 360°；如果 $\alpha_{前}<0°$,应加上 360°。

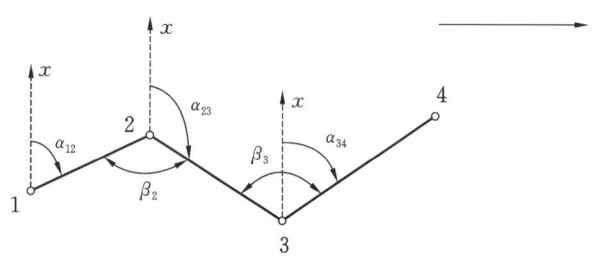

图 4-16 坐标方位角的推算

4.6 坐标正反算

4.6.1 坐标正算

如图 4-17 所示,已知 A 点坐标 (x_A, y_A)、D_{AB}、α_{AB},求 B 点坐标 (x_B, y_B)。

$$x_B = x_A + \Delta x_{AB}$$
$$y_B = y_A + \Delta y_{AB}$$
$$\Delta x_{AB} = x_B - x_A = D_{AB}\cos\alpha_{AB}$$
$$\Delta y_{AB} = y_B - y_A = D_{AB}\sin\alpha_{AB}$$

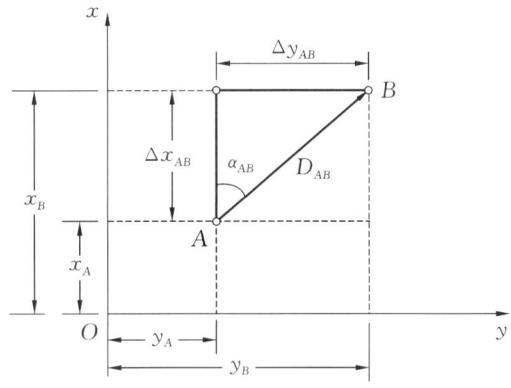

图 4-17 坐标正反算

4.6.2 坐标反算

如图 4-17 所示,已知 A 点坐标 (x_A, y_A) 和 B 点坐标 (x_B, y_B),求 D_{AB}、α_{AB}。

$$\alpha_{AB} = \arctan\frac{\Delta y_{AB}}{\Delta x_{AB}}$$
$$= \arctan\frac{y_B - y_A}{x_B - x_A}$$
$$D_{AB} = \sqrt{(x_B - x_A)^2 + (y_B - y_A)^2}$$

学习情境 5

测量误差的基本知识

学习情境描述

在实际测量工作中,测量人员、测量仪器和外部条件等各种因素的不同,会导致对同一对象的测量结果存在差异。此时,就需要根据测量误差理论判断测量结果的正确性,同时通过数据处理减少误差的影响,最终得到合理的测量值。例如,用钢尺测量两段距离,第一段长度为 160 m,精度为 ±1 cm;第二段长度为 340 m,精度为 ±3 cm,请问哪一段距离精确?判断的理由是什么?

学习目标

(1) 理解误差产生的原因及分类。
(2) 掌握产生系统误差的原因和解决方法。
(3) 掌握偶然误差的特征和处理办法。
(4) 理解精度的概念,掌握衡量精度的标准。
(5) 理解中误差的定义并能够进行一般的计算。

任务书

(1) 在水准测量中,设每个测站的观测值中误差为 ±5 mm,从已知点到待定点一共测量 10 站,求高差及高差中误差。

(2) 同精度观测某个角四个测回,得出各测回观测值,求出该角度的算术平均值、一测回观测值的中误差和算术平均值的中误差。

(3) 同精度测量某段距离 5 次,分别得出长度。求该段距离的算数平均值、观测值的中误差、算术平均值的中误差及相对误差。

任务分组

学生任务分配表

班级		组号		指导老师	
组长		学号			
组员	姓名	学号		姓名	学号

续表

任务分工

获取信息

引导问题1:什么是观测误差?

引导问题2:产生观测误差的原因有哪些?

引导问题3:什么是系统误差?

引导问题4:什么是偶然误差?

引导问题5:什么是粗差?

引导问题6:消除或减弱系统误差的方法有哪些?

引导问题7:偶然误差的特性有哪些?

引导问题8:什么是精度?

引导问题 9：什么是中误差？

引导问题 10：设在相同精度观测条件下，对真值为 X 的某个量进行了 n 次观测，其观测值为 l_1、l_2、l_3……l_n，观测值对应的真误差分别为 x_1、x_2、x_3……x_n，求该组观测值的中误差 m。

引导问题 11：什么是容许误差？容许误差一般怎么确定？

引导问题 12：什么是相对误差？

引导问题 13：设在相同精度观测条件下，对真值为 X 的某个量进行了 n 次观测，其观测值为 l_1、l_2、l_3……l_n，观测值对应的真误差分别为 x_1、x_2、x_3……x_n，求该组观测值的算术平均值。

引导问题 14：设在相同精度观测条件下，对真值为 X 的某个量进行了 n 次观测，其观测值为 l_1、l_2、l_3……l_n，观测值对应的真误差分别为 x_1、x_2、x_3……x_n，求该组观测值的算术平均值的中误差。

工作实施

（1）在水准测量中，设每个测站的观测值中误差为 $\pm 5\ mm$，从已知点到待定点一共测量 10 站，求其高差及高差中误差。

(2) 同精度观测某个角四个测回,得出各测回观测值,求出该角度的算术平均值、一测回观测值的中误差和算术平均值的中误差。

_____
_____
_____
_____
_____

(3) 同精度丈量某段距离 5 次,分别得出长度。求该段距离的算数平均值、观测值的中误差、算术平均值的中误差及其相对误差。

_____
_____
_____
_____
_____

评价反馈

学生进行自评,评价自己是否能完成实训任务。小组互评,点评其他小组任务完成速度、成果精度、小组成员的相互配合情况。老师对各小组整个任务完成情况进行评价。

学生自评与小组互评

实训项目				
小组编号		姓名		学号
序号	评估项目	分值	实训要求	自我评定
1	任务完成情况	30	按时按要求完成实训任务	
2	测量精度	20	成果符合限差要求	
3	实训记录	20	记录规范、完整,计算准确	
4	实训纪律	15	遵守课堂纪律,无事故,仪器未损坏	
5	团队合作	15	服从组长安排,能配合其他成员工作	

实训总结与反思:

其他小组评价得分:_____、_____、_____、_____

教师评价					
实训项目					
小组编号		姓名		学号	
序号	评估项目	分值	实训要求		考核评定
1	操作程序	20	操作规范、程序正确		
2	操作速度	20	按时完成任务		
3	安全操作	10	无事故发生		
4	数据记录	10	记录规范、无篡改、抄袭等		
5	测量成果	30	计算正确、精度达标		
6	团队合作	10	服从组长安排，能配合其他成员工作		

存在问题：

指导老师：

学习情境的相关知识点

5.1 测量误差概述

5.1.1 什么是测量误差

在各项测量工作中，用仪器观测未知量而获得的数值叫作观测值。对同一个量进行多次重复观测，不论测量仪器多么精密，观测多么认真仔细，观测结果是不一致的。对若干个量进行观测，如果知道这几个量所构成的函数应等于某个理论值，而实际上用观测值计算的函数值与理论值不相符，如对某一平面三角形的 3 个内角进行观测，其和不等于理论值 180°，原因是观测结果中不可避免地存在测量误差。

测量工作的任务概括来讲是确定待定点的相对空间关系，具体来说，是测定两点的距离、方位、高差等观测值的基本数值，然后利用这些相互之间有联系的观测值确定某一点位在给定参照系中的位置。观测值的正确值理论上是客观存在的，在测量学中称为真值，但是实际上由于观测条件不可能完美无缺，真值不可能测量到。若某观测值的真值为 X，观测值为 L，则 Δ 称为观测误差，由于是误差的真值，又称真误差，即

$$\Delta = X - L \qquad (5\text{-}1)$$

显然,若 X 是不可知的,Δ 也是不可知的。任何一个观测值都有误差。测量工作不仅要获得观测成果,而且要知道观测成果的精度。精度是以误差的大小来确定的。一般来说,对同一量的观测,测量误差越小,观测值精度越高;测量误差越大,观测值精度越低。在测量工作中,通过对误差理论的探讨和研究,测量人员可以根据不同的误差采取不同的措施,消除或减小误差,提高观测成果质量。

5.1.2 产生观测误差的原因

综上所述,由于观测条件不可能完美无缺,观测误差也是不可避免的。概括来说,产生观测误差的因素有以下三个方面。

1. 仪器误差

仪器、工具制造或校正不可能十分完善,导致观测值的精度受到一定影响,不可避免地产生误差,如水准尺的分划不准、水平视线不精确水平等。

2. 人为因素

观测者是通过自己的感觉器官来进行工作的。由于感觉器官的鉴别力的局限性,观测者在进行仪器的安置、瞄准、读数等工作时,都会产生一定的误差。技术水平、工作态度等因素也会带来影响。

3. 外界影响

在观测过程中,所处的外界自然环境,如地形、温度、湿度、风力、大气折射等因素都会给观测结果带来种种影响。而且这些因素随时都有变化,对观测结果产生的影响也随之变化,这就必然使观测结果有误差。

在测量工作中,我们使用精度概念来衡量观测值及其函数质量,但是观测值的真值是不可知的,因此,"精度"并非可以确定定量的值。上述三个因素的综合作用决定着观测质量的优劣,我们将其统称为观测条件。观测条件直接决定观测值质量,当观测条件较好时,观测成果精度就高;观测条件差时,观测成果精度就低。凡是相同观测条件下获得的观测值,不论其实际真误差大小,我们定义为"等精度观测值";反之,则为"不等精度观测值"。

5.1.3 测量误差的分类

测量误差按性质可分为三类,即系统误差、偶然误差(又称随机误差)、粗差。

1. 系统误差

在相同的观测条件下对某个固定量做多次观测,如果观测误差在正负号及量的大小上表现出一致的倾向,即按一定的规律变化或保持为常数,这类误差称为系统误差。水准仪的视准轴与水准管轴不平行引起的读数误差,与视线的长度成正比且符号不变;经纬仪的视准轴与横轴不垂直引起的方向误差,随视线竖直角的大小变化且符号不变;距离测量尺长不准产生的误差随尺段数成比例增加且符号不变。这些误差都属于系统误差。

系统误差主要来源于仪器、工具上的某些缺陷;来源于观测者的某些习惯,如有些人习惯把读数估读得偏大或偏小;来源于外界环境的影响,如风力、温度及大气折光等的影响。

系统误差对观测结果的危害很大,但由于它有规律性而可以设法将它消除或减弱。实践中的主要做法有以下两类。

(1) 模型改正法:根据这些误差的规律性,建立数学模型计算对其观测值的改正量,如对丈量的距离观测值加尺长改正消除钢尺标称长度与实际不符对距离测量的影响,计算折光改正数削弱大气折光对距离测量的影响等。

(2) 观测程序法:利用一定的观测程序来消除、减弱系统误差的影响,如角度测量时,盘左、盘右分别测定上、下半测回取中数,水准测量时前、后视距相等可以消除仪器构造不完善对观测值产生的影响。

2. 偶然误差

在相同的观测条件下对某个固定量所进行的一系列观测,如果观测结果的差异在正负号和数值上都没有表现出一致的倾向,即没有任何规律性,这类误差称为偶然误差。

系统误差与偶然误差的相互关系:观测时,系统误差和偶然误差总是同时产生的。当观测结果中有显著的系统误差时,偶然误差就处于次要地位,观测误差就呈现出"系统"的性质;当观测结果中系统误差处于次要地位时,观测误差就呈现出"偶然"的性质。

由于系统误差在观测结果中具有积累的性质,对观测结果的影响尤其显著,所以在测量工作中,测量人员总是采取各种办法削弱它的影响,使它处于次要地位。研究偶然误差占主导地位的观测数据的科学处理方法,是测量学科的重要课题之一,即测量平差。

3. 粗差

观测结果是不允许存在错误的,一旦发现,必须及时更正。

测量成果中除了系统误差和偶然误差以外,还可能出现错误(有时也称之为粗差)。错误产生的原因较多:可能由作业人员疏忽大意、失职引起,如大数读错、读数被记录员记错、照错了目标等;可能是仪器自身或受外界干扰发生故障引起的;可能是容许误差取值过小造成的。错误对观测成果的影响极大,所以在测量成果中绝对不允许有错误存在。发现错误的方法:进行必要的重复观测,通过观测,进行检核验算;严格按照国家有关部门制定的各种测量规范进行作业等。

在测量的成果中,错误可以发现并剔除,系统误差能够加以改正,而偶然误差是不可避免的,它在测量成果中占主导地位,所以测量误差理论主要是处理偶然误差的影响。下面,我们详细分析偶然误差的特性。

5.2 偶然误差的统计规律

如上节所述,偶然误差的产生是不可避免的,因此,偶然误差是测量误差理论中主要的研究对象。偶然误差就其个体而言,数值的大小和符号没有任何规律,呈现出一种随机特性,但就大量观测误差的整体而言,却表现出一定的统计规律性。下面,我们通过实例来说明这种规律性。

在测量实践中,根据偶然误差的分布,我们可以明显地看出它的统计规律。例如,在相同的观测条件下,观测了217个三角形的全部内角,已知三角形内角和等于180°,这是三内角之和的理论值,即真值,为 X,实际观测所得的三内角之和即观测值,为 L。由于各观测值中都含有偶然误差,各观测值不一定等于真值,其差即真误差 Δ。我们分两种方法来分析。

5.2.1 表格法

由式(5-1)计算可得 217 个内角和的真误差,按其大小和一定的区间(本例为 $d\Delta=3''$),分别统计在各区间正负误差出现的个数 k 及其出现的频率 $k/n(n=217)$,列于表 5-1 中。

表 5-1 三角形内角和真误差统计表

误差区间 $d\Delta$	正误差		负误差		合计	
	个数 k	频率 k/n	个数 k	频率 k/n	个数 k	频率 k/n
$0''\sim 3''$	30	0.138	29	0.134	59	0.272
$3''\sim 6''$	21	0.097	20	0.092	41	0.189
$6''\sim 9''$	15	0.069	18	0.083	33	0.152
$9''\sim 12''$	14	0.065	16	0.073	30	0.138
$12''\sim 15''$	12	0.055	10	0.046	22	0.101
$15''\sim 18''$	8	0.037	8	0.037	16	0.074
$18''\sim 21''$	5	0.023	6	0.028	11	0.051
$21''\sim 24''$	2	0.009	2	0.009	4	0.018
$24''\sim 27''$	1	0.005	0	0	1	0.005
$27''$ 以上	0	0	0	0	0	0
合计	108	0.498	109	0.502	217	1.000

从表 5-1 中可以看出,该组误差的分布表现出如下规律:小误差的数量比大误差多;绝对值相等的正、负误差出现的频率大致相等;最大误差不超过 $27''$。

实践证明,对大量测量误差进行统计分析,可以得出上述同样的规律,且观测的个数越多,这种规律就越明显。

5.2.2 频率直方图法

为了更直观地表现误差的分布,可将表 5-1 的数据用较直观的频率直方图来表示。以真误差的大小为横坐标,以各区间内误差出现的频率 k/n 与区间 $d\Delta$ 的比值为纵坐标,在每一区间上根据相应的纵坐标值画出一个矩形,则各矩形的面积等于误差出现在该区间内的频率 k/n。图 5-1 中的有斜线的矩形面积,表示误差出现在 $+6''\sim +9''$ 之间的频率等于 0.069。显然,所有矩形面积的总和等于 1。

可以设想,如果在相同的条件下,所观测的三角形个数不断增加,则误差出现在各区间的频率就趋向于一个稳定值。当 $n\to\infty$ 时,各区间的频率也就趋向于一个完全确定的数值——概率。若无限缩小误差区间，各矩形的上部折线，就趋向于一条以纵轴为对称轴的光滑曲线(见图 5-2)，称为误差概率分布曲线，简称误差分布曲线。在数理统计中，它服从于正态分布。该曲线的方程式为

$$f(\Delta)=\frac{1}{\sigma\sqrt{2\pi}}e^{-\frac{\Delta^2}{2\sigma^2}} \tag{5-2}$$

式中：Δ——偶然误差；

$\sigma(>0)$——与观测条件有关的一个参数，称为误差分布的标准差，它的大小可以反映观测精度的高低。其定义为

$$\sigma=\lim_{n\to\infty}\sqrt{\frac{[\Delta\Delta]}{n}} \tag{5-3}$$

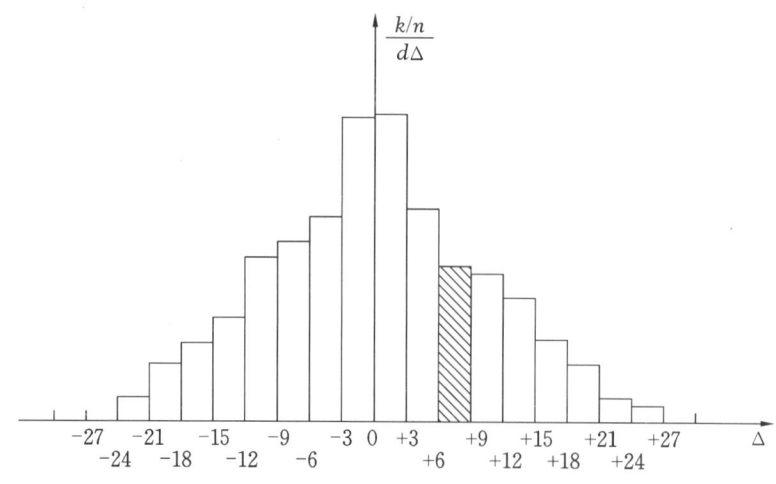

图 5-1 误差分布的频率直方图

在图 5-1 中，各矩形的面积是频率 k/n。由概率统计原理可知，频率即真误差出现在区间心上的概率 $P(\Delta)$，记为

$$P(\Delta)=\int f(\Delta)d\Delta \tag{5-4}$$

根据上述分析，我们可以总结出偶然误差具有如下四个特性。

(1) 有限性：在一定的观测条件下，偶然误差的绝对值不会超过一定的限值。

(2) 集中性：绝对值较小的误差比绝对值较大的误差出现的概率大。

(3) 对称性：绝对值相等的正误差和负误差出现的概率相同。

(4) 抵偿性：当观测次数无限增多时，偶然误差的算术平均值趋近于零。即

$$\lim_{n\to\infty}\frac{[\Delta]}{n}=0 \tag{5-5}$$

式中，$[\Delta]=\Delta_1+\Delta_2+\cdots+\Delta_n=\sum_{i=1}^{n}\Delta_i$。

在数理统计中，也称偶然误差的数学期望为零，用公式表示为 $E(\Delta)=0$。

如图 5-2 所示，误差分布曲线是对应着某一观测条件的。当观测条件不同时，相应误差分布曲线的形状也将随之改变。如图 5-3 所示，曲线 Ⅰ、Ⅱ 为对应着两组不同观测条件的两条误差分布曲线，它们均属于正态分布，但从两曲线的形状中可以看出两组观测条件的差

异。当 $\Delta=0$ 时，$f_1(\Delta)=\dfrac{1}{\sigma_1\sqrt{2\pi}}$，$f_2(\Delta)=\dfrac{1}{\sigma_2\sqrt{2\pi}}$。$\dfrac{1}{\sigma_1\sqrt{2\pi}}$ 和 $\dfrac{1}{\sigma_2\sqrt{2\pi}}$ 是这两条误差分布曲线的峰值，其中曲线Ⅰ的峰值比曲线Ⅱ的峰值高，即 $\sigma_1<\sigma_2$，故第Ⅰ组观测小误差出现的概率较第Ⅱ组的大。由于误差分布曲线到横坐标轴之间的面积恒等于1，所以当小误差出现的概率较大时，大误差出现的概率必然较小。因此，曲线Ⅰ较陡峭，即分布比较集中，或称离散度较小，因此观测精度较高。曲线Ⅱ相对来说较平缓，即离散度较大，因此观测精度较低。

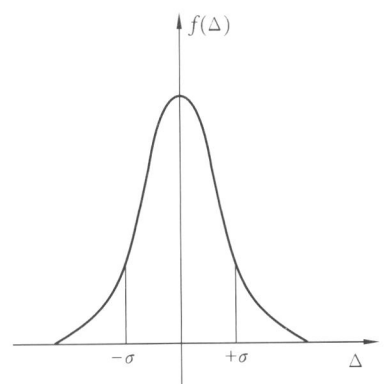

图 5-2 误差概率分布曲线

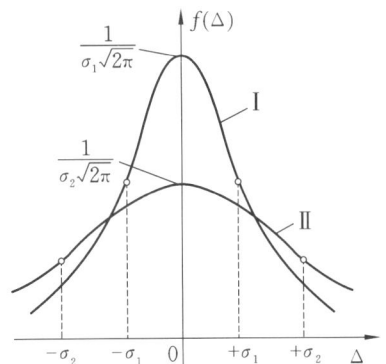

图 5-3 不同精度的误差分布曲线

5.3 评定精度的指标

研究测量误差理论的主要任务之一，是评定测量成果的精度。在图 5-3 中，从两组观测的误差分布曲线可以看出：在一定的观测条件下进行一组观测，它对应着一定的误差分布，分布较为密集，即离散度较小的，表示该组观测精度较高，这时标准差 σ 的值也较小；分布较为分散，即离散度较大的，则表示该组观测精度较低，标准差 σ 的值也较大。用分布曲线或直方图虽然可以比较出观测精度的高低，但这种方法既不方便也不实用。在实际测量问题中并不需要求出误差的分布情况，而需要有一个数字特征能反映误差分布的离散程度，来评定观测成果的精度，也就是说需要有评定精度的指标。在测量中，评定精度的指标有下列几种。

1. 中误差

由上节可知，式(5-3)定义的标准差是衡量精度的一种指标，但那是理论上的表达式。在测量实践中，观测次数不可能无限多，因此在实际应用中，以有限观测个数 n 计算出标准差的估值，定义为中误差 m，作为衡量精度的一种标准，计算公式为

$$m=\pm\hat{\sigma}=\pm\sqrt{\dfrac{[\Delta\Delta]}{n}} \tag{5-6}$$

【例题 5-1】 有甲、乙两组用相同的条件观测的三角形的内角,得到三角形的闭合差(三角形内角和的真误差)如下。

甲:$+3''$、$+1''$、$-2''$、$-1''$、$0''$、$-3''$。

乙:$+6''$、$-5''$、$+1''$、$-4''$、$-3''$、$+5''$。

试分析两组的观测精度。

解:用中误差公式(5-6)计算得

$$m_甲 = \pm\sqrt{\frac{[\Delta\Delta]}{n}} = \pm\sqrt{\frac{3^2+1^2+(-2)^2+(-1)^2+0^2+(-3)^2}{6}} = \pm 2.0''$$

$$m_乙 = \pm\sqrt{\frac{[\Delta\Delta]}{n}} = \pm\sqrt{\frac{6^2+(-5)^2+1^2+(-4)^2+(-3)^2+5^2}{6}} = \pm 4.3''$$

从上述两组结果中可以看出,甲组的中误差较小,所以观测精度高于乙组。直接从观测误差的分布来看,也可看出甲组观测的小误差比较集中,离散度较小,因此观测精度高于乙组。所以在测量工作中,普遍采用中误差来评定测量成果的精度。

注意:在一组同精度的观测值中,尽管各观测值的真误差的大小和符号各异,观测值的中误差却是相同的,因为中误差反映观测的精度,只要观测条件相同,则中误差不变。

在式(5-2)中,令 $f(\Delta)$ 的二阶导数等于 0,可求得曲线拐点的横坐标 $\Delta = \pm\Delta \approx m$。也就是说,中误差的几何意义为偶然误差分布曲线两个拐点的横坐标。从图 5-3 中也可看出,两条观测条件不同的误差分布曲线的拐点的横坐标值也不同:离散度较小的曲线 I 的观测精度较高,中误差较小;离散度较大的曲线 II 的观测精度较低,中误差较大。

2. 相对误差

真误差和中误差都有符号,并且有与观测值相同的单位,它们被称为"绝对误差"。绝对误差可用于衡量角度、方向等误差与观测值大小无关的观测值的精度。但在某些测量工作中,绝对误差不能完全反映出观测的质量。例如,用钢尺测量长度分别为 100 m 和 200 m 的两段距离,若观测值的中误差都是 ± 2 cm,不能认为两者的精度相等,显然后者的精度要比前者的精度高,这时采用相对误差就比较合理。相对误差 K 等于误差的绝对值与相应观测值的比值,是一个不名数,常用分子为 1 的分式表示,即

$$相对误差 = \frac{误差的绝对值}{观测值} = \frac{1}{T}$$

当误差的绝对值为中误差 m 的绝对值时,K 称为相对中误差,即

$$K = \frac{|m|}{D} = \frac{1}{\dfrac{D}{|m|}} \tag{5-7}$$

在上例中,用相对误差来衡量,则两段距离的相对误差分别为 1/5000 和 1/10 000,后者的精度较高。在距离测量中,测量人员还常用往返测量结果的相对较差来进行检核。相对较差的定义为

$$\frac{|D_往 - D_返|}{D_{平均}} = \frac{|\Delta D|}{D_{平均}} = \frac{1}{\dfrac{D_{平均}}{|\Delta D|}} \tag{5-8}$$

相对较差是真误差的相对误差,它反映的只是往返测的符合程度,显然,相对较差越小,观测结果越可靠。

3. 极限误差和容许误差

1) 极限误差

由偶然误差的第一个特性可知,在一定的观测条件下,偶然误差的绝对值不会超过一定的限值。这个限值就是极限误差。在一组等精度观测值中,绝对值大于 m(中误差)的偶然误差出现的概率为 31.7%;绝对值大于 $2m$ 的偶然误差出现的概率为 4.5%;绝对值大于 $3m$ 的偶然误差出现的概率仅为 0.3%。

根据式(5-2)和式(5-4)有

$$P(-\sigma < \Delta < \sigma) = \int_{-\sigma}^{+\sigma} f(\Delta) d\Delta = \frac{1}{\sigma\sqrt{2\pi}} \int_{-\sigma}^{+\sigma} e^{-\frac{\Delta^2}{2\sigma^2}} d\Delta \approx 0.683$$

上式表示真误差出现在区间 $(-\sigma, +\sigma)$ 内的概率等于 0.683,或者说误差出现在该区间外的概率为 0.317。同法可得

$$P(-2\sigma < \Delta < 2\sigma) = \int_{-2\sigma}^{+2\sigma} f(\Delta) d\Delta = \frac{1}{\sigma\sqrt{2\pi}} \int_{-2\sigma}^{+2\sigma} e^{-\frac{\Delta^2}{2\sigma^2}} d\Delta \approx 0.955$$

$$P(-3\sigma < \Delta < 3\sigma) = \int_{-3\sigma}^{+3\sigma} f(\Delta) d\Delta = \frac{1}{\sigma\sqrt{2\pi}} \int_{-3\sigma}^{+3\sigma} e^{-\frac{\Delta^2}{2\sigma^2}} d\Delta \approx 0.997$$

上列三式的概率含义:在一组等精度观测值中,绝对值大于 σ 的偶然误差出现的概率为 31.7%;绝对值大于 2σ 的偶然误差出现的概率为 4.5%;绝对值大于 3σ 的偶然误差出现的概率仅为 0.3%。

在测量工作中,观测误差应有一定的限值。若以 m 作为观测误差的限值,则将有近 32% 的观测会超过限值而被认为不合格,显然这样的要求过于苛刻。大于 $3m$ 的误差出现的概率只有 3‰,在有限的观测次数中,实际上不大可能出现。所以,测量人员可取 $3m$ 作为偶然误差的极限值,称极限误差,即 $\Delta_{极} = 3m$。

2) 允许误差

在实际工作中,测量规范要求观测中不容许存在较大的误差。测量人员可由极限误差来确定测量误差的容许值,称为允许误差,即 $\Delta_{允} = 3m$。

当要求严格时,测量人员也可取两倍的中误差作为允许误差,即 $\Delta_{允} = 2m$。

如果观测值中出现了大于所规定的允许误差的偶然误差,则认为该观测值不可靠,应舍去不用或重测。

5.4 算术平均值及其中误差

5.4.1 算术平均值

设在相同精度观测条件下,对某个量进行了 n 次观测,其观测值为 l_1、l_2、l_3……l_n,算术平均值为 L,未知量的真值为 x,对应观测值的真误差分别为 Δ_1、Δ_2、Δ_3……Δ_n,显然

$$L = \frac{l_1 + l_2 + \cdots + l_n}{n} = \frac{[l]}{n} \tag{5-9}$$

观测值的真误差的计算公式为

$$\Delta_1 = l_1 - x$$
$$\Delta_2 = l_2 - x$$
$$\cdots\cdots$$
$$\Delta_n = l_n - x$$

将上面式子取和除以 n，得

$$\frac{[\Delta]}{n} = \frac{[l]}{n} - x$$

参见式(5-9)，得

$$L = \frac{[\Delta]}{n} + x$$

根据偶然误差的第四个特性，当观测次数无限增加时，偶然误差的算术平均值趋近于零，即

$$\lim_{n \to \infty} L = x$$

由上式可知，当观测次数无限增加时，算术平均值就趋近于未知量的真值。但是在实际测量工作中，观测次数 n 总是有限的，通常取算术平均值作为最后结果，它比所有的观测值都可靠，故把算术平均值称为"最可靠值"或"最或然值"。

5.4.2 算术平均值中误差

由算术平均值的计算公式可知

$$L = \frac{l_1 + l_2 + \cdots + l_n}{n}$$
$$= \frac{1}{n}l_1 + \frac{1}{n}l_2 + \cdots + \frac{1}{n}l_n$$

上式中 $\frac{1}{n}$ 为常数，而各观测值是同精度的，所以，它们的中误差均为 m，根据误差传播定律，可得出算术平均值的中误差，即

$$M^2 = \frac{1}{n^2}m^2 + \frac{1}{n^2}m^2 + \cdots + \frac{1}{n^2}m^2$$
$$= \frac{1}{n^2}m^2 \cdot n$$
$$= \frac{m^2}{n}$$

所以

$$M = \pm \frac{m}{\sqrt{n}}$$

从上式可知，算术平均值的中误差 M 为观测值的中误差 m 的 $\frac{1}{\sqrt{n}}$。观测次数越多，算术平均值的中误差就越小，精度就越高。适当增加观测次数 n 可以提高观测值的精度，当观测次数增加到一定次数后，算术平均值的精度提高就很小，所以，测量人员应该根据需要的精度适当确定观测的次数。

学习情境 6

全站仪及 GNSS 测量原理

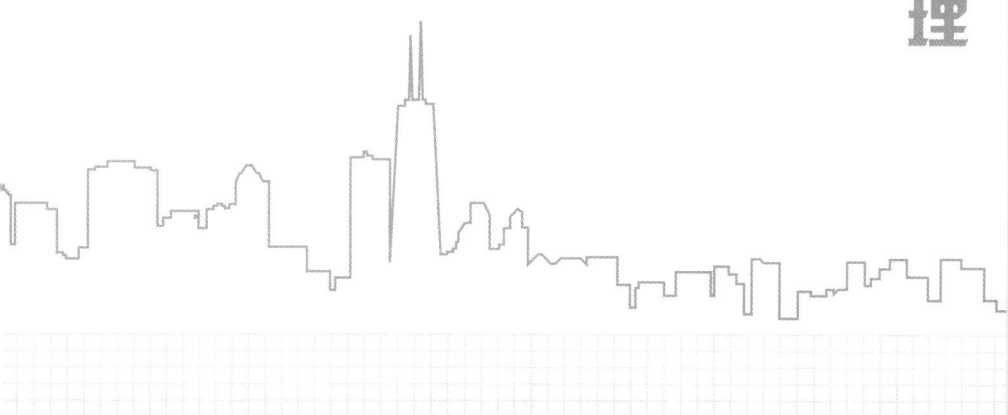

学习情境描述

全站仪和 GNSS 的问世与应用，给测绘领域带来一场深刻的技术革命，标志着测量工程技术的重大突破和深刻变革，对测量科学和技术的发展有划时代的意义。在工程测量领域，二者受到广泛的应用。全站仪即全站型电子测距仪，是一种集水平角、垂直角、距离、高差测量功能于一体的测绘仪器系统。全球导航卫星系统（GNSS）是 global navigation satellite system 的缩写，是一个全球性的位置和时间测定系统。GNSS 主要有三大组成部分，即空间星座、地面监控和用户设备。目前，CNSS 包含美国的 GPS、俄罗斯的 GLONASS、中国的 Compass（北斗）、欧盟的 Galileo（伽利略）系统，以及相关的增强系统，可用的卫星数目为 100 颗以上。GNSS 可提供实时的三维位置、三维速度和高精度的时间信息。

学习目标

（1）了解全站仪测角、测距、测坐标的原理；掌握全站仪的操作方法、角度测量方法、距离测量方法、坐标测量方法和坐标放样方法。

（2）了解 GNSS 的基本组成部分，理解 GNSS 的测量原理；掌握 RTK 测量系统的使用。

任务书

（1）了解全站仪的基本结构、按键的作用和全站仪的基本操作，掌握全站仪坐标测量的基本操作步骤，完成坐标测量和坐标放样工作，通过内业计算培养学生利用全站仪进行坐标测量和坐标放样的能力。

（2）通过 GNSS 的学习，掌握 RTK 测量系统的使用。

任务分组

学生任务分配表

班级		组号		指导老师	
组长		学号			
组员	姓名	学号		姓名	学号

续表

任务分工

获取信息

引导问题1：什么是全站仪？

引导问题2：全站仪的特点是什么？

引导问题3：全站仪的常用功能有哪些？

引导问题4：什么是GNSS？

引导问题5：GNSS由哪三大部分组成？

引导问题6：GNSS地面控制部分由哪几部分组成？

引导问题7：GNSS定位原理是什么？

引导问题8：北斗导航卫星系统空间星座分布是什么？

引导问题9：RTK测量系统仪器架设流程是什么？

工作实施

实训项目一　全站仪的认识与使用

1. 实训目的

(1) 了解全站仪的构造。

(2) 熟悉全站仪的操作界面及作用。

(3) 掌握全站仪的基本使用方法。

2. 仪器和工具

每组配备全站仪1台、脚架1副、对中杆2根、棱镜2个、记录板1个、记录纸若干。

3. 实训内容及步骤

(1) 全站仪的基本操作与使用。

(2) 进行水平角、距离、坐标测量。

4. 实训要求

(1) 仪器的整平误差应小于照准部水准管分划一格，光学对中误差应小于1 mm。

(2) 测站不应选在强电磁场影响的范围内，测线应高出地面或障碍物1 m以上，测线附近与其延长线上不得有反光物体。

5. 注意事项

(1) 运输仪器时，应采用原装的包装箱运输。

(2) 近距离将仪器和脚架一起搬动时，应保持仪器竖直向上。

(3) 在保养物镜、目镜和棱镜时，应吹掉透镜和棱镜上的灰尘；不要用手指触摸透镜和棱镜；只用清洁、柔软的布清洁透镜。

(4) 换电池前必须关机。

(5) 仪器只能存放在干燥的室内；充电时，周围温度应为10～30 ℃。

(6) 全站仪是精密贵重的测量仪器，要防日晒、防雨淋、防碰撞振动；严禁用仪器直接照准太阳。

(7) 操作前应仔细阅读仪器说明书并认真听指导老师讲解；不明白操作方法与步骤者，不得操作仪器。

6. 实训报告

全站仪测量记录表

日期：　　　　　　　　天气：　　　　　　　　仪器编号：
组别：　　　　　　　　姓名：　　　　　　　　学号：

测站	测回	仪器高/m	棱镜高/m	竖盘位置	水平度盘读数/(° ′ ″)	竖直度盘读数/(° ′ ″)	平距/m	高差/m	坐标

实训项目二　RTK测量系统的使用

1. 实训目的

(1) 了解GNSS接收机。

(2) 掌握GNSS-RTK的使用。

2. 仪器和工具

每组配备基准站1台、流动站1台、UHF天线2根、基座1个、脚架1个、手簿1个、记录板1个、记录纸若干。

3. 实训内容

(1) GNSS-RTK系统的架设与设置。

(2) 坐标参数转换。

(3) 碎部测量。

(4) 点放样。

4. 实训要求

(1) 基准站架设的位置,四周无遮挡,远离磁场强的区域。

(2) 手簿显示固定解时,方可测量。

5. 注意事项

(1) 打开仪器箱,观察各配件的放置位置,用完仪器,各配件放回原位。

(2) 测杆连接流动站,应固定紧,防止仪器脱落。

(3) 在移动流动站的过程中,应保持流动站竖直。

(4) 外业观测,保护好仪器。

6. 实训报告

评价反馈

学生进行自评,评价自己是否能完成实训任务。小组互评,点评其他小组任务完成速度、成果精度、小组成员的相互配合情况。老师对各小组整个任务完成情况进行评价。

学生自评与小组互评

实训项目					
小组编号		姓名		学号	
序号	评估项目	分值	实训要求		自我评定
1	任务完成情况	30	按时按要求完成实训任务		
2	测量精度	20	成果符合限差要求		
3	实训记录	20	记录规范、完整,计算准确		
4	实训纪律	15	遵守课堂纪律,无事故,仪器未损坏		
5	团队合作	15	服从组长安排,能配合其他成员工作		

实训总结与反思:

其他小组评价得分:_____、_____、_____、_____

教师评价

实训项目					
小组编号		姓名		学号	
序号	评估项目	分值	实训要求		考核评定
1	操作程序	20	操作规范、程序正确		
2	操作速度	20	按时完成任务		
3	安全操作	10	无事故发生		
4	数据记录	10	记录规范、无篡改、抄袭等		
5	测量成果	30	计算正确、精度达标		
6	团队合作	10	服从组长安排,能配合其他成员工作		

存在问题:

指导老师:

学习情境的相关知识点

6.1 全站仪简介

全站仪是由光电测距仪、电子经纬仪、微处理仪及数据记录装置融为一体的电子速测仪。全站仪能自动测量角度和距离，能按一定程序和格式将测量数据传送给相应的数据采集器。全站仪自动化程度高、功能多、精度好，通过配置适当的接口，可使野外采集的测量数据直接进入计算机进行数据处理或进入自动化绘图系统。与传统的方法相比，使用全站仪进行测量省去了大量的中间人工操作环节，使劳动效率和经济效益明显提高，也避免了人工操作、记录等过程中差错率较高的缺陷。

1. 全站仪的工作特点
(1) 能同时测角、测距并自动记录测量数据。
(2) 设有各种野外应用程序，能在测量现场得到归算结果。
(3) 能实现数据流。

2. 全站仪构造简介
全站仪构造图如图 6-1 所示。

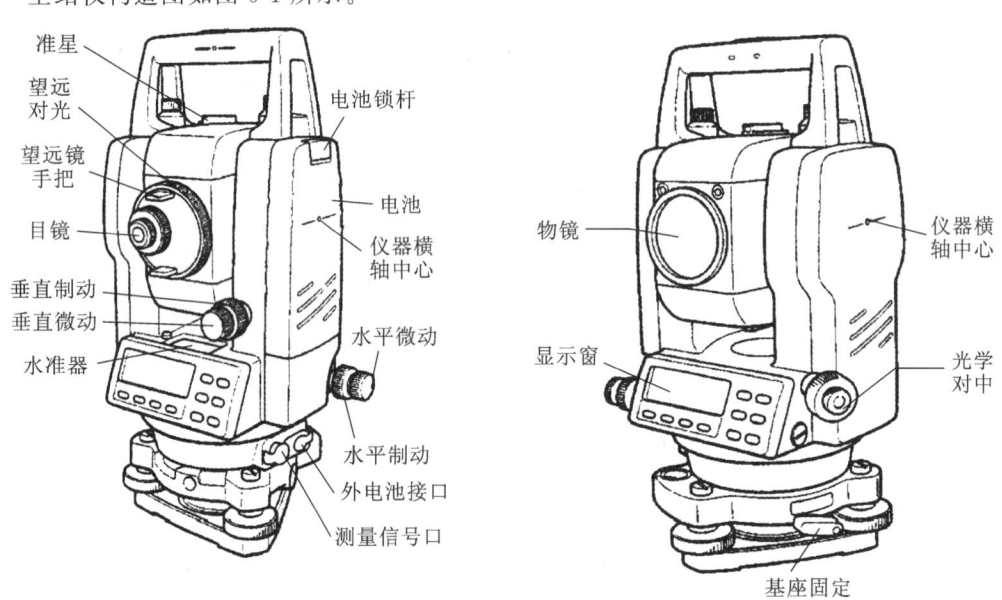

图 6-1 全站仪构造图

3. 全站仪的棱镜的基本知识
如图 6-2 所示，全站仪的棱镜有单棱镜和三棱镜，是目标的标示，等同于水准尺和花杆，用来反射全站仪发出的信号。单棱镜用于距离较短、精度较高的测量；三棱镜用于距离较远的测量，但精度比单棱镜低。

全站仪的测量精度因型号不同而不同，每种全站仪的说明书里都有说明，有的全站仪也可不用棱镜测量，可以直接对准目标点进行测量，但精度会降低。

图 6-2　全站仪的棱镜

6.2　全站仪的操作与使用

全站仪的型号很多，规格和性能也不尽相同，在操作上有很大的差别，因此要全面了解一种型号的全站仪，必须详细阅读说明书。下面，我们就全站仪的操作和使用做概括性论述。

（1）安装电池。测量前要按说明书将电池充足电，在整平前安装电池。

全站仪的认识
与使用

（2）架设仪器。全站仪的架设和经纬仪相似，同样包括对中、整平两项工作。对中器一般包括光学对中器和激光对中器。

（3）开机。开机方式有两种：一种是通过电源开关开机；另一种是通过仪器键盘上的开关开机。开机后要转动望远镜360°（有的全站仪开机后转动望远镜360°才进入工作状态）。

（4）水平度盘和竖直度盘指标设置。根据测量的具体要求，对仪器水平度盘和竖直度盘进行指标设置，正常后才能开始工作。

（5）仪器参数的设置。设置参数通过仪器键盘操作来完成，主要包括观测条件参数设置、日期、时钟、通信参数、计量单位等其他设置。

6.3　全站仪的功能与测量

1. 全站仪的功能

（1）数据采集。

(2)坐标放样。

(3)对边测量、悬高测量、面积测量、后方交会、道路测量等。

(4)数据存储管理,包括数据的传输、数据文件的操作(改名、删除、查阅)。

2.角度测量

(1)功能:可进行水平角、竖直角的测量。

(2)方法:与经纬仪相同。

① 从显示屏上确定是否处于角度测量模式,如果不是,则按操作转换为角度测量模式。

② 盘左瞄准左目标点 A,按置零键,使水平度盘读数显示为 $0°00'00''$,顺时针旋转照准部,瞄准右目标点 B,读取显示读数。用同样方法也可进行盘右观测。

③ 如果测竖直角,对准目标点后,在读取水平度盘的同时读取竖盘的显示读数,就是竖直角。当测角精度要求高时,可用测回法,操作步骤同经纬仪。

3.距离测量

(1)功能:可测量平距、高差和斜距(全站仪镜点至棱镜镜点的高差及斜距)。

(2)方法。

① 测距模式的选择:距离测量有精测、速测(粗测)和跟踪测量等模式,可以根据测距的要求通过键盘设定。

② 精确照准棱镜中心,按距离测量键开始测距,此时有关测量信息将在屏幕上闪烁显示;短暂时间后发出响声,提示测距完成,屏幕显示距离值。

全站仪平面
坐标测量

4.坐标测量

(1)功能:可测量目标点的三维坐标。

(2)原理:输入测站点坐标、仪器高、目标高和后视方向坐标方位角(或后视点坐标),定向后,瞄准待测点,用坐标测量功能测定目标点的三维坐标。

上述的计算通过操作键盘输入已知数据后,可由仪器内的计算系统自动完成,通过操作可以直接得到待测点的坐标。这就是全站仪的坐标测量计算原理。

(3)方法。

① 坐标测量前的准备工作:仪器已正确地安置在测站点 O 上,电池电量充足,仪器参数已按观测条件设置好,度盘标定已完成,测距模式已准确设置,返回信号检验已完成并适宜测量。

② 设置气象改正数:在进行坐标测量前,应输入当时的大气温度和气压。

③ 输入测站点数据:在进行坐标测量前,应将测站点坐标通过操作键盘输入。

④ 输入仪器高:仪器高是指仪器的横轴中心(一般仪器上设有标志标明位置)至测站点的垂直高度;一般用 2 m 钢卷尺量出,在测前通过操作键盘输入。

⑤ 输入棱镜高度:棱镜高度是指棱镜中心至测站点的垂直高度,测前通过操作键盘输入。

⑥ 输入后视点坐标:在进行坐标测量前,应将后视点坐标通过操作键盘输入。

⑦ 设置后视坐标方位角:照准后视点,输入测站点和后视点坐标,通过键盘操作确定后,水平度盘显示的数值,就是后视方向坐标方位角和测站点至后视点的水平距离。如果后视方向坐标方位角已知(可以通过测站点坐标和后视点坐标反算得到),可先照准后视点,然后直接输入后视方向坐标方位角。在此情况下,无须输入后视点坐标。

⑧ 三维坐标测量：精确照准立于待测点的棱镜中心，按坐标测量键，坐标测量完成后，屏幕显示出待测点（目标点）的坐标值，测量完成。

6.4 全站仪的坐标放样

点的坐标放样的功能：根据设计的待放样点 P 的坐标，在实地标出 P 点的平面位置及填挖高度。

点的坐标放样的原理：放样测量是把已知的点确定到地面上。放样点的已知条件一般是坐标、方位角或该点到测站点的距离。用全站仪放样就是用仪器显示出预先输入的放样数据与实测值之差来指导放样的进行。显示的差值由下式计算：

$$水平角差值 = 水平角实测值 - 水平角放样值$$
$$斜距差值 = 斜距实测值 - 斜距放样值$$
$$平距差值 = 平距实测值 - 平距放样值$$
$$高差差值 = 高差实测值 - 高差放样值$$

这里的各项实测值就是全站仪随意状态显示的值，当把放样值输入后，全站仪的数据处理系统就把此时的各项差值计算出来，当实测值与放样值相等时，该点就在放样点所在的位置或方向上，也就是差值等于零时的位置或方向上。

全站仪测设点
的平面位置

一般，全站仪均有按角度和距离放样和按坐标放样的功能。下面，我们对这两项放样进行介绍。

（1）按角度和距离放样（极坐标放样）。按角度和距离放样是根据相对于某参考方向转过的角度和到测站点的距离测设出所需要的点位。如果有方位角，那参考方向就是磁北、真北、坐标子午，转过的角度就是（磁北、真北、坐标子午）方位角，如图 6-3 所示。

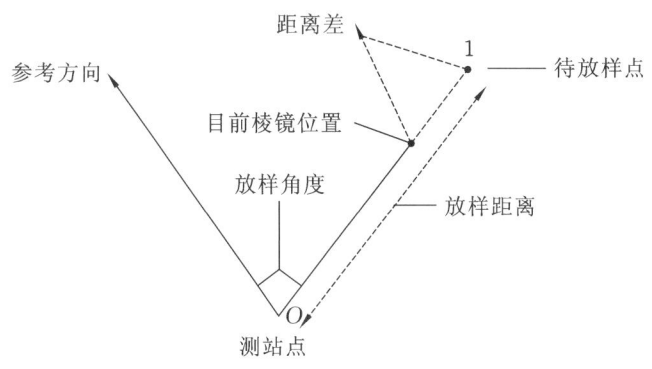

图 6-3 全站仪的坐标放样

放样步骤如下。

① 将全站仪安置于测站并照准参考方向，将水平度盘设置为 $0°00'00''$。

② 选择放样模式，分别输入距离和水平角的放样数值。

③ 水平角放样，转动照准部，使水平角差值显示等于零，此时仪器的视线方向就是角度放样值的方向。

④ 距离放样，在望远镜的视线方向上安置棱镜，移动棱镜使其被望远镜照准，用距离放样模式，按照显示屏平距差值的正、负，朝向或远离仪器方向移动棱镜，直至平距差值为0，该点就是放样点。

(2) 按坐标放样。如图6-3所示，O点为测站点，坐标(N_O,E_O,Z_O)为已知，1点为放样点，坐标(N_1,E_1,Z_1)也给定；根据方位角反算公式计算出α_{O1}、D_{O1}后（全站仪的软件程序计算完成），就可以确定放样点1的位置；根据全站仪的放样功能，把已知放样点(N_1,E_1,Z_1)输入，在放样模式下使$\Delta N=0$、$\Delta E=0$、$\Delta Z=0$，则该点就是放样点1的位置。

按坐标放样的步骤如下。

① 按坐标测量程序进行操作。

② 输入放样点坐标：将放样点坐标(N_1,E_1,Z_1)通过操作键盘输入。

③ 参照按角度和距离放样的步骤，将放样点1的平面位置定出。

④ 高程放样，将棱镜置于放样点1上，在坐标放样模式下，测量1点的坐标，根据其余值与Z_1的差值，上、下移动棱镜，直至差值显示为零，放样点1的位置即确定。

另外，全站仪除了能进行上述测量外，一般还设置有很多测量功能，如后方交会法测量、对边测量、偏心测量、悬高测量和面积测量等。

6.5 GNSS测量原理

6.5.1 GNSS简介

GNSS是全球导航卫星系统的简称，泛指所有卫星导航系统，如美国的GPS、俄罗斯的GLONASS、欧洲的Galileo、中国的北斗卫星导航系统，以及相关的增强系统，如美国的WAAS(广域增强系统)、欧洲的EGNOS(欧洲静地导航重叠系统)和日本的MSAS(多功能运输卫星增强系统)等，还涵盖在建和以后要建设的其他卫星导航系统。国际GNSS系统是个多系统、多层面、多模式的复杂组合系统。

卫星导航系统由空间星座、地面控制和用户设备三部分组成。其中，地面控制部分由主控站、注入站和监测站组成。用户设备部分由接收机(移动站、基准站等)、数据处理软件及相应用户设备，如计算机气象仪器等组成，作用是接收卫星发出的信号，利用这些信号进行导航定位等工作。下面，我们介绍各导航卫星系统的空间星座部分。

1. 北斗卫星导航系统

北斗卫星导航系统的空间星座部分由24颗中圆地球轨道卫星、3颗地球静止轨道卫星和3颗倾斜地球同步轨道卫星，共30颗卫星组成。24颗MEO(中圆地球轨道卫星)平均分布在3个轨道面上，轨道面之间相隔120°(升交点赤经分别相差120°)，均匀分布，轨道倾角为 55°（轨道平面与赤道面的夹角），如图 6-4 所示。

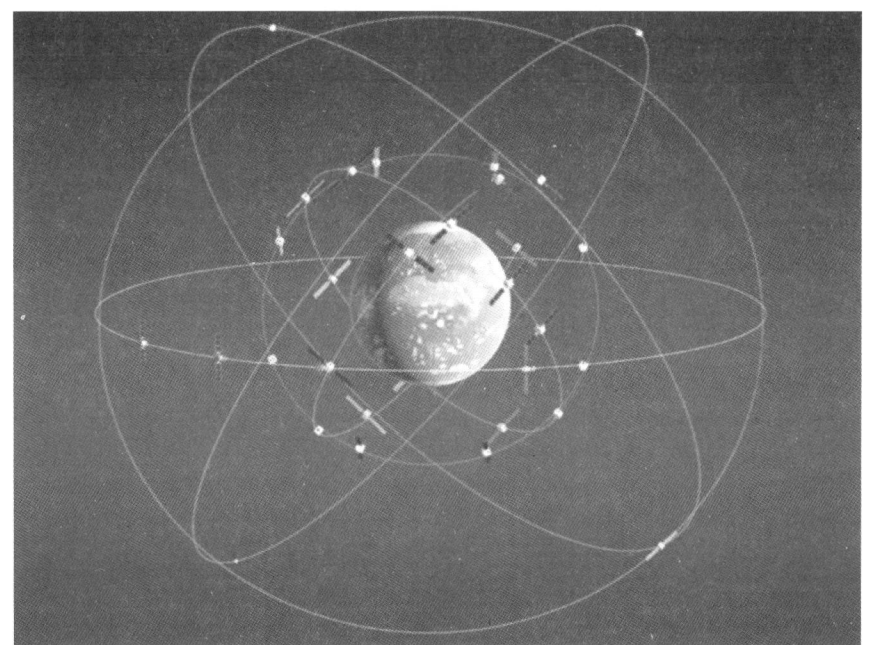

图 6-4 北斗卫星导航系统的空间星座

2. GPS 系统

GPS 系统的空间星座部分由 24 颗 GPS 工作卫星组成，其中 21 颗为用于导航的卫星，3 颗为活动备用卫星。24 颗用于导航的卫星分布在 6 个倾角为 55°、高度约为 20 000 km 的高空轨道上绕地球运行，运行周期约为 12 恒星时，如图 6-5 所示。

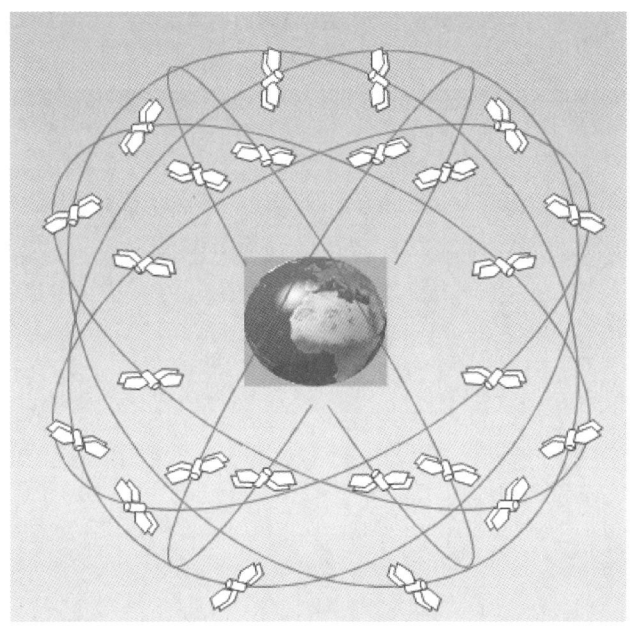

图 6-5 GPS 系统的空间星座

3. GLONASS 系统

GLONASS 系统的空间星座部分由 21 颗工作星和 3 颗备份星组成，24 颗工作星均匀分布在 3 个近圆形的轨道平面上，轨道平面相隔 120°，每个轨道面有 8 颗星，同平面内的卫星之间相隔 45°，轨道高度为 1.91×10^4 km，运行周期为 11 h 15 min，轨道倾斜角为 64.8°，如图 6-6 所示。

4. Galileo 卫星导航系统

Galileo 卫星导航系统的空间星座部分由 30 颗导航卫星组成（27 颗工作星 + 3 颗备份星），采用 Waiker27/3/1 星座，卫星位于 3 个圆形的 MEO 轨道上，轨道高度为 29 600 km，轨道倾斜角为 56°，轨道周期为 14 h 4 min 42 s，如图 6-7 所示。

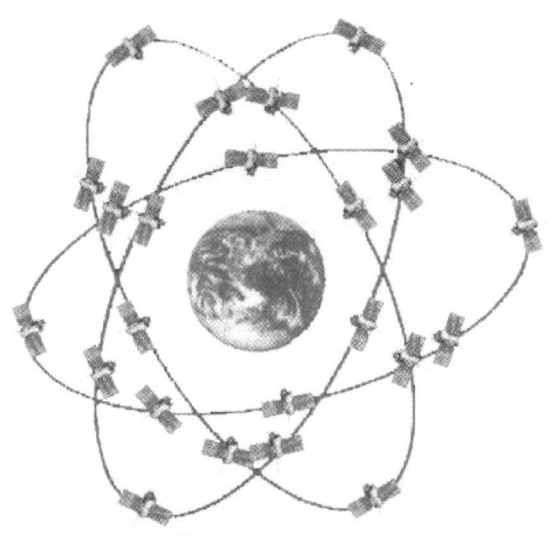

图 6-6 GLONASS 系统的空间星座

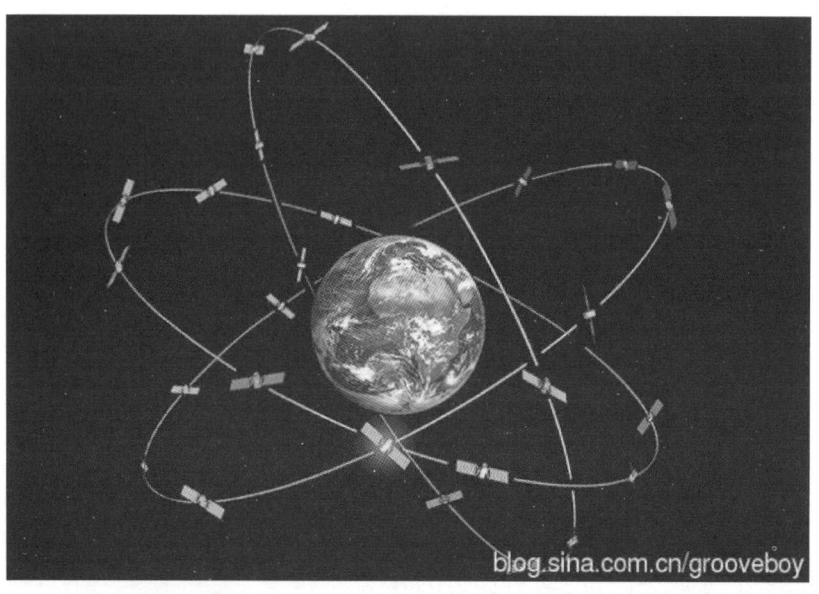

图 6-7 Galileo 卫星导航系统的空间星座

6.5.2 GNSS 的工作原理

测量学中的交会法测量里有一种测距交会确定点位的方法。与其相似,GNSS 的工作原理就是利用空间分布的卫星以及卫星与地面点的距离交会得出地面点位置。简言之,GNSS 的工作原理是一种空间的距离交会原理。下面,我们以 GPS 为例进行讲解。

设想在地面待定位置上安置 GPS 接收机,同一时刻接收 4 颗以上 GPS 卫星发射的信号;通过一定的方法测定这 4 颗以上卫星在此瞬间的位置以及它们分别至该接收机的距离,利用距离交会法解算出测站 P 的位置及接收机钟差 δ_τ。

如图 6-8 所示,设某时刻在测站点 P 用 GPS 接收机同时测得 P 点至 4 颗 GPS 卫星 S_1、S_2、S_3、S_4 的距离为 ρ_1、ρ_2、ρ_3、ρ_4,通过 GPS 电文解译出 4 颗 GPS 卫星的三维坐标 (X_j, Y_j, Z_j),$j=1、2、3、4$,用距离交会的方法求解 P 点的三维坐标 (X, Y, Z) 的观测方程为

$$\rho_1^2 = (X-X_1)^2 + (Y-Y_1)^2 + (Z-Z_1)^2 + c\delta_\tau$$
$$\rho_2^2 = (X-X_2)^2 + (Y-Y_2)^2 + (Z-Z_2)^2 + c\delta_\tau$$
$$\rho_3^2 = (X-X_3)^2 + (Y-Y_3)^2 + (Z-Z_3)^2 + c\delta_\tau$$
$$\rho_4^2 = (X-X_4)^2 + (Y-Y_4)^2 + (Z-Z_4)^2 + c\delta_\tau$$

式中:c——光速;

δ_τ——接收机钟差。

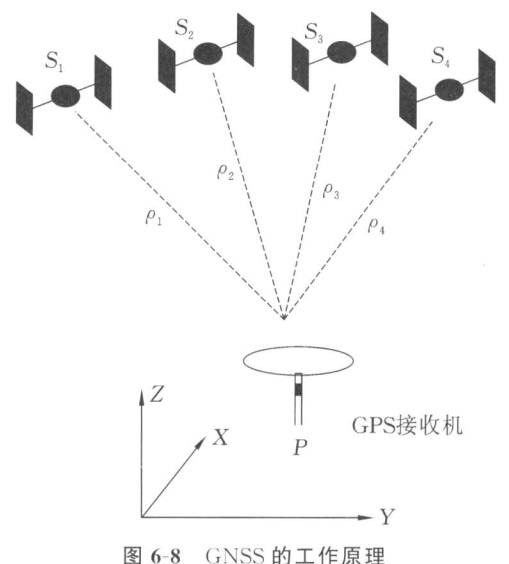

图 6-8 GNSS 的工作原理

6.6 RTK 测量

RTK 测量的过程:仪器架设、基准站的观测点位选择和基准站的系统设置、参数转换、

碎部测量、点放样等。

1. 仪器架设

仪器架设如图 6-9 所示。

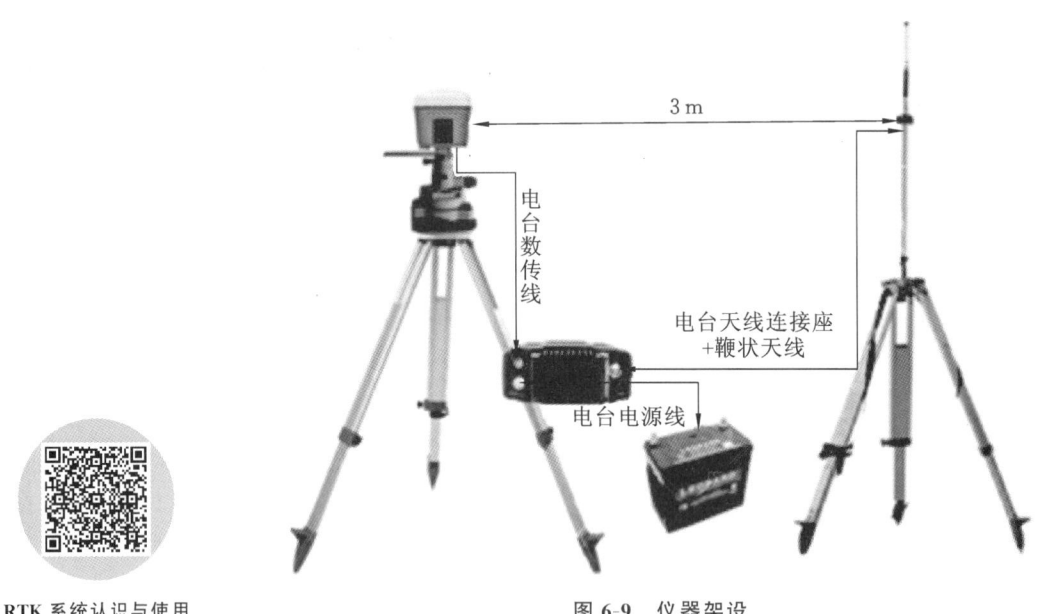

RTK 系统认识与使用　　　　　　　　图 6-9　仪器架设

基站脚架和天线脚架之间应该保持至少 3 m 的距离,避免电台干扰 GNSS 信号。基准站应架设在地势较高、视野开阔的地方,避免高压线、变压器等强磁场,以利于 UHF 无线信号的传送和卫星信号的接收。

2. 基准站的观测点位选择和基准站的系统设置

1) 基准站的观测点位选择

RTK 定位的数据处理过程是基准站和流动站之间的单基线处理过程,基准站和流动站的观测数据质量好坏、无线电的信号传播质量好坏对定位结果的影响很大。为了观测到更好的观测数据,基准站的位置应满足以下条件:基准站的坐标应正确无误;视野开阔,周围无高度角超过 10°的障碍物,以保证观测顺利进行;周围无信号反射物,以减少多路径误差;方便发播传送差分改正信号。

2) 基准站的系统设置

基准站的系统设置包括建立项目和坐标系统管理、基准站电台频率的选择、RTK 工作方式的选择、基准站坐标的输入、基准站工作启动等。

电台设置如图 6-10 所示。

在外挂电台作业模式下,使用电台面板开关键可以打开电台,使用信道切换键和功率切换键可以对功率和频率进行相应设置。

当基准站启动成功(基站差分数据灯一秒闪一次),连接线都正常的情况下,电台发射指示灯一秒闪烁一次,表明数据在正常发射。

3) 流动站设置

手簿蓝牙连接流动站,进行流动站设置,电台频率设置与基准站一致,设置完成后,手簿进入测量界面,显示"固定解"表示设置成功且信号良好,可以进行观测。

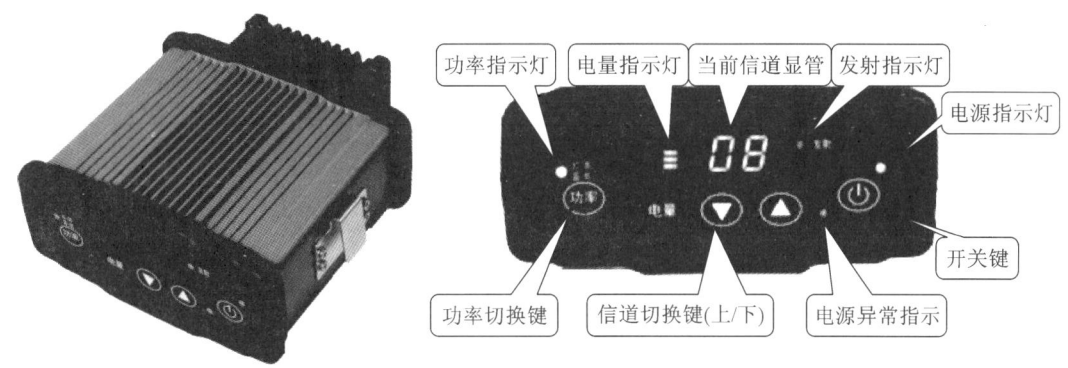

图 6-10　电台设置

3. 参数转换

GNSS 源数据采用的是 WGS84 系统,工程上用得较多的为独立坐标系统,两个系统不一致,所以在采集数据之前,需要进行坐标数据转换。平面坐标往往采用四参数转换,至少需要两个平面控制点坐标;空间坐标需要进行七参数转换,至少需要 3 个三维控制点坐标。

转换方式(以四参数为例)如下。

(1) 流动站安置于第一个控制点,输入施工坐标,采集 WGS84 坐标,保存。

(2) 流动站安置于第二个控制点,输入施工坐标,采集 WGS84 坐标,保存。

(3) 计算转换参数,保存,应用到当前工程项目。

4. 碎部测量

在基准站、流动站设置完成,参数转换完成后,进入手簿测量界面,点击碎部测量。在一般情况下,到达测量位置,根据界面上显示的测量坐标及其精度、解状态,决定是否进行采集。点击手动采集,软件先进行精度检查,若不符合精度要求,会提示。

5. 点放样

进入"点放样"界面,输入待定点坐标,开始放样,根据手簿指示,将流动站移动到东西南北提示均为"0"处或当前点到放样点的平距为"0"处,定点。

学习情境 7

小区域控制测量

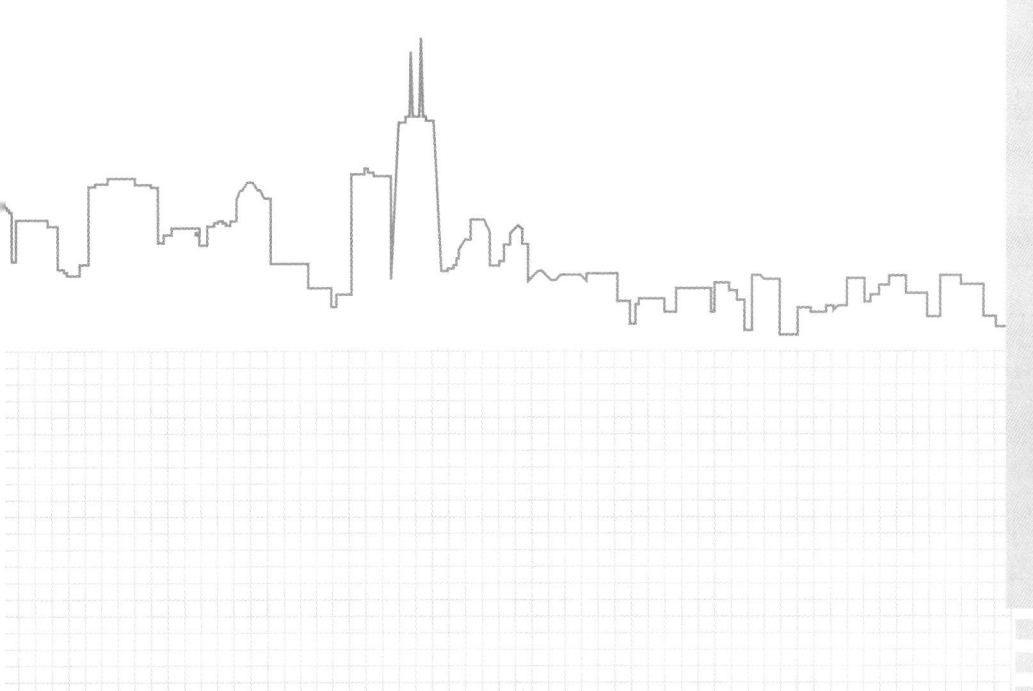

学习情境描述

控制测量是其他测量工作的基础。在所有测量工作中,控制测量不仅要求精度高,而且涉及的计算工作也比较复杂,所以,本学习情境的内容是本门课程学习的重点。测量作业遵循"从整体到局部,先控制后碎部"的原则。对于数字化测图,开展图根控制测量,可保证测量精度均匀及所测地形图相互拼接为一个整体。对于工程测量,布设专用控制网可以为施工放样和变形监测提供必要的依据。

学习目标

(1) 了解控制测量的精度等级划分。
(2) 掌握导线测量的外业观测和内业计算工作。
(3) 掌握三、四等水准测量外业观测和内业计算工作。

任务书

某工业园区欲将一块大约为 0.33 km² 场地投入建设使用,为了进行规划、设计和准确计算土地面积,需要测绘这块地和周围的地形图,而测绘地形图就必须先进行控制测量。

任务分组

学生任务分配表

班级		组号		指导老师	
组长		学号			
组员	姓名	学号		姓名	学号
任务分工					

获取信息

引导问题1：什么是控制测量？

引导问题2：控制测量的作用是什么？

引导问题3：什么是平面控制测量？什么是高程控制测量？

引导问题4：什么是图根控制测量？

引导问题5：导线的布设形式有哪几种？

引导问题6：闭合导线的检核条件有哪几个？

引导问题7：导线测量的外业工作有哪些？

引导问题8：导线测量踏勘选点时，需要注意哪些问题？

引导问题9：导线测量角度闭合差的调整原则是什么？

引导问题10：坐标增量闭合差的调整原则是什么？

引导问题11：三、四等水准测量的观测顺序是什么？

引导问题12：附合导线的检核条件有哪几个？

引导问题13：什么情况下我们会采用三角高程测量方法进行高程控制测量？

工作实施

实训项目一　图根导线测量

1. 实训目的
(1) 掌握导线测量布设形式和点位布设要求。
(2) 掌握导线测量外业观测和内业数据处理。

2. 仪器和工具
每组配备全站仪 1 台、脚架 1 副、对中杆 2 根、棱镜 2 个、记录板 1 个、记录纸若干。

3. 实训内容及步骤
(1) 布设一个含有 4 个导线点的闭合导线。
(2) 用全站仪进行水平角和水平距离测量。
(3) 用概略平差的方法进行导线平差。

4. 实训要求
(1) 导线点的布设和导线测量外业观测必须满足图根控制测量要求。
(2) 角度测量采用测回法观测。

5. 注意事项
(1) 测站点和目标点必须对中、整平精确。
(2) 当前测站观测结束后,全站仪应装箱后到下一站观测。
(3) 外业观测应注意仪器和人身安全。

6. 实训报告

水平角测量记录表

仪器编号：　　　　　　　　　　观测日期：
天气：　　　　　　　　　　　　小组编号：

测回 测站	盘位	目标	水平度盘读数 ° ′ ″	半测回角值 ° ′ ″	一测回平均角值 ° ′ ″	备注

续表

测回测站	盘位	目标	水平度盘读数 ° ′ ″	半测回角值 ° ′ ″	一测回平均角值 ° ′ ″	备注

距离测量记录表

仪器编号：　　　　　　　　　　观测日期：
天气：　　　　　　　　　　　　小组编号：

边名	测量	读数	备注	边名	测量	读数	备注
	1				1		
	2				2		
	3				3		
	平均				平均		
	1				1		
	2				2		
	3				3		
	平均				平均		
	1				1		
	2				2		
	3				3		
	平均				平均		

注：距离平均值的计算取位至 1 mm。

导线测量成果计算表

点号	观测角 /(° ′ ″)	角度改正数 /(″)	改正后的角度 /(° ′ ″)	坐标方位角 /(° ′ ″)	距离 /m	坐标增量 Δx			坐标增量 Δy			纵坐标 /m	横坐标 /m
						计算值 /m	改正值 /mm	改正后的值 /m	计算值 /m	改正值 /mm	改正后的值 /m		
辅助计算	$f_\beta=$ $f_x=$ $f=$		$f_{\beta 允}=$ $f_y=$ $k=$		导线略图								

注:角度及改正数的计算取位至 1 秒,距离、坐标及相关改正值的计算取位至 1 mm。

实训项目二 四等水准测量

1. 实训目的

(1) 掌握四等水准测量的观测、记录、计算与检核方法。

(2) 熟悉四等水准测量的主要技术要求。

(3) 掌握闭合水准路线成果计算。

2. 仪器和工具

每组配备 DS3 型水准仪 1 台、脚架 1 副、双面尺一对、尺垫 2 个、记录板 1 个、记录纸若干。

3. 实训内容

根据指定的已知高程点完成由若干个待定高程点组成的闭合水准路线的四等水准测量。

4. 实训要求

水准测量观测主要技术要求

等级	仪器类型	水准尺类型	视线长度/m	前后视较差/m	前后视累计差/m	视线离地面最低高度/m	基、辅(黑、红)面读数差/mm	基、辅(黑、红)面高差之差/mm
二等	DS05	钢瓦	≤50	≤1	≤3	≥0.3	≤0.4	≤0.6
三等	DS3	双面	≤75	≤3	≤6	≥0.3	≤2	≤3
四等	DS3	双面	≤100	≤5	≤10	≥0.2	≤3	≤5
五等	DS3	双面	≤100					≤7

5. 注意事项

(1) 每测站观测结束后,应立即计算检核,若有超限的数据则重测该测站,合格后才能迁站。全路线测量完毕,各项限差和高差闭合差均在限差内,即可收测。

(2) 记录者在听到观测者的读数后应回报,经观测者确认后,才能将数据记录到表中。若有超限的数据,应立即通知观测者重测。

(3) 要注意数据记录的规范性,严禁涂改、照抄、转抄数据。数据作废应注明原因。

(4) 测量过程中的前标尺迁移,顺序切勿错乱;应在记录表中注明尺号。

(5) 测量过程中注意转点位置的尺垫不要移动,而且待测水准点和已知水准点不能放置尺垫。

6. 实训报告

四等水准测量观测记录表

测站编号	点号	后标尺 上丝 / 下丝 / 后视距离 / 视距差/m	前标尺 上丝 / 下丝 / 前视距离 / 累积差/m	方向及尺号	标尺读数 黑面	标尺读数 红面	K+黑−红 /mm	高差中数 /m	备注
				后视					1# 标尺的常数 K=
				前视					
				后−前					
				后视					2# 标尺的常数 K=
				前视					
				后−前					
				后视					
				前视					
				后−前					

续表

测站编号	点号	后标尺 上丝 下丝	前标尺 上丝 下丝	方向及尺号	标尺读数		K+黑−红 /mm	高差中数 /m	备注
		后视距离	前视距离		黑面	红面			
		视距差/m	累积差/m						
				后视					
				前视					
				后−前					
				后视					
				前视					
				后−前					

注：各测站高差中数取位至 1 mm。

水准测量成果计算表

点号	路线长度/m	实测高差/m	改正数/m	改正后高差/m	高程/m	备注
						已知点
						已知点
辅助计算	$f_h =$ $f_允 =$					

注：1. 距离取位至 0.01 km，测段高差、改正数及高程取位至 1 mm。
2. 采用路线长度进行高差闭合差的分配。

评价反馈

学生进行自评,评价自己是否能完成实训任务。小组互评,点评其他小组任务完成速度、成果精度、小组成员的相互配合情况。老师对各小组整个任务完成情况进行评价。

学生自评与小组互评

实训项目				
小组编号		姓名		学号
序号	评估项目	分值	实训要求	自我评定
1	任务完成情况	30	按时按要求完成实训任务	
2	测量精度	20	成果符合限差要求	
3	实训记录	20	记录规范、完整、计算准确	
4	实训纪律	15	遵守课堂纪律,无事故,仪器未损坏	
5	团队合作	15	服从组长安排,能配合其他成员工作	

实训总结与反思:

其他小组评价得分:_____、_____、_____、_____

教师评价

实训项目				
小组编号		姓名		学号
序号	评估项目	分值	实训要求	考核评定
1	操作程序	20	操作规范、程序正确	
2	操作速度	20	按时完成任务	
3	安全操作	10	无事故发生	
4	数据记录	10	记录规范、无篡改、抄袭等	
5	测量成果	30	计算正确、精度达标	
6	团队合作	10	服从组长安排,能配合其他成员工作	

存在问题:

指导老师:

学习情境的相关知识点

7.1 控制测量概述

7.1.1 控制测量分类

为了限制误差传递和误差积累,提高测量精度,无论是测绘还是测设必须遵循"从整体到局部,先控制后碎部,由高级到低级"的原则来组织实施。测量工作的基本程序也就分为控制测量、碎部测量两步。控制测量分为平面控制测量和高程控制测量。测定控制点平面位置的工作称为平面控制测量。测定控制点高程的工作称为高程控制测量。

1. 平面控制测量

平面控制测量的方法按照控制点的连接方式划分,可以分为导线测量、三角测量、三边测量、边角测量等方法;按照技术方式划分,可分为传统的地面测角、测距方法和GPS卫星定位方法。不同的方法有不同的特点和要求。

(1) 导线测量是将各控制点组成连续的折线或多边形,如图7-1所示。这种图形构成的控制网称为导线网,也称为导线,转折点(控制点)称为导线点。测量相邻导线边的水平角与导线边长,根据起算点的平面坐标和起算边方位角计算各导线点坐标的工作称为导线测量。

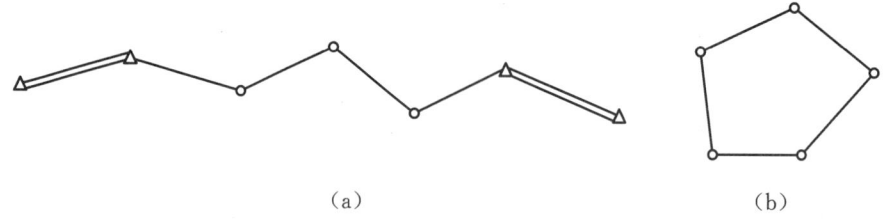

(a)   (b)

图 7-1 导线测量

(2) 三角测量是将各控制点组成互相连接的一系列三角形,如图7-2所示。这种图形构成的控制网称为三角锁,是三角网的一种类型。三角形的顶点称为三角点。测量三角形的一条边和全部三角形内角,根据起算点的坐标与起算边的方位角,按正弦定律推算全部边长与方位角,从而计算出各点的坐标的工作称为三角测量。

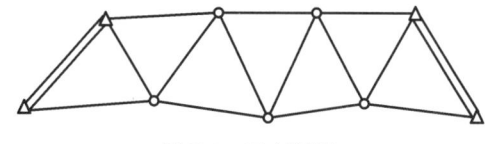

图 7-2 三角测量

(3) 三边测量是使用全站型电子速测仪或光电测距仪,采取测边方式来测定各三角形顶点水平位置的方法。三边测量是建立平面控制网的方法之一,其优点是较好地控制了边长方面的误差、工作效率高。三边测量只测量边长,对于测边单三角网,无校核条件。

(4) 全球定位系统 GPS 测量。GPS 是具有在海、陆、空进行全方位实时三维导航与定位能力的新一代卫星导航与定位系统。GPS 以全天候、高精度、自动化、高效率等显著特点,成功地应用于工程控制测量,如南京长江第三桥测量、西康铁路线 18 km 秦岭隧道测量、线路控制测量。

GPS 测量即在一组控制点上安置 GPS 卫星地面接收机接收 GPS 卫星信号,解算求得控制点到相应卫星的距离,通过一系列数据处理取得控制点的坐标。

2. 高程控制测量

不同于平面坐标是纯粹的几何测量,高程是有物理意义的量。两点的高程相同,意味着水不会从一点流向另一点。高程系统采用独立于平面坐标的基准面——大地水准面。高程控制测量的任务是精确测定控制点的高程。根据高差测量的方法划分,高程控制测量可以分为水准测量、三角高程测量、GPS 高程测量等。为保证测量成果的精度和可靠性,高差观测一般要布设成有检核条件的闭合图形。

7.1.2 测量控制网分类

测量控制网按控制的范围分为国家控制网、城市控制网、小地区控制网三类。国家控制网又分为国家平面控制网和国家高程控制网。

1. 国家控制网

在全国范围内建立的平面控制网和高程控制网,称为国家控制网。国家控制网是为满足全国中小比例尺和大型工程建设需要而建立的基本控制,可以为空间科学、军事等提供点的坐标、距离及方位资料,也可以用于地震预报和研究地球形状、大小并为确定地球的形状和大小提供研究资料。由于我国幅员辽阔,测量人员不可能用最高的精度和较大的密度将控制网一次布满全国,必须采用"从整体到局部"和"由高级到低级"的逐级控制原则。图 7-3 所示为国家平面控制网(三角网)和国家高程控制网(水准网)。

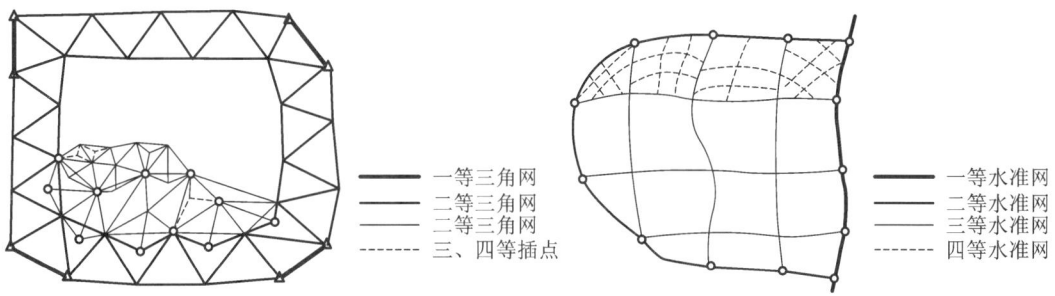

图 7-3 国家平面控制网(三角网)和国家高程控制网(水准网)

在全站仪和 GPS 接收机普及以前,国家平面控制网主要是采用三角测量的方法建立的,称为国家三角网。国家平面控制网按精度可分为四个等级,一等的精度最高,二、三、四等的精度逐级降低。一等三角网基本沿经线和纬线的方向布设,二、三、四等三角网在一等三角网的控制下逐级加密三角测量的等级与技术指标如表 7-1 所示。

表 7-1　三角测量的等级与技术指标

等级	平均边长/km	测角中误差/(″)	三角形最大闭合差/(″)	最弱边相对中误差
一	20～25	±0.7	±2.5	1/350 000
二	13	±0.7	±3.5	1/250 000
三	8	±0.7	±7.0	1/150 000
四	2～6	±0.7	±9.0	1/100 000

三角测量网形结构复杂，控制点之间要求通视方向多，存在布点困难、外业观测工作量大的问题，近年来随着高精度 GPS 接收机的普及，已经不再使用了。

国家高程控制网也分为一、二、三、四共 4 个等级，其中一等和二等采用精密水准测量的方法建立，三等和四等采用普通水准测量的方法建立。一等水准网布设成周长约为 1500 km 的环形路线；二等水准网布设在一等水准网内，形成周长为 500～750 km 的闭合环线；三等和四等水准网均与高一级水准点相连形成附合路线。

2. 城市控制网

城市地区，为测绘大比例尺地形图、进行市政工程和建筑工程放样，在国家控制网的控制下建立的控制网，称为城市控制网。

城市控制网的一般要求如下：

① 城市平面控制网一般布设为导线网、GPS 网；

② 城市高程控制网一般布设为二、三、四等水准网；

③ 直接供地形测图使用的控制点称为图根控制点，简称图根点；

④ 分测定图根点位置的工作称为图根控制测量；

⑤ 图根控制点的密度（包括高级控制点），取决于测图比例尺和地形的复杂程度。

3. 小地区控制网

在面积小于 15 km² 范围内为大比例尺测图和工程建设建立的控制网，称为小地区控制网。建立小地区控制网时，应尽量与国家（或城市）的高级控制网连测，将高级控制点的坐标和高程，作为小地区控制网的起算和校核数据。如果不便连测，可以建立独立控制网。在地形测量中，为满足地形测图精度的要求布设的平面控制网，称为地形平面控制网。地形平面控制网分为首级控制网和图根控制网。测区最高精度的控制网称为首级控制网。直接用于测图的控制网称为图根控制网，控制点称为图根点。

首级平面控制的等级选择，要根据测区面积大小、测图比例尺等方面考虑。一般情况下可采用一、二、三级导线作为首级控制网，在首级控制网的基础上建立图根控制网。当测区面积较小时，可以直接建立图根控制网。

图根控制点的密度取决于测图比例尺和地形的复杂程度，在平坦开阔地区不低于表 7-1 的规定。地形复杂区、山区参照表 7-1 的规定可适当增大图根点的密度，如表 7-2 和表 7-3 所示。

表 7-2　地形复杂区、山区测量等级与技术指标

测区面积/km²	首级控制	图根控制
1～10	一级小三角或一级导线	两级图根
0.5～2	二级小三角或二级导线	两级图根

续表

测区面积/km²	首级控制	图根控制
0.5 及以下	图根控制	

表 7-3 不同比例尺的图根点密度

测图比例尺	1∶500	1∶1000	1∶2000
图根点密度/(点/km²)	150	50	15

小区域高程控制测量的主要方法有水准测量和三角高程测量，一般是以国家水准点或相应等级的水准点为基础，在测区范围内建立三、四等水准路线，在三、四等水准路线的基础上建立图根高程控制点。

7.2 导线测量

7.2.1 概述

导线测量是进行平面控制测量的主要方法之一，适用于平坦地区、城镇建筑密集区及隐蔽地区。由于光电测距仪及全站仪的普及，导线测量的应用更为广泛。

导线就是在测区内按一定要求选择一系列控制点，将相邻控制点用直线连接起来构成的折线图形。折线的顶点称为导线点，相邻点的连线称为导线边。导线分精密导线和普通导线，前者用于国家或城市平面控制测量，后者多用于小区域和图根控制测量。

导线测量，就是测量导线边长和转折角，然后根据已知数据和观测值计算导线点的平面坐标。用经纬仪测角和钢尺量边的导线称为经纬仪导线；用光电测距仪测边的导线称为光电测距导线。用于测图控制的导线称为图根导线，此时的导线点又称为图根点。

7.2.2 导线的布设形式

根据测区的地形及已有高级控制点的情况，导线可布设成以下几种形式。

1. 附合导线

导线起始于高级控制点，最后附合到另一高级控制点称为附合导线，如图 7-4 所示。

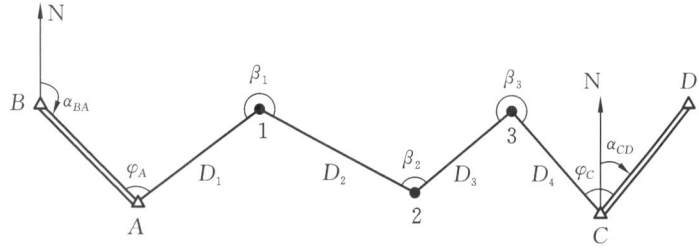

图 7-4 附合导线

附合导线附合在两个已知点和两个已知方向上,具有自行检核条件,图形强度好,是小区域控制测量的首选方案。

2. 闭合导线

导线起止于同一已知点,中间经过一系列导线点,形成一个闭合多边形称为闭合导线,如图 7-5 所示。闭合导线也有图形自行检核功能,是小区域控制测量的常用布设形式。

闭合导线起止于同一点,产生图形整体偏转不易发现,因此,图形强度不及附合导线。

3. 支导线

导线从一已知控制点开始,既不附合到另一已知点,又不回到原来起始点的,称支导线,如图 7-6 所示。支导线没有图形自行检核条件,因此发生错误不易发现,一般只能用在无法布设附合或闭合导线的少数特殊情况,并且要对导线边长和边数进行限制。

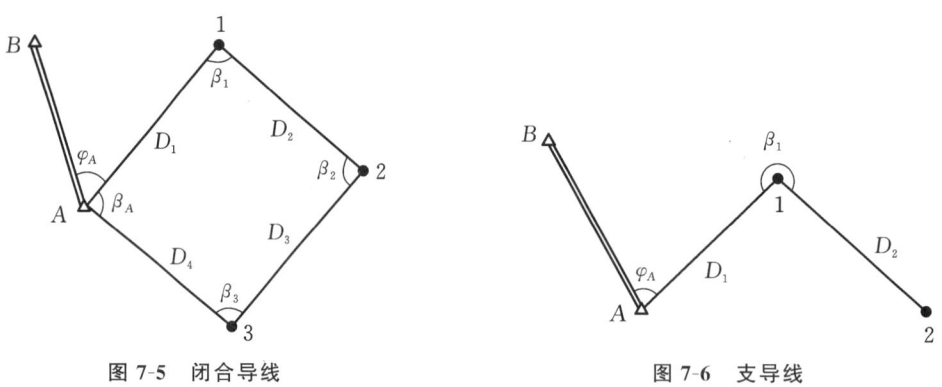

图 7-5　闭合导线　　　　　　　　图 7-6　支导线

以上三种导线形式是常用的布设形式,除此以外,根据具体情况还可以布设成结点形(见图 7-7)和环形(见图 7-8)。

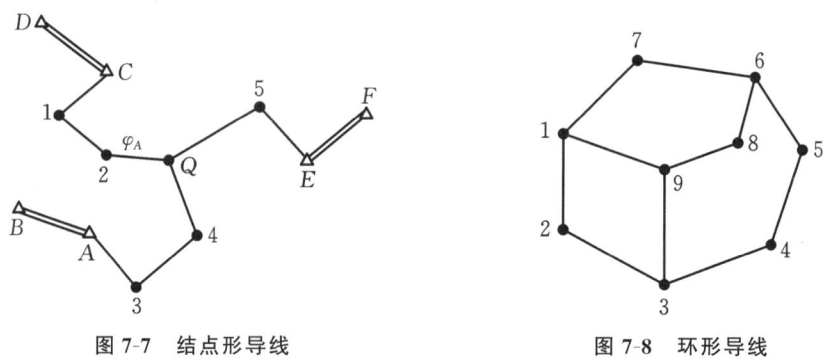

图 7-7　结点形导线　　　　　　　　图 7-8　环形导线

7.2.3　导线测量的技术要求

表 7-4 所示为《工程测量标准》(GB 50026—2020)对小区域和图根导线测量的技术要求。

在表 7-4 中,图根导线的平均边长和导线的总长度是根据测图比例尺定的。因为图根导线点是测图时的测站点,测图中要求两相邻测站点上测定同一地物作为检核,而测 1∶500 地形图时,规定测站到地物的最大距离为 40 m,即两测站之间的最大距离为 80 m,所以对应的导线边最长为 80 m，表中规定平均边长为 75 m。测图中又规定点位中误差不大于图上 0.5 mm，1∶500 地形图上 0.5 mm 对应的实际点位误差为 0.25 mm。如果把 0.25 mm 视为导线的全长闭合差，根据全长相对闭合差，导线的全长为 500 m。

表 7-4　小区域和图根导线测量的技术要求

等级	测图比例尺	附合导线长度/m	平均边长/m	往返丈量较差相对中误差	测角中误差/(″)	导线全长相对中误差	测回数 DJ2	测回数 DJ6	角度闭合差/(″)
一级		2500	250	1/20 000	±5	1/10 000	2	4	$±10\sqrt{n}$
二级		1800	180	1/15 000	±8	1/7000	1	3	$±16\sqrt{n}$
三级		1200	120	1/10 000	±12	1/5000	1	2	$±24\sqrt{n}$
图根	1∶500	500	75	1/3000	±20	1/2000		1	$±60\sqrt{n}$
图根	1∶1000	1000	110	1/3000	±20	1/2000		1	$±60\sqrt{n}$
图根	1∶2000	2000	180	1/3000	±20	1/2000		1	$±60\sqrt{n}$

7.2.4　导线测量的外业工作

导线测量工作分为外业工作和内业工作。外业工作主要是布设导线，通过实地测量获取导线的有关数据，其具体工作包括以下几个方面。

1. 选点

导线点的选择，一般是利用测区内已有地形图，先在图上选点，拟定导线布设方案，然后到实地踏勘，落实点位。当测区不大或无现成的地形图可利用时，测量人员可直接到现场，边踏勘，边选点。不论采用什么方法，选点时应注意下列几点。

（1）相邻点间通视要良好，地势平坦，视野开阔，其目的在于方便量边、测角和有较大的控制范围。

（2）点位应放在土质坚硬又安全的地方，其目的在于能稳固地安置经纬仪和有利于点位的保存。

（3）导线边长应符合表 7-4 的要求，导线边长应大致相等，相邻边长差不宜过大，点的密度要符合表 7-3 的要求且均匀分布于整个测区。

点位选定后，测量人员应马上建立和埋设标志。标志可以制成临时性标志，如图 7-9 所示，即在选的点位上打入 7 cm×7 cm×40 cm 的木桩，在桩顶钉一个钉子或刻"十"字，以示点位。如果需要长期保存点位，标志可以制成永久性标志，如图 7-10 所示，即埋设混凝土桩，在桩中心的钢筋顶面上刻"十"字，以示点位。

标志埋设好后，要进行统一编号，并绘制导线点与周围固定地物的相关位置图，称为点之记，如图 7-11 所示，作为今后找点的依据。

2. 测角

测角，就是测导线的转折角。转折角根据导线点序号前进方向分为左角和右角。对于附合导线和支导线，测左角或测右角均可，但全线必须统一。对于闭合导线，不论测左角或右角，都应该测闭合多边形的内角。

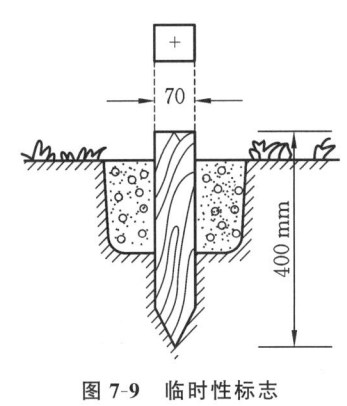

图 7-9 临时性标志

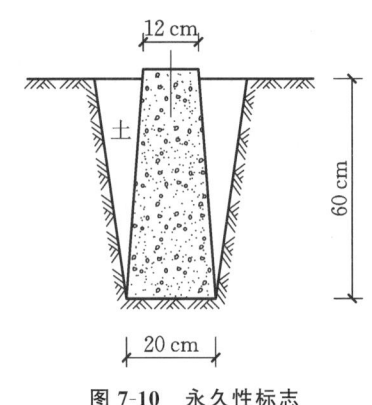

图 7-10 永久性标志

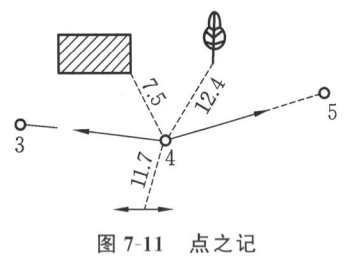

图 7-11 点之记

导线角度测量的有关技术要求可参考表 7-4。图根导线测量，一般用 DJ6 型电子经纬仪各测站测一个测回。上、下半测回角差不大于 40″时，可取平均值作为角值。

当测站上只有两个观测方向，即测单角时，用测回法观测；当测站上有三个观测方向，用方向观测法观测，可以不归零；当观测方向超过三个，方向观测法观测一定要归零。

3. 量边

导线边长一般要求用检定过的钢尺进行往返丈量。对于图根导线测量，测量人员通常可以在同一方向丈量两次。当尺长改正数小于尺长的 1/10 000，测量时的温度与钢尺检定时的温度差小于±10 ℃，边的倾斜小于 1.5%时，可以不加三项改正，以其相对中误差不大于 1/3000 为限差，直接取平均值即可。当然，如果有条件，可用光电测距仪测量边长，既能保证精度，又省力、省时。

4. 连测

导线连测的目的在于把已知点的坐标系传递到导线上，使导线点的坐标与已知点的坐标形成统一系统。由于导线与已知点和已知方向连接的形式不同，连测的内容也不相同。

如图 7-4、图 7-5、图 7-6 所示，测量人员只测连接角 φ_A,φ_1。如图 7-12 所示，测量人员除了测连接角 φ_A,φ_1，还要测连接边 D_{A1}。连测工作可与导线测角、量边同时进行，要求相同。如果建立的是独立坐标系的导线，测量人员要假定导线任一点的坐标和某一条边的坐标方位角已知，方能进行坐标计算。

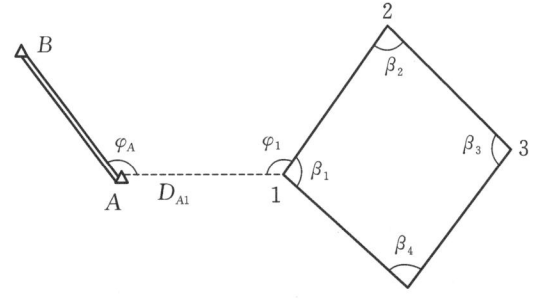

图 7-12 边、角连测

7.2.5 导线测量的内业工作

导线测量的内业工作就是内业计算,又称导线平差计算,即用科学的方法处理测量成果,合理地分配测量误差,最后求出各导线点的坐标。

为了保证计算的正确性和满足一定的精度要求,计算之前应注意两点:一是对外业测量成果进行复查,确认没有问题,方可在专用计算表格上进行计算;二是对各项测量数据和计算数据取到足够位数。小区域控制和图根控制测量的所有角度观测值及其改正数取到整秒;距离、坐标增量及其改正数和坐标值均按要求取舍,本书算例取至厘米。取舍原则:"四舍五入、单进双不进",即保留位后的数大于五就进,小于五就舍,等于五时,看保留位上的数,是单数就进,是双数就舍。

1. 闭合导线计算

图 7-13 所示为实测图根闭合导线,图中各项数据是从外业观测手簿中获得的。已知 $A2$ 边的坐标方位角为 $97°58'08''$,$x_A=5032.70$,$y_A=4537.66$,现结合本例说明闭合导线计算步骤如下。

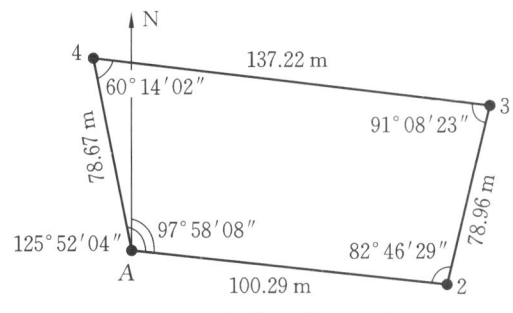

图 7-13 实测图根闭合导线

1) 表中填入已知数据和观测数据

将已知边 $A2$ 的坐标方位角填入表 7-5 中的第 5 栏;将已知点 A 的坐标值填入表 7-5 中第 13、14 栏,并在已知数据下边用红线或双线示明;将角度观测值和边长值分别填入表 7-5 中第 2、6 栏。

2) 角度闭合差的计算与调整

对于任意多边形,其内角和理论值的通项式可写成

$$\sum \beta_{理} = (n-2) \times 180°$$

由于此图根闭合导线为四边形,所以其内角和的理论值为 $(4-2) \times 180° = 360°$。如果用 $\sum \beta_{测}$ 表示四边形内角实测之和,由于存在测量误差,$\sum \beta_{测}$ 不等于 $\sum \beta_{理}$,二者之差称为闭合导线的角度闭合差,通常用 f_β 表示,即

$$f_\beta = \sum \beta_{测} - \sum \beta_{理} = \sum \beta_{测} - (n-2) \times 180° \tag{7-1}$$

根据误差理论,在一般情况下,f_β 不会超过一定的界限,称之为允许闭合差或闭合差限差。如果用 $f_{\beta允}$ 表示这个界限值,那么当 $f_\beta \leq f_{\beta允}$ 时,测量人员可以认为导线的角度测量是符合要求的,否则要对计算进行全面检查,若计算没有问题,就要对角度进行重测。本例中,$f_\beta = +58''$。根据表 7-4 可知,$f_{\beta允} = \pm 60'' \sqrt{n} = \pm 120''$,则 $f_\beta < F_\beta$,所以观测成果合格。

表 7-5 闭合导线坐标计算表

点号	观测角 /(° ′ ″)	角度改正数 /(″)	改正后角度值 /(° ′ ″)	坐标方位角 /(° ′ ″)	距离 /m	坐标增量 Δx 计算值 /m	坐标增量 Δx 改正值 /cm	坐标增量 Δx 改正后的值 /m	坐标增量 Δy 计算值 /m	坐标增量 Δy 改正值 /cm	坐标增量 Δy 改正后的值 /m	纵坐标 x/m	横坐标 y/m
1	2	3	4	5	6	7	8	9	10	11	12	13	14
A	82 46 29	−14	82 46 15									5032.70	4537.66
				97 58 08	100.29	−13.90	0	−13.90	99.32	0	99.32		
2	91 08 23	−15	91 08 08									5018.80	4636.98
				0 44 23	78.96	78.95	0	78.95	1.02	0	1.02		
3	60 14 02	−14	60 13 48									5097.75	4638.00
				271 52 31	137.22	4.49	−1	4.48	−137.15	0	−137.15		
4	125 52 04	−15	125 51 49									5102.23	4500.85
				152 06 19	78.67	−69.53	0	−69.53	36.81	0	36.81		
A				97 58 08								5032.70	4537.66
2													
∑	360 00 58	−58	360 00 00		395.14	0.01	−1	0	0	0	0		

辅助计算

$f_\beta = \sum \beta_{测} - 360° = +58''$ $f_x = \sum \Delta x = 0.01 \text{ m}$ $f_y = \sum \Delta y = 0 \text{ m}$

$f_{\beta允} = \pm 60''\sqrt{n} (n=\pm 120'')$ $f_D = \sqrt{f_x^2 + f_y^2} = 0.01 \text{ m}$ $k = \dfrac{f_D}{\sum D} = \dfrac{0.01}{395.14} = \dfrac{1}{39\,514}$ $k_允 = \dfrac{1}{2000}$

虽然 $f_\beta < f_{\beta允}$，但 f_β 的存在，就是存在矛盾。因此，测量人员要根据误差理论，设法消除 f_β，这项工作叫角度闭合差的调整。调整前提是假定所有角的观测误差是相等的。调整的方法是将 f_β 反符号平均分配到每个观测角上，即每个观测角改正 $-\dfrac{f_\beta}{n}$（n 为观测角的个数）。这项计算填在表 7-5 中第 3 栏，并以改正数总和等于 $-f_\beta$ 作为检核。角度观测值加改正数求得改正后的角度值，填入表 7-5 中的第 4 栏，并以改正后角度总和等于理论值作为计算检核。

3）推算导线各边的坐标方位角

根据已知边坐标方位角和改正后的角值，按下列公式推算导线各边坐标方位角：

$$\alpha_{前} = \alpha_{后} + 180° + \beta_{左}$$
$$\alpha_{前} = \alpha_{后} + 180° - \beta_{右}$$
(7-2)

式中，$\alpha_{前}$ 和 $\alpha_{后}$ 表示导线前进方向的前一条边的坐标方位角和与之相连的后一条边的坐标方位角。$\beta_{左(右)}$ 为前后两条边所夹的左（右）角。由式（7-2）求得

$$\alpha_{23} = \alpha_{12} + 180° + \beta_2 = 97°58'08'' + 180° + 82°46'15'' = 360°44'23''（即 0°44'23''）$$
$$\alpha_{34} = \alpha_{23} + 180° + \beta_3 = 271°52'31''$$
$$\alpha_{4A} = \alpha_{34} + 180° + \beta_4 = 152°06'19''$$
$$\alpha'_{A2} = \alpha_{4A} + 180° + \beta_1 = 97°58'08'' = \alpha_{A2}$$

测量人员在运用式（7-2）计算时，应注意以下两点。

（1）由于边的坐标方位角只能为 0°～360°，因此，当用式（7-2）中第一式求出的 $\alpha_{前}$ 大于 360°时，应减去 360°；当用式（7-2）中第二式求出的 $\alpha_{后} + 180° < \beta_{右}$ 时，应先加 360°，然后减 $\beta_{右}$。

（2）最后推算出的已知边坐标方位角，应与已知值相比，作为计算检核。此项工作的结果填入表 7-5 的第 5 栏。

4）坐标增量计算

如图 7-14 所示，设 α_{12} 和 D_{12} 为已知，则 12 边的坐标增量为

$$\Delta x_{12} = D_{12} \cos\alpha_{12}$$
$$\Delta y_{12} = D_{12} \sin\alpha_{12}$$
(7-3)

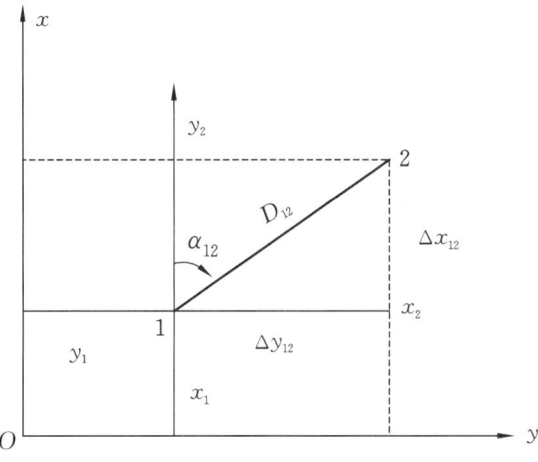

图 7-14　坐标增量计算

式(7-3)说明,一条边的坐标增量,是该边边长和该边坐标方位角的函数。坐标增量的符号取决于边的坐标方位角。此项计算的结果填入表 7-5 中的第 7、10 栏。

5)坐标增量闭合差计算及其调整

对于闭合导线,由于起止于同一点,闭合导线的坐标增量总和理论上为零,即

$$\sum \Delta x_{理} = 0$$
$$\sum \Delta y_{理} = 0$$

如果用 $\sum \Delta x_{测}$、$\sum \Delta y_{测}$ 分别表示计算的坐标增量总和,由于存在测量误差,计算出的坐标增量总和与理论值不相等,二者之差称为闭合导线坐标增量闭合差,分别用 f_x 和 f_y 表示,即

$$f_x = \sum \Delta x_{测} - \sum \Delta x_{理}$$
$$f_y = \sum \Delta y_{测} - \sum \Delta y_{理}$$
(7-4)

坐标增量闭合差是坐标增量的函数,或者说是导线边长和边的坐标方位角的函数,而坐标方位角是通过已知边方位角和改正后的角求得的,二者可以视为是正确的。这样,坐标增量闭合差可以认为是由导线边长误差引起的,也就是说,导线从 A 点出发,经过 2、3、4 点后,因各边丈量的误差,导线没有回到 A 点,而是落在 A' 点。如图 7-15 所示,AA' 为导线全长闭合差,用 f_D 表示,可见 f_x、f_y 是 f_D 在 x、y 轴上的分量,所以有

$$f_D = \sqrt{f_x^2 + f_y^2}$$
(7-5)

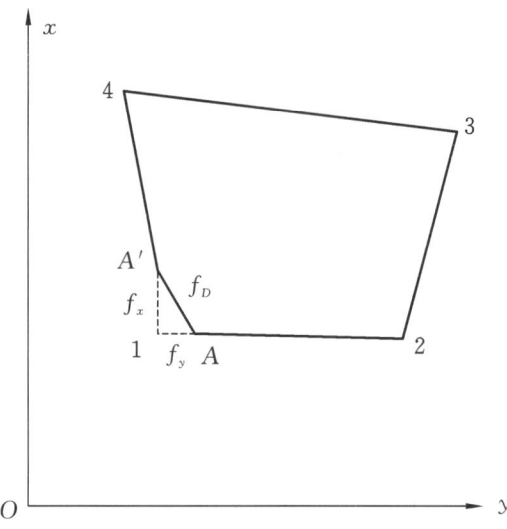

图 7-15 闭合导线全长闭合差

既然所有边长误差总和为 f_D,若用 D 表示导线总长,则导线全长相对闭合差为

$$k = \frac{f_D}{\sum D}$$
(7-6)

根据误差理论,导线全长相对闭合差不会超过一定界限。假设用 $k_{允}$ 表示这个界限值,则当 $k \leqslant k_{允}$ 时,我们认为导线边长丈量是符合要求的(本例中,$k_{允} = \dfrac{1}{2000}$)。在这个前提下,

本着边长误差与边的长度成正比的原则,我们将坐标增量闭合差 f_x 和 f_y 反符号按边长成正比例进行调整。

令 v_{xi} 和 v_{yi} 为第 i 条边的坐标增量改正数,则有

$$v_{xi} = -\frac{f_x}{\sum D}D_i$$
$$v_{yi} = -\frac{f_y}{\sum D}D_i$$
(7-7)

此项计算的结果填在表 7-5 中的第 8、11 栏并以 $\sum v_{xi} = -f_x$、$\sum v_{yi} = -f_y$ 作为检核。将坐标增量加坐标增量改正数后填入表 7-5 中的第 9、12 栏,作为改正后的坐标增量,此时表 7-5 中的第 9、12 栏的总和为零,以此作为计算检核。

6) 导线点坐标计算

如图 7-16 所示,A 点的坐标是已知的,各边的坐标增量已经求得,所以有

$$x_2 = x_A + \Delta x_{A2}$$
$$y_2 = y_A + \Delta y_{A2}$$
(7-8)

同理类推,即可分别求出 3、4 点的坐标。用同样的方法,由 4 点推算 A 点的坐标,应与已知值相等,以此作为计算检核。此项计算的结果填入表 7-5 中的第 13、14 栏。

至此,闭合导线的内业计算全部结束。

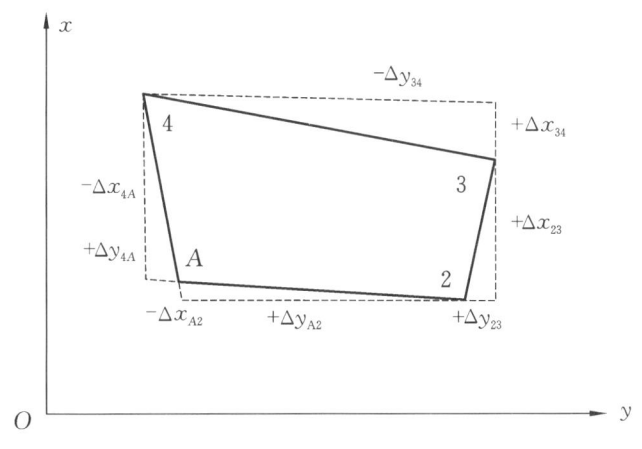

图 7-16 导线点坐标计算

2. 附合导线计算

附合导线的计算方法和计算步骤与闭合导线相同,只是由于已知条件的不同,角度闭合差和坐标增量闭合差的计算略有不同。

1) 角度闭合差的计算及其调整

如图 7-17 所示,附合导线是附合在两条已知坐标方位角的边上。也就是说 α_{BA} 和 α_{CD} 是已知的。我们已测出 β_A、β_1、β_2 和 β_C,所以从 α_{BA} 出发,经各转折角也可以求得 CD 边的坐标方位角。若用 α'_{CD} 表示则有

$$\alpha_{A1} = \alpha_{BA} + 180° + \beta_A$$
$$\alpha_{12} = \alpha_{A1} + 180° + \beta_1$$

$$\alpha_{23} = \alpha_{12} + 180° + \beta_2$$
$$\alpha_{3C} = \alpha_{23} + 180° + \beta_3$$
$$\alpha'_{CD} = \alpha_{3C} + 180° + \beta_C = \alpha_{BA} + 5 \times 180° + \sum \beta$$

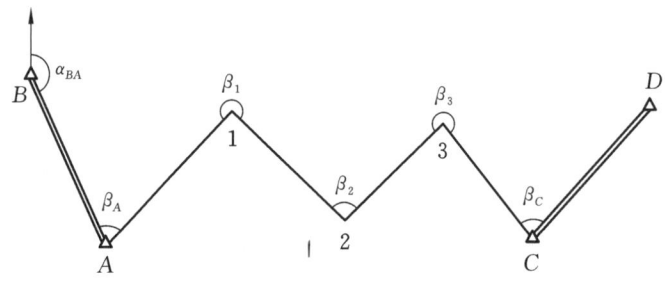

图 7-17　附合导线计算

如果写成通项公式，即

$$\alpha'_{终} = \alpha_{始} + n \times 180° + \sum \beta_{左}$$
$$\alpha'_{终} = \alpha_{始} + n \times 180° - \sum \beta_{右}$$
(7-9)

式中：n——测角个数（包括连接角个数）。

由于存在测量误差，$\alpha'_{CD} \neq \alpha_{CD}$，二者之差叫附合导线角度闭合差，如用 f_β 表示，则

$$f_\beta = \alpha'_{CD} - \alpha_{CD} = \alpha_{AB} + 5 \times 180° + \sum \beta - \alpha_{CD}$$
(7-10)

和闭合导线一样，当 $f_\beta < f_{\beta 允}$ 时，附合导线角度测量是符合要求的，这时要对角度闭合差进行调整。方法：当附合导线测的是左角时，将闭合差反符号平均分配，即每个角改正 $-\dfrac{f_\beta}{n}$；当测的是右角时，将闭合差同符号平均分配，即每个角改正 $\dfrac{f_\beta}{n}$。

2）坐标增量闭合差的计算

在图 7-17 中，A、C 的坐标已知，所以从 A 到 C 的坐标增量也就已知，即

$$\sum \Delta x_{理} = \Delta x_{AC} = x_C - x_A$$
$$\sum \Delta y_{理} = \Delta y_{AC} = y_C - y_A$$

通过附合导线测量也可以求得 A、C 的坐标增量，假设用 $\sum \Delta x_{测}$ 和 $\sum \Delta y_{测}$ 表示，由于测量误差，测量值和实际值不同，即

$$\sum \Delta x_{测} \neq \sum \Delta x_{理}$$
$$\sum \Delta y_{测} \neq \sum \Delta y_{理}$$

二者之差称为附合导线坐标增量闭合差，即

$$f_x = \sum \Delta x_{测} - (x_C - x_A)$$
$$f_y = \sum \Delta y_{测} - (y_C - y_A)$$
(7-11)

附合导线的导线全长闭合差、全长相对闭合差的计算，以及坐标增量闭合差的调整与闭合导线相同。附合导线坐标计算表如表 7-6 所示。

表 7-6　附合导线坐标计算表

点号	观测角 /(° ′ ″)	角度改正数 /(″)	改正后角度值 /(° ′ ″)	坐标方位角 /(° ′ ″)	距离 /m	坐标增量 Δx		坐标增量 Δy		改正后的值 /m	纵坐标 x/m	横坐标 y/m
						计算值 /m	改正值 /cm	计算值 /m	改正值 /cm	改正后的值 /m		
1	2	3	4	5	6	7	8	10	11	12	13	14
B				137 24 26								
A	67 54 44	+5	67 54 49								1873.59	8785.05
				25 19 15	161.01	145.54	−1	68.86	0	68.86		
1	248 28 06	+5	248 28 11								2019.12	8853.91
				93 47 26	239.51	−15.83	−1	238.99	−1	238.98		
2	100 05 57	+5	100 06 02								2003.28	9092.89
				13 53 28	169.25	164.30	−1	40.63	−1	40.62		
3	279 07 09	+4	279 07 13								2167.57	9133.51
				113 00 41	132.62	−51.84	0	122.07	0	122.07		
C	91 24 36	+5	91 24 41								2115.73	9255.58
				24 25 22								
D												
Σ	787 00 32	+24	787 00 56		702.39	242.17	−3	470.55	−2			

辅助计算

$f_\beta = \alpha'_{CD} - \alpha_{CD} = \alpha_{AB} + 5 \times 180° + \sum \beta - \alpha_{CD} = 24''$

$f_{\beta容} = \pm 60\sqrt{n} = 134''$

$f_D = \sqrt{f_x^2 + f_y^2} = 0.036 \text{ m}$

$f_x = 0.03 \text{ m} \quad f_y = 0.02 \text{ m}$

$k = \dfrac{f_D}{\sum D} = \dfrac{0.036}{702.397} = \dfrac{1}{19\,511} \quad k_容 = \dfrac{1}{2000}$

坐标增量 Δx 改正后的值 /m: 列 9 — 145.53, −15.84, 164.29, −51.84, 242.14

7.3 高程控制测量

高程控制测量主要用水准测量方法。小区域高程控制测量,根据情况可采用三、四等水准测量和三角高程测量。本节仅就三、四等水准测量和三角高程测量进行介绍。

二等水准测量

7.3.1 三、四等水准测量

三、四等水准测量是国家高程控制网的加密方法,也可用作小区域的首级高程控制。

三、四等水准测量

三、四等水准测量的外业工作和等外水准测量的外业工作基本上一样。三、四等水准点可以单独埋设标石,也可以用平面控制点标志代替,即平面控制点和高程控制点共用。三、四等水准测量应从二等水准点引测。三、四等水准测量的技术要求如表7-7所示。

三、四等水准测量的观测方法、计算和检核说明如下。

表7-7 三、四等水准测量的技术要求

等级	附合路线总长/m	仪器	视线长度/m	视线距离地面最低高度/m	水准尺	观测次数		线路闭合差/mm	
						与已知水准点连测	附合路线或环线	平地	山地
三等	≤50	DS3	75	0.3	双面	往返一次	往返一次	$\pm 12\sqrt{L}$	$\pm 4\sqrt{n}$
四等	≤16	DS3	100	0.2	双面	往返一次	往一次	$\pm 20\sqrt{L}$	$\pm 6\sqrt{n}$

注:L——水准线路总长度,以千米为单位;n——全线总测站数。

1. 双面标尺法

双面标尺在前文已做了介绍。这里只强调两点:一是两根标尺的两面零点差不相同,一般是一根为4.687,另一根为4.787;二是两根标尺应成对使用。

1) 一个测站上的观测顺序、记录

三、四等水准测量一个测站上的观测顺序如下。

第一步,观测后标尺的黑面,读上、下、中三丝,将读数记录在表7-8中的(1)、(2)、(3)的位置。

第二步,观测前标尺的黑面,读上、下、中三丝,将读数记录在表7-8中的(4)、(5)、(6)的位置。

第三步,观测前标尺的红面,只读中丝,将读数记录在表7-8中的(7)的位置。

第四步,观测后标尺的红面,只读中丝,将读数记录在表7-8中的(8)的位置。

上述四步有8个读数。为便于记忆,可把观测顺序归纳为"后前前后"。

四等水准测量的精度较低,也可以采用"后后前前"的观测顺序。

表 7-8 四等水准测量记录簿

测站编号	点号	后标尺 上丝 下丝 后视距离 视距差/m	前标尺 上丝 下丝 前视距离 累积差/m	方向及尺号	标尺读数 黑面	标尺读数 红面	K+黑-红 /mm	高差中数 /m	备注
		(1)	(4)	后视	(3)	(8)	(13)		1# 标尺的常数 K_1= 4.687
		(2)	(5)	前视	(6)	(7)	(14)	(18)	
		(9)	(10)	后-前	(15)	(16)	(17)		
		(11)	(12)						
1	A — TP$_1$	1830	2631	后视	1459	6146	0	-0.814	2# 标尺的常数 K_2= 4.787
		1090	1919	前视	2273	7060	0		
		74.0	71.2	高差	-0814	-0914	0		
		+2.8	+2.8						
2	TP$_1$ — B	0992	1310	后视	0740	5528	-1	-0.328	
		0483	0821	前视	1069	5754	+2		
		50.9	48.9	高差	-0329	-0226	-3		
		+2.0	+4.8						
3	B — TP$_2$	2401	0778	后视	2134	6821	0	+1.614	
		1867	0262	前视	0520	5308	-1		
		53.4	51.6	高差	+1614	+1513	1		
		+1.8	+6.6						
4	TP$_2$ — C	2594	0927	后视	2330	7117	0	+1.660	
		2063	0412	前视	0670	5357	0		
		53.1	51.5	高差	+1660	+1760	0		
		+1.6	+8.2						

2) 一个测站上的计算与检核

(1) 视距计算与检核。

后视距离:(9)=[(1)-(2)]×100。

前视距离:(10)=[(4)-(5)]×100。

前后视距差:(11)=(9)-(10)。

视距累差:(12)$_本$=上一站的(12)+本站的(11)。

限差检核:三等水准测量使用 DS2,(9)和(10)均小于 75 m,(11)小于 2 m,(12)小于 5 m;四等水准测量的(9)和(10)均小于 100 m,(11)小于 3 m,(12)小于 10 m。

(2) 同一根标尺黑、红面零点差检核计算。

黑面中丝读数加黑、红面零点差 K(4.787 或 4.687),减去红面中丝读数,理论上应为零,但由于误差的影响,一般不为零。根据误差理论,在水准测量中,同一根标尺黑、红面零点差检核计算为

$$(13)=(3)+K-(8)$$
$$(14)=(6)+K-(7) \leqslant 2 \text{ mm}(三等)或 3 \text{ mm}(四等)$$

(3) 高差计算与检核。

黑面高差:(15)=(3)-(6)。

红面高差:(16)=(8)-(7)。

检核:(17)=(15)-[(16)±0.10]=(13)-(14)≤3 mm(三等)或 5 mm(四等)。

±0.10 为两根标尺零点之差,当检核符合要求后,取黑、红面高差的平均值作为该站的高差,即

$$(18)=\frac{1}{2}\{(15)+[(16)\pm 0.10]\}$$

3) 测段计算与检核

两水准点之间为测段,测段计算与检核的内容包括测段总长度、总高差和视距累差。

总长度计算: $D=\sum[(9)+(10)]$。

视距累差检核:末站的$(12)=\sum(9)-\sum(10)$。

4) 线路成果计算

三、四等水准测量成果的计算方法与步骤与等外水准测量相同,故不赘述。

2. 变动仪器高法

这种方法多用于四等水准测量和等外水准测量。该方法就是在同一测站上,仪器在某一高度测定两点的高差后,把仪器的高度变动约 0.1 m,再测定两点的高差。若两次高差之差不超过±5 mm,则取平均值作为两点的高差。

变动仪器高法采用单面标尺,仪器在第一高度时的观测顺序和读数与双面尺法中黑面观测顺序和读数一样;在第二高度时的观测顺序和读数与双面尺法中红面观测顺序和读数一样。尺子不存在零点差,所以计算、检核较简单。为便于两种方法的对比,现将变动仪器高法的记录及计算形式列在表 7-9 中。

表 7-9 变动仪器高法记录表

测站编号	点号	后标尺 上丝 / 下丝	前标尺 上丝 / 下丝	水准尺读数/m		高差/m	高差中数/m
		后视距离	前视距离	后视	前视		
		视距差/m	累积差/m				
1	BM_1-TP_1	1541	0709	1241			
		0941	0107	1363			
		60.0	60.2		0408	0.833	
		-0.2	-0.2		0532	0.831	0.832
2	TP_1-TP_2	1142	1756	0850			
		0558	1192	1000			
		58.4	56.4		1474	-0.624	
		+2	+1.8		1622	-0.622	-0.623

7.3.2 三角高程测量

1. 三角高程测量的原理

在山区,当无法采用水准测量进行图根高程控制测量时,可采用三角高程测量进行高程控制测量,精度可以满足测图要求。但是三角高程测量的起始点的高程需要用水准测量引测。

三角高程测量是根据两点间的水平距离和竖直角度求得两点间的高差,如图 7-18 所示。假设 A、B 的水平距离是已知的,在 A 点安置经纬仪,在 B 点立一根标尺,经纬仪中丝在标尺上的读数为 v,此时测得的竖直角为 α,记 A 点的仪器高为 i(仪器横轴至地面点 A 的高度),则 A、B 的高差为

$$h_{AB} = D\tan\alpha + i - v \tag{7-12}$$

如果 A 点的高程已知,则 B 点的高程为

$$H_B = H_A + h_{AB} = H_A + D\tan\alpha + i - v$$

当 $i = v$ 时,计算更简便。当两点距离大于 300 m 时,应考虑地球曲率和大气折光对高差的影响。为了消除这个影响,三角高程测量应进行往返观测,即对向观测,也就是由 A 观测 B,再由 B 观测 A。往返所测高差之差不大于 $0.1D$ m(D 以 km 为单位)时,取平均值作为两点的高差。

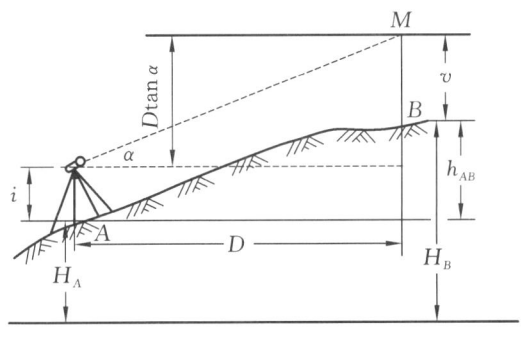

图 7-18 三角高程测量

用三角高程测量进行图根高程测量时,应组成闭合或附合的三角高程路线。路线闭合差允许值为

$$f_{h允} = \pm 0.1 h \sqrt{n}$$

式中:h——测图基本等高距;

n——路线边数。

当 $f_h \leqslant f_{h允}$ 时,将 f_h 反号按边长成比例分配于各高差中。最后用改正后的高差,由已知高程点开始推算各点高程。

2. 光电三角高程测量

在三角高程测量时,水平距离是从图上量得或通过间接的方法求得的。有了红外测距仪与全站仪,测量人员就可以在测定竖直角的同时,直接测得 A、B 点的斜距,在求得平距的同时也就确定了高程。

图 7-19 所示为光电三角高程测量的原理。光电三角高程测量通常也采用对向观测(往返观测),竖直角的观测应在盘左、盘右两个盘位进

三角高程测量

行,观测 2~3 个测回。当采用组合式红外测距仪时,测量人员应使测距仪中心与经纬仪水平轴的距离等于反光镜中心与照准觇牌中心的距离。

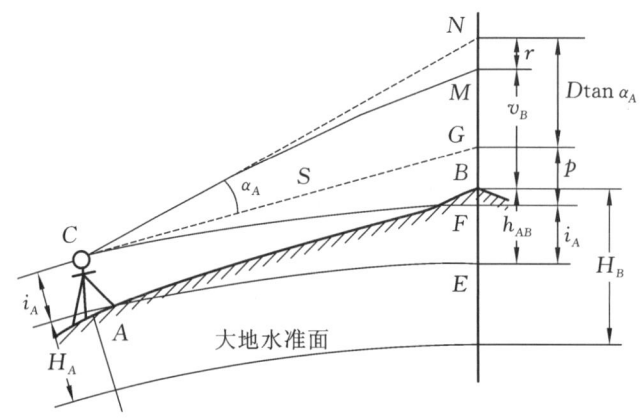

图 7-19 光电三角高程测量的原理

光电三角高程测量的计算公式为

$$h_{AB} = S\sin\alpha_A + i_A - v_B + f \tag{7-13}$$

或

$$h_{AB} = S\cos z_A + i_A - v_B + f$$

式中:S——用测距仪测得的斜距;

α_A——竖直角;

z_A——天顶距;

i_A——仪器高;

v_B——觇牌中心高;

f——大气折光,$f = p - r \approx 0.43 \dfrac{D^2}{2R}$ 为大气折光与地球曲率改正,D 为两点的水平距离。

如果进行双向观测,则由 B 向 A 观测时可得

$$h_{BA} = S_{返}\sin\alpha_B + i_B - v_A + f \tag{7-14}$$

取双向观测的平均值得

$$h_{AB} = \frac{1}{2}(h_{AB} - h_{BA})$$

从而

$$H_B = H_A + h_{AB}$$

式(7-13)及式(7-14)的计算结果通常可由测距仪或全站仪的有关功能自动计算并显示。

众多的试验研究表明,如果精心地组织工作,光电三角高程测量能达到三、四等水准测量的精度要求,这就使光电三角高程测量的使用范围扩大了。

学习情境 8

地形图的测绘与应用

学习情境描述

地形图是经济建设、国防建设和科学研究中不可缺少的工具,也是编制各种小比例尺地图、专题地图和地图集的基础资料。本学习情境介绍了地形图的基本知识,地形图应用的基本内容及地形图在工程施工中的应用。认识地形图,并学会制作方法、利用手段,是每个测绘工作者必须掌握的基本技能。

学习目标

(1)掌握全站仪数据采集的方法和地物地貌点的选择与取舍。
(2)掌握地形图草图绘制方法。
(3)掌握数据传输、地形图绘制(CASS 成图软件使用)方法。
(4)了解地形图的基本应用。

任务书

某高校老校区教学楼陈旧,需拆除重建,完成该区域地形图测绘。该区域有若干控制点,通视条件良好,地物种类较多。内业绘图在机房完成。

任务分组

学生任务分配表

班级		组号		指导老师	
组长		学号			
组员	姓名	学号		姓名	学号
任务分工					

获取信息

引导问题 1：什么是地形图？

引导问题 2：什么是比例尺？

引导问题 3：什么是比例尺精度？

引导问题 4：什么是数字比例尺？

引导问题 5：什么是直线比例尺？

引导问题 6：地物符号有哪几种？

引导问题 7：什么是等高线？什么是等高距？什么是等高线平距？

引导问题 8：等高线有哪几种？

引导问题 9：等高线的特性是什么？

引导问题 10：地形图的分幅有几种方法？

引导问题 11：全站仪数字化测图分为哪几个阶段？

工作实施

实训项目一　数字化测图

1. 实训目的

(1) 掌握全站仪数据采集的方法和地物、地貌点的选择与取舍。

(2) 掌握地形图草图绘制方法。

(3) 掌握数据传输、地形图绘制(CASS成图软件使用)方法。

2. 仪器和工具

每组配备全站仪1台、脚架2副、对中杆1根、大棱镜1个、小棱镜1个、2 m钢卷尺1个、安装有南方CASS9.1数字测图软件的计算机1台、记录板1个、A4纸若干。

3. 实训内容及步骤

实训内容如下。

完成某个小区域地形图测绘,该区域含有若干控制点,通视条件良好,地物种类较多。内业绘图在机房完成。

实训步骤如下。

(1) 外业:碎部测量(数据采集)。

① 新建文件。

② 文件操作。

③ 测站定向:先后输入测站点和后视点坐标后进行定向。

④ 数据采集:碎部点测量、存储,绘制"草图"。

(2) 内业:CASS成图。

① 数据传输:将坐标数据文件*.dat从全站仪导出至计算机。

② CASS展点:打开CASS,展点。

③ CASS绘图:绘制地物和等高线。图上表示的未做说明的要素按国家标准的地图图式的规定表示。

4. 成果提交

成果:电子资料(*.dat坐标文件、地形图)、纸质资料(草图、彩色A3地形图)。

实训项目二　地形图的应用

完成上述地形图测绘任务后,在CASS软件上的"工程应用"一栏,根据老师的指示,完成如下任务:查询指定点坐标、查询两点距离及方位、查询线长、查询面积、完成土方量计算。

评价反馈

学生进行自评,评价自己是否能完成实训任务。小组互评,点评其他小组任务完成速度、成果精度、小组成员的相互配合情况。老师对各小组整个任务完成情况进行评价。

学生自评与小组互评

实训项目				
小组编号		姓名		学号
序号	评估项目	分值	实训要求	自我评定
1	任务完成情况	30	按时按要求完成实训任务	
2	测量精度	20	成果符合限差要求	
3	实训记录	20	记录规范、完整,计算准确	
4	实训纪律	15	遵守课堂纪律,无事故,仪器未损坏	
5	团队合作	15	服从组长安排,能配合其他成员工作	

实训总结与反思:

其他小组评价得分:_____、_____、_____、_____

教师评价

实训项目				
小组编号		姓名		学号
序号	评估项目	分值	实训要求	考核评定
1	操作程序	20	操作规范、程序正确	
2	操作速度	20	按时完成任务	
3	安全操作	10	无事故发生	
4	数据记录	10	记录规范、无篡改、抄袭等	
5	测量成果	30	计算正确、精度达标	
6	团队合作	10	服从组长安排,能配合其他成员工作	

存在问题:

指导老师:

学习情境的相关知识点

8.1 地形图的基本知识

8.1.1 地形图

地面上自然形成或人工修建的有明显轮廓的物体称为地物,如道路、桥梁、房屋、耕地、河流、湖泊等。地球表面高低起伏变化的各种形态,称为地貌,如平原、丘陵、山头、洼地等。地物和地貌合称为地形。

地形图是把地面上的地物和地貌形状、大小和位置,采用正射投影方法,运用特定符号、注记、等高线,按一定比例尺缩绘于平面的图形。它既表示了地物的平面位置,也表示了地貌的形态。如果图上只反映地物的平面位置,不反映地貌的形态,则称为平面图。

地形图详细地反映了地面的真实面貌。人们可以在地形图上获得所需的地面信息,如了解某一区域高低起伏、坡度变化、地物的相对位置、道路交通等状况,量算距离、方位、高程,了解地物属性。

(1)地物:房、路、桥、河、湖等,人工修建。
(2)地貌:山岭、洼地、河谷、平原等,高低起伏、自然形成;
(3)比例尺:图上长度与实际长度之比。

8.1.2 比例尺的种类

地形图上某一直线段的长度 d 与地面相应距离的水平投影长度 D 之比,称地形图比例尺。地形图比例尺可分为数字比例尺和直线比例尺(图示比例尺)。

1. 数字比例尺

数字比例尺以分子为1,分母为正数的分数表示,即

$$\frac{d}{D} = \frac{1}{M} \tag{8-1}$$

式中:M——比例尺分母;
　　　d——图上距离;
　　　D——实地距离。

数字比例尺如 1/500、1/1000、1/2000,一般书写为比例式形式,如 1∶500、1∶1000、1∶2000。

当图上两点距离为 1 cm,实地距离为 10 m 时,比例尺为 1∶1000;若图上 1 cm 代表实地距离 5 m,比例尺为 1∶500。分母愈大,比例尺愈小;分母愈小,比例尺愈大。比例尺的分母代表了实际水平距离缩绘在图上的倍数。

【例题 8-1】 在比例尺为 1∶1000 的图上,量得两点间的长度为 2.8 cm,求相应的水平距离。

解:水平距离为

$$D = Md = 1000 \times 0.028 \text{ m} = 28 \text{ m}$$

【例题 8-2】 实地水平距离为 88.6 m,试求其在比例尺为 1∶2000 的图上的长度。

解:图上长度为

$$d = \frac{D}{M} = \frac{88.6 \text{ m}}{2000} = 0.044 \text{ m}$$

2. 直线比例尺

使用中的地形图,经长时间存放,将会产生伸缩变形,如果用数字比例尺进行换算,其结果包含一定的误差。因此绘制地形图时,用图上线段长度表示实际水平距离的比例尺,称为直线比例尺。如图 8-1 所示,直线比例尺由两条平行线构成。在直线上 0 点右端为若干个 2 厘米长的线段,这些线段称为比例尺的基本单位。最左端的一个基本单位分为十等份,以便量取不足整数部分的数。在右分点上注记的 0 向左及向右所注记数字表示按数字比例尺算出的相应实际水平距离。使用时,直接用图上的线段长度与直线比例尺对比,读出实际距离,不必进行换算,可以避免图纸伸缩变形产生的误差。下面,我们举例说明直线比例尺的用法。

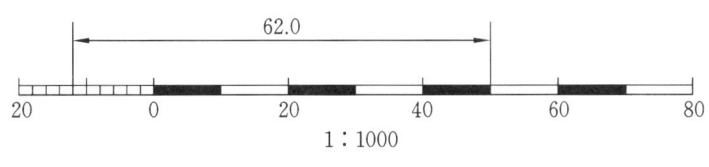

图 8-1 直线比例尺

【例题 8-3】 用分规的两个脚尖对准地形图上要量测的两点,再移至直线比例尺上,使分规的一个脚尖放在 0 点右面适当的分划线上,另一脚尖落在 0 点左面的基本单位上,如图 8-1 所示,实地水平距离为 62.0 m。

8.1.3 比例尺精度

人们用肉眼在图上能分辨的最小距离为 0.1 mm,因此地形图上 0.1 mm 代表的实地水平距离称为比例尺精度,即

$$比例尺精度 = 0.1 \text{ mm} \times M \tag{8-2}$$

式中:M——比例尺分母。

比例尺不同,比例尺精度不同。大比例尺地形图的比例尺精度如表 8-1 所示。

比例尺精度的概念有两个作用。一是根据比例尺精度,确定实测距离应准确到什么程度。例如,选用 1∶2000 的比例尺测地形图时,比例尺精度为 0.1×2000 mm = 0.2 m,测量实地距离最小为 0.2 m,小于 0.2 m 的长度,图上就无法表示出来。二是按照测图需要表示的最小长度来确定采用多大的比例尺。例如,要在图上表示出 0.5 m 的实际长度,则选用的比例尺应不小于 $0.1/(0.5 \times 1000) = 1/5000$。

表 8-1　大比例尺地形图的比例尺精度

比例尺	1∶500	1∶1000	1∶2000	1∶5000	1∶10 000
比例尺精度/m	0.05	0.1	0.2	0.5	1

8.1.4　比例尺的分类

比例尺通常分为大比例尺、中比例尺、小比例尺三类。

通常,1∶500～1∶10 000 的比例尺,称为大比例尺。1∶25 000～1∶100 000 的比例尺,称为中比例尺。1∶20 万～1∶100 万的比例尺,称为小比例尺。

8.1.5　地物符号

为了清晰、准确地反映地面真实情况,便于读图和应用地形图,在地形图上,地物用国家统一的图式符号表示。地形图的比例尺不同,各种地物符号的大小、详略各有不同。表 8-2 所示为统一比例尺地形图图式。另外,根据行业的特殊需要,各行业补充图式符号。归纳起来,表示地物的符号有依比例符号、非比例符号、半依比例符号和地物注记。

1. 依比例符号

地物的形状和大小,按测图比例尺进行缩绘,使图上的形状与实地形状相似,称为依比例符号,如房屋、居民地、森林、湖泊等。依比例符号能全面反映地物的主要特征、大小、形状、位置。

2. 非比例符号

当地物按照实际大小情况,依据比例尺进行缩放后在图上无法准确表示,但其重要性较高,需在图上表达时,必须在图上采用一种特定符号表示,这种符号称为非比例符号,如独立树、测量控制点、井、亭子、水塔等。非比例符号多表示独立地物,能反映地物的位置和属性,不能反映其形状和大小。

3. 半依比例符号

地物的长度按比例尺表示,则宽度不能按比例尺表示的狭长地物符号,称半依比例符号或线形符号,如电线、管线、小路、铁路、围墙等,这种符号能反映地物的长度和位置。

4. 地物注记

地物除了应用以上符号表示外,也可以用文字、数字和特定符号对地物加以说明和补充,这种符号称为地物注记,如道路、河流、学校的名称、楼房层数、点的高程、水深、坎的比高等。

8.1.6　地貌的表示方法

地面上各种高低起伏的形态,在图上常用等高线表示。

1. 等高线的概念

等高线是地面上高程相等的相邻各点连成的封闭曲线。如图 8-2 所示,用一组高差(h)

相同的水平面与山头地面相截,水平面与地面的截线就是等高线,按比例尺缩绘于图纸上,加上高程注记,就形成了表示地貌的等高线图。

表示地貌的符号通常用等高线。用等高线来表示地貌,除能表示出地貌的形态外,还能反映出某地面点的平面位置、高程和地面坡度等信息。

表 8-2 统一比例尺地形图图式

名称	图例	名称	图例	名称	图例
机场		港口		井	
学校		交电室		房屋	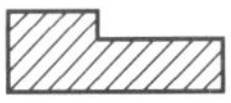
土堤	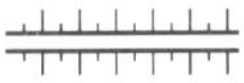	水渠	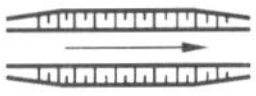	烟囱	
河流		冲沟		人工开挖	
铁路		公路	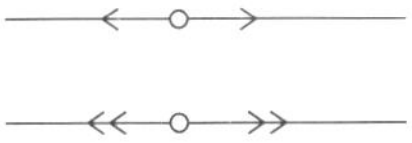	大车道	
小路		低压电力线 高压电力线	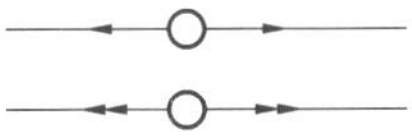	电讯线	
果园		旱地		草地	
林地		水田		菜地	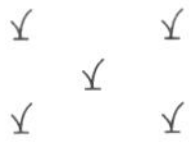
导线点		三角点		图根点	

(1)等高线的概念:等高线是地面上高程相等的相邻点连成的闭合曲线。

(2)等高距:相邻两条等高线的高差叫等高距。

(3)等高线平距:相邻两条等高线的水平距离叫等高线平距。

2.等高距和等高线平距

如图 8-2 所示,地形图上相邻等高线的高差,称为等高距,也称为等高线间隔。在同一幅地形图中,等高距相同。相邻等高线的水平距离 d,称为等高线平距。在同一幅地形图中,等高线平距越小,地面坡度越陡,等高线平距越大,地面坡度越缓。

3.等高线的分类

为了更详细地反映地貌的特征,便于读图和用图,地形图常采用以下几种等高线,如图 8-3 所示。

1)基本等高线

基本等高线又称首曲线,是按基本等高距绘制的等高线,用细实线表示。

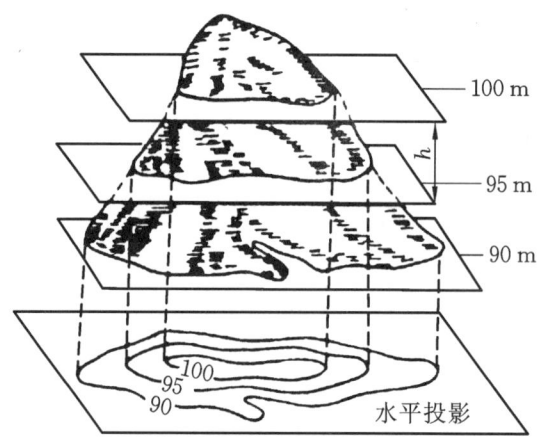

图 8-2　用等高线表示地貌的方法

2）加粗等高线

加粗等高线又称计曲线，是以高程起算面为 0 m 等高线计，每隔四根首曲线用粗实线描绘的等高线。计曲线标注高程，其高程应为五倍的等高距的整倍数。

3）半距等高线

半距等高线又称间曲线，是当首曲线不能显示地貌特征时，按二分之一等高距加绘的等高线。间曲线用长虚线描绘。

4）辅助等高线

辅助等高线又称助曲线，是当首曲线和间曲线不能显示局部微小地形特征时，按四分之一等高距加绘的等高线。助曲线用短虚线描绘。

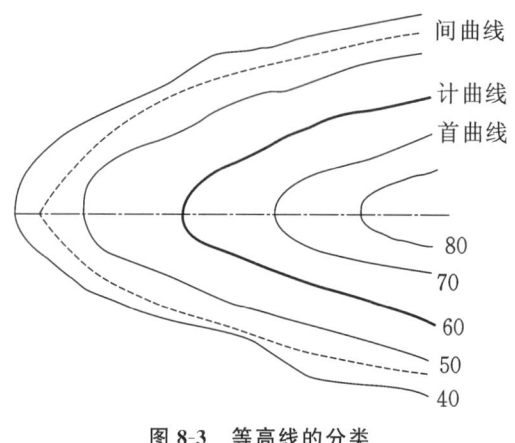

图 8-3　等高线的分类

8.1.7　基本地貌的等高线

1. 用等高线表示的基本地貌

1）山头和洼地

图 8-4(a)所示为山头等高线的形状，图 8-4(b)所示为洼地等高线的形状，两种等高线均

为一组闭合曲线,可根据等高线高程字头冲向高处的注记形式加以区别,也可以根据示坡线判断。示坡线是指向下坡的短线。

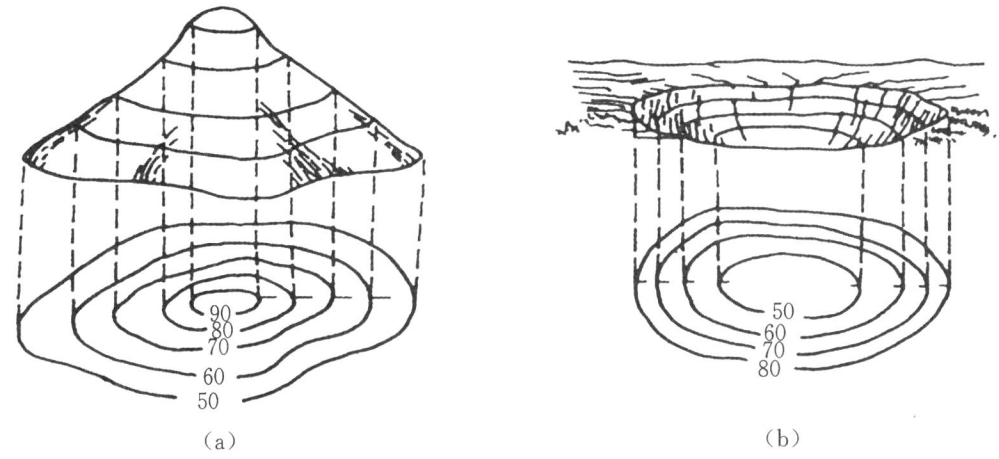

图 8-4 山头和洼地

2) 山脊和山谷

山脊是山的凸棱沿着一个方向延伸隆起的高地。山脊的最高棱线,称为山脊线,又称为分水线。山脊等高线的形状如图 8-5(a)所示,凸向低处。山谷是两山脊之间的凹部。谷底最低点的连线,称为山谷线,又称为集水线。山谷等高线的形状如图 8-5(b)所示,凸向高处。

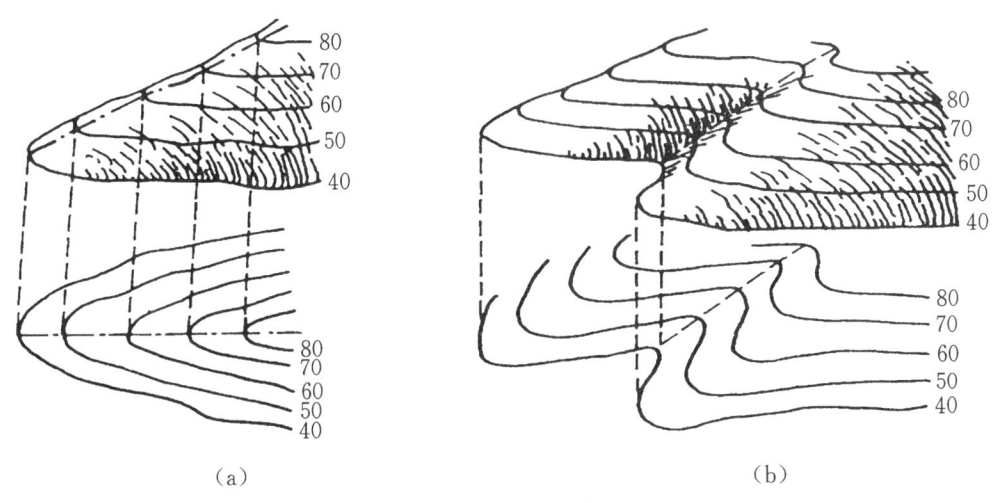

图 8-5 山脊和山谷

3) 阶地

阶地是山坡上出现的较平坦的地段。

4) 鞍部

相邻两个山顶之间的低洼处形似马鞍状,称为鞍部,又称垭口,如图 8-6 所示。鞍部等高线是一圈大的闭合曲线内套两组对称且高程不同的闭合曲线。

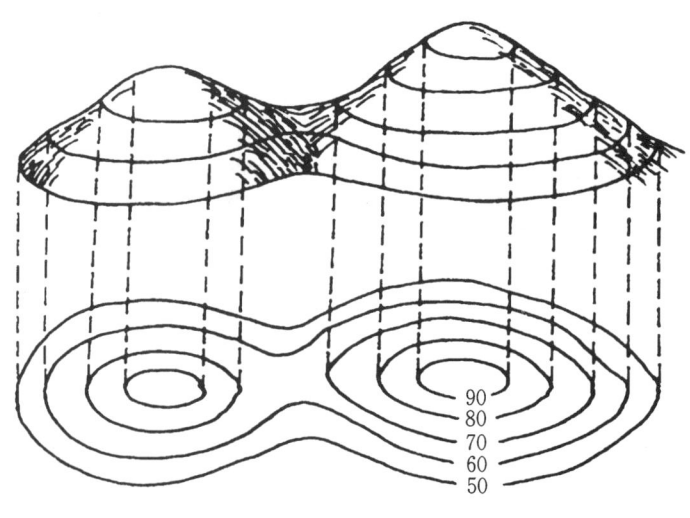

图 8-6　鞍部

2. 用地貌符号表示的基本地貌

除上述用等高线表示的基本地貌外,还有不能用等高线表示的特殊地貌,如峭壁、冲沟、梯田等。

1) 峭壁

山坡坡度为 70°以上,难以攀登的陡峭崖壁称为峭壁(陡崖)。峭壁等高线过于密集且不规则,用图 8-7 所示的符号表示。

2) 冲沟

冲沟是由于斜坡土质松软,多雨水冲蚀形成的两臂陡坡的深沟。

3) 梯田

由人工修成的阶梯式农田均称为梯田,梯田用陡坎符号配合等高线表示。

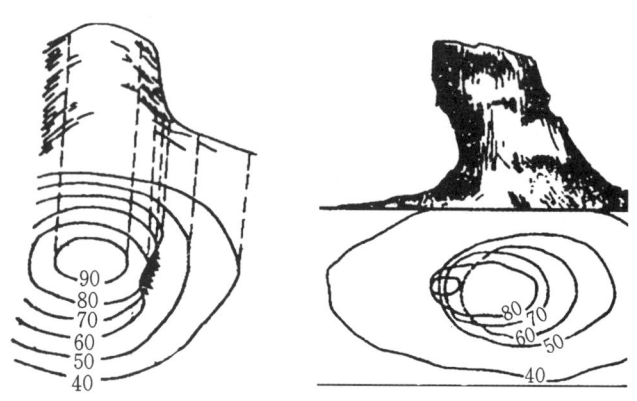

图 8-7　陡崖与悬崖

3. 等高线的特性

掌握等高线的特性可以帮助我们测绘、阅读等高线图。等高线有以下特性:

(1) 在同一条等高线上的各点的高程必然相等。高程相等的点不一定都在同一条等高线上。

(2) 等高线必定为闭合曲线,不能中断。闭合圈有大有小,若不在本幅图内闭合,则在相邻图幅内闭合。

(3) 在同一幅图内,等高线密集表示地面坡度大,等高线稀疏表示地面坡度小,等高线平距相等表示地面坡度均匀。

(4) 山脊、山谷的等高线与山脊线、山谷线正交。

(5) 一条等高线不能分为两根,不同高程的等高线不能相交或合并为一根,陡崖、陡坎等高线密集处用符号表示。

8.2 地形图的分幅和编号

地形图的分幅和编号有两种方法:一种是国际分幅法,另一种是正方形分幅法。

8.2.1 国际分幅法

地形图的分幅和编号是在比例尺为 1∶100 万地形图的基础上按一定经差和纬差来划分的,每幅图构成一张梯形图幅。

1. 1∶100 万地形图的分幅和编号

1∶100 万地形图的分幅从地球赤道向两极,以纬差 4°为一列,每列依次以拉丁字母 A、B、C 等表示,经度由 180°子午线起,从西向东,以经差 6°为一行,依次以数字 1、2、3 等表示,如图 8-8 所示。

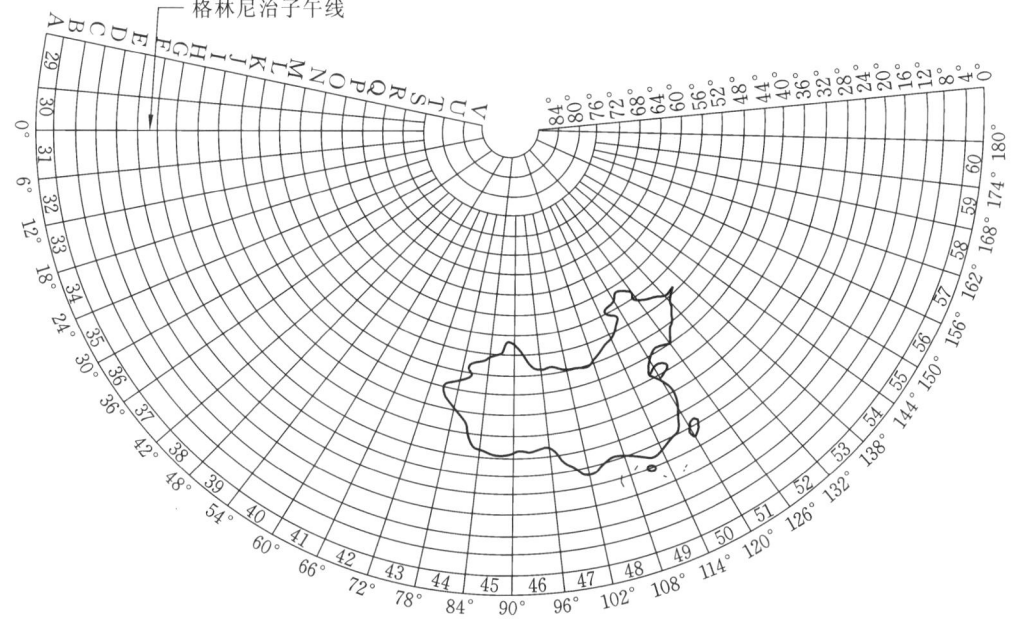

图 8-8　1∶100 万地形图的分幅和编号

每幅1：100万地形图的图号,由该图的列数与行数组成,如北京所在的1：100万地形图的编号为J-50。

由于南北半球的经度相同而纬度对称,为了区别南北半球对应图幅的编号,规定南半球的图号前加一个S。如SL-50表示南半球的图幅,而L-50表示北半球的图幅。

2. 1：10万地形图的分幅和编号

将一幅1：100万地形图分成144幅,分别以1、2、3等表示,其纬差为20′,经差为30′,即为1：10万的图幅,如北京所在图幅的编号为J-50-5,如图8-9所示。

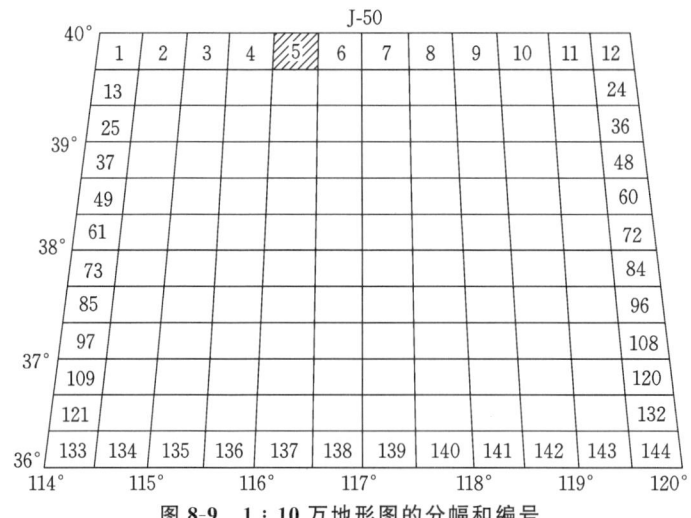

图8-9　1：10万地形图的分幅和编号

3. 1：5万、1：2.5万、1：1万地形图的分幅和编号

这三种比例尺的地形图是在1：10万图幅的基础上分幅和编号的。

如图8-10所示,一幅1：10万的地形图分成四幅1：5万的地形图,分别以甲、乙、丙、丁表示。一幅1：5万的地形图分成四幅1：2.5万的地形图,分别以1、2、3、4表示。

如图8-11所示,一幅1：10万的地形图分为64幅1：1万的地形图,分别以(1)、(2)等表示。北京所在的1：1万图幅的编号为J-50-5-(24)。

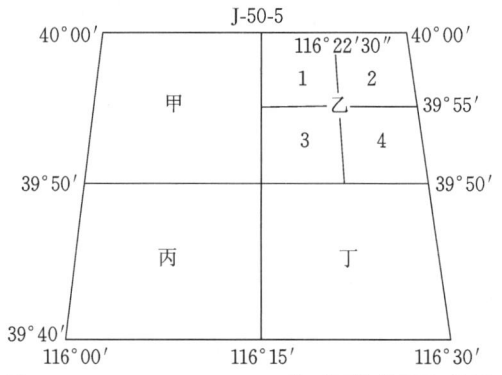

图8-10　1：5万、1：2.5万地形图的分幅和编号

4. 1：5000、1：2000地形图的分幅和编号

这两种比例尺的地形图是以1：1万地形图的分幅和编号为基础的。将一幅1：1万的地形图分为4幅,在1：1万地形图图号后加a、b、c、d,即为1：5000的图幅,再将一幅

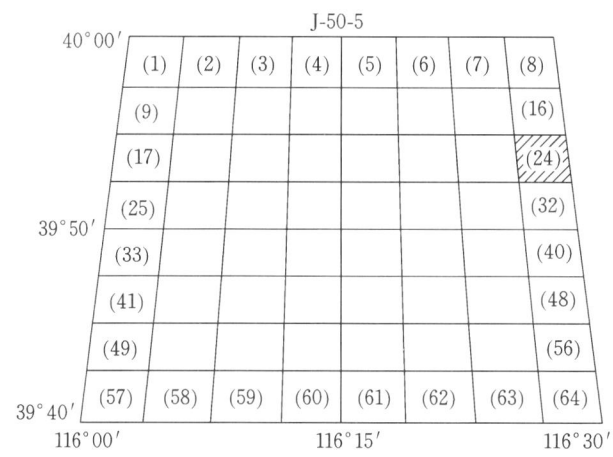

图 8-11　1∶1 万地形图的分幅和编号

1∶5000 地形图分为 9 幅,即得 1∶2000 的地形图。

8.2.2　正方形分幅法

国际分幅法主要应用于国家基本图,工程建设中使用的大比例尺地形图一般采用正方形分幅法。

当采用国家统一坐标系统时,正方形图幅编号主要由下列两项组成:

① 图幅所在带的中央子午线的经度。

② 图幅西南角以 km 计的坐标值。

例如,117°+290+484 表示中央子午线的经度为 117°,图幅西南角的坐标为 $x=+290$ km,$y=+484$ km。它是一幅 1∶5000 地形图。

当测区未与全国性三角网联系,可采用假定直角坐标进行分幅和编号,如图 8-12 所示。图 8-12(a)所示为 9 张 1∶2000 比例尺的分幅图。每幅图的编号及图名注于图上。有斜线的那幅图取名为俞庄,编号为"5"。有"×"号的一点是这幅图的西南角,坐标是 $x=4000$ m,$y=5000$ m。

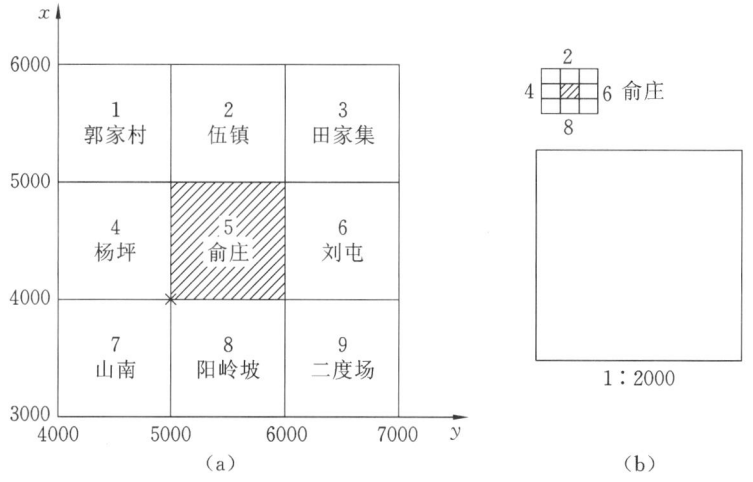

图 8-12　以假定直角坐标表示的正方形分幅

8.3 全站仪地面数字测图

1. 数字地形测量的基本概念

传统地形测量是以图解方式为主的测量技术,在这种图解方式下,测量工序多且全部为手工作业,因此,成图周期长,劳动强度大,产品单一(只有模拟地图),这些已经成为传统地形测量的主要缺点。

数字地形测量的基本思想:先用全站仪进行控制测量,同时采集地物和地貌的各种特征信息,将这些信息记录在数据终端上再传输给计算机,或直接传输给便携式微型计算机,然后用计算机对有关信息进行加工处理形成绘图数据,最后用数控绘图仪自动绘制出所需的地形图。数字地形测量的作业流程如图8-13所示。

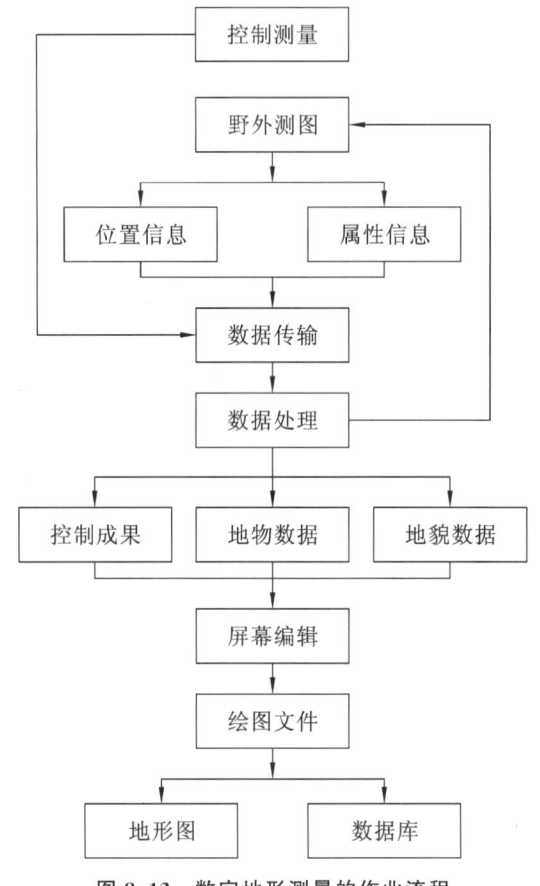

图 8-13 数字地形测量的作业流程

数字地形测量以数字形式来表达测量的全部内容,所有测量技术也都建立在数字形式的基础上,同以图解方式为主的传统地形测量相比,在技术上是一个重大突破,在测量发展史上是一个巨大飞跃。

2. 全站仪测图模式

全站仪数字化测图模式如图 8-14 所示。

1) 全站仪结合电子平板模式

该模式以便携式微型计算机作为电子平板，通过通信线直接与全站仪通信、记录数据，实时成图。因此，它具有图形直观、准确性强、操作简单等优点，即使在地形复杂地区，也可现场测绘成图，避免野外绘制草图。目前，这种模式的开发与研究相对比较完善。由于便携式微型计算机性能和测绘人员综合素质不断提高，这种模式符合今后的发展趋势。

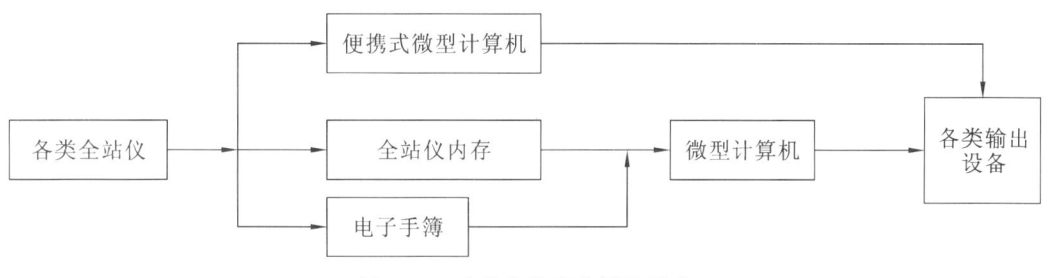

图 8-14 全站仪数字化测图模式

2) 直接利用全站仪内存模式

该模式使用全站仪内存或自带记忆卡，把野外测得的数据，通过一定的编码方式，直接记录，同时在野外绘制复杂地形草图，供室内成图时参考对照。因此，它操作过程简单，无须附带其他电子设备；对野外观测数据直接存储，纠错能力强，可进行内业纠错处理。随着全站仪存储能力的不断增强，这种模式在进行小面积地形测量时，具有一定的灵活性。

3) 全站仪加电子手簿或高性能掌上电脑模式

该模式通过通信线将全站仪与电子手簿或掌上电脑相连，把测量数据记录在电子手簿或便携式微型计算机上，同时进行一些简单的属性操作并绘制现场草图。内业是把数据传输到计算机中，进行成图处理。掌上电脑采用图形界面交互系统，可以对测量数据进行简单的编辑，减少内业工作量。

3. 全站仪数字测图过程

全站仪数字测图主要分为准备工作、数据获取、数据传输、数据处理、成果输出五个阶段。我们以实际生产中全站仪测图模式，从数据采集到成图输出介绍全站仪数字测图的基本过程。

1) 准备工作

测量人员在测图前要明确任务和要求，抄录测区控制点的成果资料并进行测区踏勘，拟定施测方案；根据方案要求的测图方法准备仪器、工具和所用物品，配备技术人员；对主要仪器进行检查和校正，尤其是要经常对竖盘的指标差进行检校。

2) 数据获取

野外碎部点采集。一般用"解算法"进行碎部点测量采集，全站仪记录三维坐标(x, y, H)及绘图信息。测量人员既要记录测站参数、距离、水平角和竖直角的碎部点位置信息，还要记录编码、点号、连接点和连接线型四种信息，在采集碎部点时要及时绘制观测草图。

3) 数据传输

用数据通信线连接全站仪和计算机，把野外观测数据传输到计算机中。每次观测的数据要及时传输,避免数据丢失。

4)数据处理与成果输出

将观测数据转换成 cass 模式,然后导入绘图软件(CASS 成图软件)中,根据草图上绘制的地物、地貌信息,选择特征地物并绘制,加注高程、注记等,进行图幅整饰,成果输出。

8.4 地形图应用的基本知识

8.4.1 地物判读

地物判读主要包括测量控制点、居民地、工业建筑、公路、铁路、管道、管线、水系等的判读。在地形图上,地物是用图例符号加注记表示的。同一地物在不同比例尺地形图的图例符号可能不同。为了正确使用地形图,测量人员应熟悉图例符号代表地物的名称、位置、方向等。

8.4.2 地貌判读

地面上地貌虽然千差万别,形态不同,但不外乎由山头、洼地、山脊、山谷、鞍部等基本地貌组成。我们称这些基本地貌为地貌要素。判读地貌必须熟悉地貌要素的等高线,还要善于判读显示地貌轮廓的山脊线和山谷线。地貌复杂时,测量人员可在图上先勾绘出山脊线和山谷线形成地貌轮廓,这样就能很快看出地形全貌。

8.4.3 地形图的基本用途

地形图的用途十分广泛,主要是利用地形图等高线解决工程中的实际问题。

1. 在地形图上确定一点的高程

(1)地面点位于等高线上时,点的高程等于等高线高程。

(2)地面点位于两条等高线之间时,点的高程按高差与平距成比例的方法求得。

【例题 8-4】 如图 8-15 所示,求 c 点的高程。

通过 c 点作近似垂直于相邻等高线的直线 ab,量取 ab 长度为 10 mm, ac 长度为 6 mm,则 c 点的高程按下式计算:

$$H_c = H_a + \frac{ac}{ab} \times h$$

$$H_p = \left(50 + \frac{6}{10} \times 1.0\right) \text{ m} = 50.6 \text{ m}$$

式中:H_a——a 点的高程;

h——等高距。

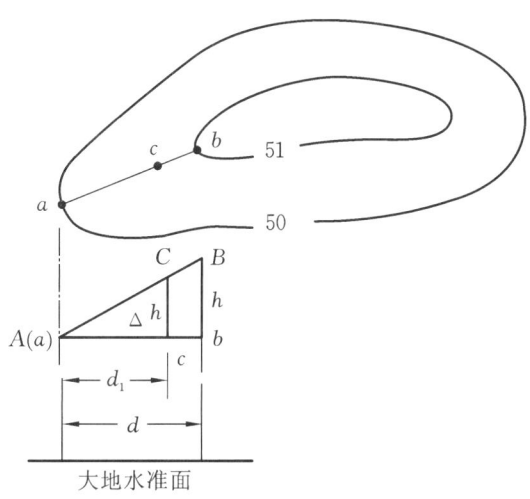

图 8-15 高程的求法

2. 在地形图上确定一点的平面位置

图上一点的位置,通常采用量取坐标的方法来确定,如图 8-16 所示。图框边线上所注的数字就是坐标格网的坐标值,它们是量取坐标的依据。

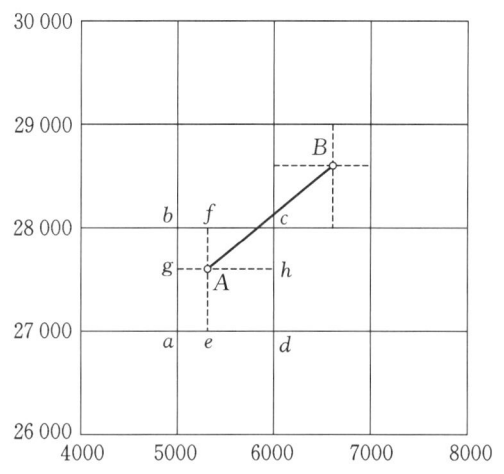

图 8-16 在地形图上确定一点的平面位置

【例题 8-5】 如图 8-16 所示,设地形图比例尺为 1:1000,求 A 点的平面直角坐标。
(1) 通过 A 点作平行于坐标格网的两条直线,交邻近的格网线于 f、g、h、e。
(2) 用比例尺量取 e、A 和 g、A 距离 $eA=63.5$ m, $gA=54.5$ m。

$$X_A = X_a + eA$$
$$Y_A = Y_a + gA$$
$$X_A = (27\ 800 + 63.5)\ \text{m} = 27\ 863.5\ \text{m}$$
$$Y_A = (5000 + 54.5)\ \text{m} = 5054.5\ \text{m}$$

要求精度较高时,就要考虑图纸的伸缩误差,即方格网的长度不等于 10 cm,要按公式计算。

3. 在地形图上确定直线的长度和方向

常用的方法有解析法、图解法。

如图 8-17 所示，用直尺量取 AB 的长度，过直线 AB 的端点 A 作纵轴 x 的平行线，然后用量角器直接量取该平行线的北端直线与 AB 的交角，即方位角。

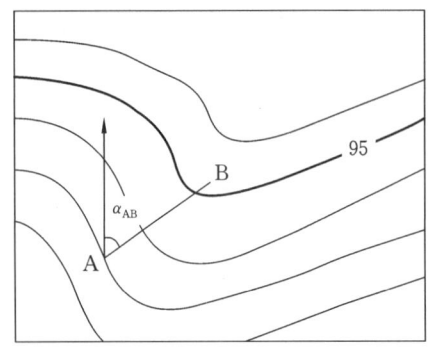

图 8-17　在地形图上确定直线的长度和方向

4．在地形图上确定点的高程及坡度

如图 8-15 所示，坡度 $i = \dfrac{h}{D} = \dfrac{h}{\Delta M}$

5．在地形图上绘制某方向的断面图

如图 8-18(a) 所示，欲沿直线 AB 方向绘制断面图，先将直线 AB 与图上等高线的交点标出，如 b、c 等点。绘制断面图时，以横坐标轴 AQ 代表水平距离，以纵坐标轴 AH 代表高程，如图 8-18(b) 所示。在地形图上，沿 AB 方向量取 b、c 等点至 A 点的水平距离；将这些距离按比例尺展绘在横坐标轴 AQ 线上，得 A、b、c 等点；通过这些点作 AQ 的垂线，在垂线上，按高程比例尺（一般大于距离比例尺）分别截取 A、b、c 等点的高程。将各垂线上的高程点连接起来，就得到直线 AB 方向上的断面图，如图 8-18(b) 所示。

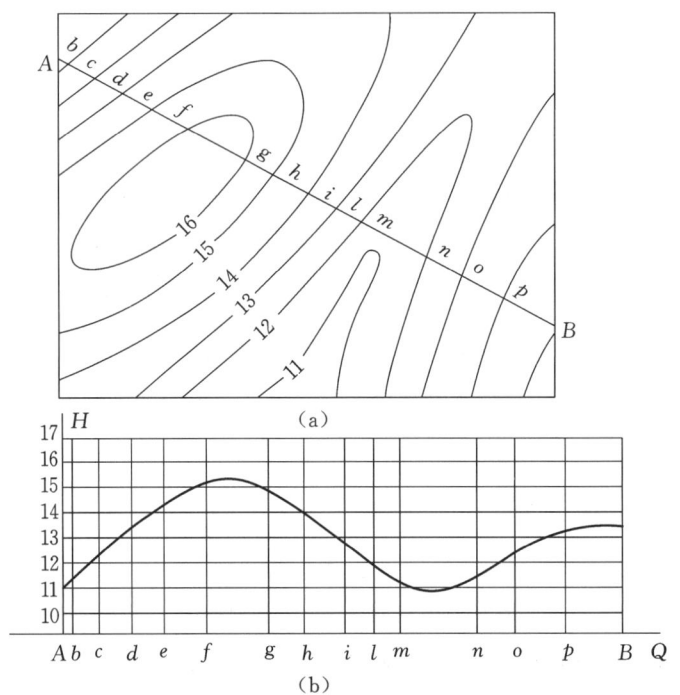

图 8-18　在地形图上绘制某方向的断面图

学习情境 9 施工测量的基本工作

学习情境描述

工程施工阶段的主要工作为测设,即根据施工场地已有的控制点和地物点,依据工程设计图纸,将建(构)筑物的特征点点位在实地标定出来。在测设之前,测量人员应计算测设数据,即确定特征点与控制点之间的角度、距离和高差关系,然后利用测量仪器,依据测设数据,将特征点点位在施工场地标定出来。已知水平距离的测设、已知水平角度的测设和已知高程的测设是测设的三项基本工作。

学习目标

(1) 了解工程建筑物的施工放样必须遵循的"由整体到局部,先控制后碎部"的原则和工作程序。
(2) 理解施工测设与地形图测绘的工作目的的不同。
(3) 掌握测设已知水平距离、已知水平角、已知高程的方法。
(4) 掌握坡度线的测设方法。
(5) 掌握测设点的平面位置的几种方法。

任务书

根据老师提供的市政管道施工图纸及施工现场控制点信息,将图纸上的点位、高程、坡度等信息,在施工现场标定出来。

任务分组

学生任务分配表

班级		组号		指导老师	
组长		学号			
组员	姓名	学号		姓名	学号
任务分工					

获取信息

引导问题1：工程建设一般分为哪几个阶段？

引导问题2：施工测量必须遵循什么原则？

引导问题3：施工测量有什么特点？

引导问题4：测设的基本工作有哪些？

引导问题5：测设已知水平距离有哪几种方法？

引导问题6：如何测设已知水平角？

引导问题7：测设已知高程常采用哪几种方法？

引导问题8：测设已知坡度线有哪几种方法？

引导问题9：测设点的平面位置有哪几种方法？各种方法的适用条件是什么？

工作实施

实训项目一　测设已知水平距离

1. 实训目的

(1) 掌握钢尺测设已知水平距离的方法。

(2) 掌握全站仪测设已知水平距离的方法。

2. 仪器和工具

每组配备 30 m 钢尺 1 把、全站仪 1 台、脚架 1 副、对中杆 1 根、棱镜 1 个、测钎 5 根、记录板 1 个、记录纸若干。

3. 实训内容

沿指定方向测设 110 m 长的水平距离。

4. 注意事项

(1) 使用钢尺时注意区分端点尺和刻线尺。

(2) 量距时钢尺要拉平,用力要均匀;场地不平时,要注意使尺身水平。

(3) 钢尺不宜全部拉出,末端连接处易断,量距时不要把钢尺拖在地上,勿使钢尺受压或折绕。

5. 实训流程记录

实训项目二　测设已知水平角

1. 实训目的

掌握经纬仪测设已知水平角的方法。

2. 仪器和工具

每组配备经纬仪或全站仪 1 台、脚架 1 副、对中杆 1 根、棱镜 1 个、木桩 5 根、标记笔 1 支、小棱镜 1 个、记录板 1 个、记录纸若干。

3. 实训内容

根据一个已知方向和给定的角值,标定出该角的另一个方向。

4. 实训流程记录

实训项目三 测设已知高程

1. 实训目的

(1) 能使用水准仪进行高程测设。

(2) 能进行测设检查。

2. 仪器和工具

每组配备 DS3 型水准仪 1 台、脚架 1 副、塔尺 1 把、标记笔 1 支、记录板 1 个、记录纸若干。

3. 实训内容

施工现场已知高程点 A 的高程为 20.000 m，用水准仪在目标墙上测设高程分别为 20.445 m、20.500 m、20.515 m、20.632 m、20.655 m。误差不超过 5 mm。

4. 注意事项

在测设过程中，水准尺应保持竖直。

5. 实训流程记录

测设已知高程记录表

测设数据	控制点高程：	待放样点高程：
	后视读数：	
	视线高：	
	待测设点前视读数：	
检核	求得标记点高程：	
	与设计高程互差：	
测设数据	控制点高程：	待放样点高程：
	后视读数：	
	视线高：	
	待测设点前视读数：	
检核	求得标记点高程：	
	与设计高程互差：	

实训项目四 坡度线测设

1. 实训目的

掌握坡度线测设的基本方法。

2. 仪器和工具

每组配备 DS3 型水准仪 1 台、脚架 1 副、塔尺 1 把、标记笔 1 支、记录板 1 个、木桩和小钉子若干。

3. 实训内容及步骤

(1) 从 A 点沿 AB 方向测设一条设计坡度 $i=-1\%$ 的坡度线，每隔 10 m 钉一根木桩，根据水准点高程、设计坡度、AB 的水平距离 D 和 10 m 的间距，计算出 B 点及其余点的设计高程 $H_{设}$。

(2)安置水准仪,由后视点 A 求出视线高,再根据各点的 $H_设$,计算出各桩点应读的前视读数 b。

(3)立水准尺于各桩顶,读取各桩顶的前视读数 b',与应读数 b 比较,计算各桩顶的填、挖数。$b-b'$ 的值为"+"表示挖,为"-"表示填。

4. 技术要求

高程测设限差不大于 5 mm。

5. 注意事项

(1)在测设过程中,水准尺应保持竖直。

(2)测设数据经校核无误后方可使用,测设完毕后应进行检测,若超限应重测。

(3)待测设点所打木桩应高出地面一定高度;实训完毕,回收木桩。

6. 实训报告

坡度线测设记录表

日期:　　　　　　　　天气:　　　　　　　　仪器编号:
组别:　　　　　　　　姓名:　　　　　　　　学号:

桩号	后视读数 /m	视线高程 /m	坡度线设计高程/m	前视应读数/m	桩点地面读数/m	填挖数/m	
						填(+)	挖(-)
A							
10							
20							
30							

实训项目五　全站仪坐标放样

1. 实训目的

(1)了解全站仪坐标放样流程、操作要点、精度要求。

(2)能用全站仪进行坐标放样。

(3)能对放样位置进行检查。

2. 仪器和工具

每组配备全站仪 1 台、脚架 1 副、镜站 2 个、小棱镜 1 个、卷尺 1 把、直尺一把、标记笔 1 支、记录板 1 个、木桩和小钉子若干。

3. 实训内容

已知某建筑施工场地上控制点 A_1、B_1、C_1 和待建建筑物一轴线点的设计坐标,现要求利用施工控制点在场地上完成此建筑物外轮廓轴线点的平面定位工作。该待建建筑物定位关系数据如下图所示。

上交成果:工程施工放样成果资料,包含轴线点平面坐标计算成果;放样点检核实测值及较差值。

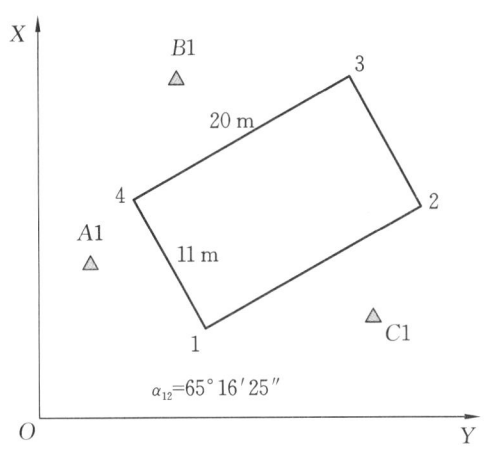

4. 技术要求

点位测设限差不大于 2 cm。

5. 注意事项

(1) 全站仪是昂贵的精密仪器,使用时须十分小心谨慎;各螺旋要慢慢转动,转到头切勿再继续旋转;水平制动螺旋和竖直制动螺旋处于制动状态时,切勿强制旋转仪器照准部和望远镜。

(2) 当一人操作时,小组其他人员只进行言语协助,严禁多人同时操作一台仪器。

(3) 严禁将全站仪和支架对中杆棱镜置于一边无人看管。

(4) 严禁坐、压仪器箱;全站仪取放时应轻拿轻放;观测期间应将仪器箱关闭。

6. 实训报告

全站仪坐标放样记录表

日期: 　　　　　天气: 　　　　　仪器编号:
组别: 　　　　　姓名: 　　　　　学号:

建筑物平面定位					
	点号	X 坐标	Y 坐标	H 高程	备注
已知点	A1				控制点
	B1				控制点
	C1				控制点
	点号	X 坐标	Y 坐标		
测设点	1				轴线点
	2				
	3				
	4				
	点号	X 坐标	Y 坐标	点位较差	
	定向检核				
检核点	1				
	2				
	3				
	4				

评价反馈

学生进行自评,评价自己是否能完成实训任务。小组互评,点评其他小组任务完成速度、成果精度、小组成员的相互配合情况。老师对各小组整个任务完成情况进行评价。

学生自评与小组互评

实训项目				
小组编号		姓名	学号	
序号	评估项目	分值	实训要求	自我评定
1	任务完成情况	30	按时按要求完成实训任务	
2	测量精度	20	成果符合限差要求	
3	实训记录	20	记录规范、完整,计算准确	
4	实训纪律	15	遵守课堂纪律,无事故,仪器未损坏	
5	团队合作	15	服从组长安排,能配合其他成员工作	

实训总结与反思:

其他小组评价得分:_____、_____、_____、_____

教师评价

实训项目				
小组编号		姓名	学号	
序号	评估项目	分值	实训要求	考核评定
1	操作程序	20	操作规范、程序正确	
2	操作速度	20	按时完成任务	
3	安全操作	10	无事故发生	
4	数据记录	10	记录规范,无篡改、抄袭等	
5	测量成果	30	计算正确、精度达标	
6	团队合作	10	服从组长安排,能配合其他成员工作	

存在问题:

指导老师:

学习情境的相关知识点

9.1 施工测量概述

9.1.1 概述

工程建设一般分为三个阶段,即勘测规划设计阶段、施工阶段和运行管理阶段。勘测规划设计阶段的主要测量任务是测绘大比例尺地形图和其他地形资料。工程技术人员根据建筑工程的有关要求和地形资料进行规划设计。在设计工作完成后,施工人员可以在实地进行施工。在施工阶段进行的测量工作称为施工测量,又称测设或放样。

施工放样也必须遵循"由整体到局部,先控制后碎部"的原则和工作程序。首先根据工程总平面图和地形条件建立施工控制网,然后进行场地平整,根据施工控制网点在实地定出各建筑物的主轴线和辅助轴线,最后根据主轴线和辅助轴线标定建筑物的各细部点,同时进行工程施工中各道工序的细部测设、构件与设备安装的测设工作;工业或大型民用建筑竣工后,为了便于管理、维修和扩建,还需进行竣工测量,绘制竣工平面图;有些高大和特殊的建(构)筑物在施工期间和建成后还要定期进行变形观测,以便积累资料,掌握变形规律,为工程设计、维护和使用提供资料。采用这样的工作程序,能确保建筑物几何关系的正确,而且能使施工放样工作有条不紊地进行,避免误差的累计。

施工放样的进度与精度直接影响施工进度和施工质量。因此,进行施工放样之前,测量人员应熟悉建筑物的总体布置图和建筑物的结构设计图,检查、校核设计图上轴线间距离和高程的注记。在施测过程中,对于建筑物重要部位,测量人员一般要再采用一种施测方法进行检核,检查无误后再进行施工。

9.1.2 施工测量的特点

施工测量与地形图测绘的工作目的不同。测绘地形图是通过测量水平角、水平距离和高差,经过计算求得地面特征点的空间位置元素,根据这些数据及相应的符号绘制地形图。施工测量是把图上设计建筑物的特征点标定在实地上,与测量过程相反。例如,水平角度的观测是在测站上测量两个已知方向的夹角;水平角度放样是根据设计图上的角度值,以某一已知方向为依据,在测站上将另一待定方向标定在实地上。但不论是测量或测设,其测量的基本元素还是水平角、水平距离和高差。测量或测设使用的仪器设备和工作方法基本相同,只是工作程序相反。本质都是确定点的位置。

与地形图测绘相比,施工测量的精度要求较高。误差将直接影响建(构)筑物的尺寸和形状。测设精度的要求又取决于建(构)筑物的大小、材料、用途和施工方法等因素。工业建筑的测设精度高于民用建筑;钢结构建筑物的测设精度高于钢筋混凝土结构建筑物;装配式建筑物的测设精度高于非装配式建筑物；高层建筑物的测设精度高于低层建筑物等。

施工测量与施工有着密切的联系，它贯穿于施工的全过程，是直接为施工服务的。测设的质量将直接影响施工的质量和进度。测量人员除应充分了解设计内容及对测设的精度要求，熟悉图上设计建筑物的尺寸、数据以外，还应与施工单位密切配合，随时掌握工程进度及现场变动情况，使测设精度和速度能满足施工的需要。

施工现场工种多，交叉作业干扰大，地面变动较大并有机械振动，测量标志易被毁。因此，测量标志从形式、选点到埋设均应考虑使其便于使用、保管和检查，如有损坏，应及时恢复。在高空或危险地段施测时，测量人员应采取安全措施，防止事故发生。

9.2 施工放样的基本方法

9.2.1 已知距离的放样

1. 一般方法

一般方法为往返测设法。如图 9-1 所示，在已知的方向线 AB 上，从 A 点向 B 点测设水平距离 D，定出另一个点 C，使 AC 等于 D，放样方法如下。

（1）在已知方向线 AB 直线上定线。

（2）从 A 点开始沿 AB 方向用钢尺量出水平距离 D，概定出 C' 点的位置。

（3）再从 C' 点返测，回到 A 点。

（4）若相当误差在容许范围内（1/3000～1/2000），取其平均值。

（5）计算出 $\Delta D = D' - D$。

（6）当 ΔD 为正时，将 C' 向 A 点方向移动 ΔD，反之反移，定出 C 点。

2. 精密方法（距离改正法）

（1）在 AB 直线上根据设计的水平距离 D 从 A 点开始沿 AB 方向用钢尺量出水平距离 D，概定出 C' 点。

（2）精确测量 AC' 并进行尺长、温度和倾斜改正，求出 AC' 的精确水平距离 D'。

（3）如果 $\Delta D = D' - D$，则 C' 点即为 C 点。

（4）当 ΔD 为正时，将 C' 向 A 点方向移动 ΔD，反之反移，定出 C 点。

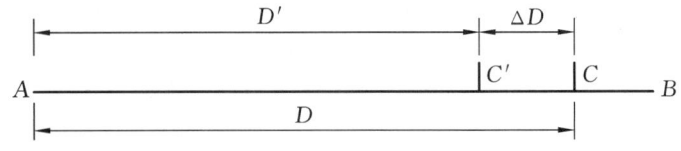

图 9-1 已知距离的放样

3. 全站仪放样

（1）将全站仪安置在 A 点，瞄准 B 点，将棱镜安置在 C 点的概略位置。

（2）打开电源，输入各种改正数据，启动放样功能，输入放样距离 D。

(3) 放样。根据极差 d_D，指挥棱镜前后移动直到极差 $d_D=0$。
(4) 在棱镜的位置钉上木桩，即为 C 点的实际位置。

9.2.2 水平角的放样

测设已知水平角

1. 一般方法

一般方法即盘左盘右投点法，如图 9-2 所示。其步骤为如下。
(1) 安置经纬仪于 O 点，盘左瞄准 A 点，度盘置于 $0°00'00''$。
(2) 顺时针转动照准部，使度盘的读数为所要放样的角度值 β，制动并钉桩，在桩上以钉标出 B' 点的位置。
(3) 变倒镜瞄准 A 点，同时配置水平度盘的读数为 $180°$。
(4) 顺时针转动照准部，使水平度盘的读数变为 $180°+\beta$，制动并在木桩上沿视线方向定出 B''。
(5) 若 B' 与 B'' 重合，A 点与 B'(B'') 的夹角为所测设之角 β；当 B' 与 B'' 不重合，B' 与 B'' 连线的中点与 A 点的共角为所测设之角 β。

2. 精密方法

精密方法即投点测量法，如图 9-3 所示。其步骤为如下。
(1) 安置经纬仪于 O 点。
(2) 用盘左测设 β 角，并在地面上定出 B' 点。
(3) 用测回法实测 $\angle AOB'$ 多个测回，测出角值，设为 $\angle AOB'=\beta_1$，并计算出 $\Delta\beta=\beta_1-\beta$。
(4) 计算垂直支距 BB'，$BB'=OB'\tan\Delta\beta\approx OB'\dfrac{\Delta\beta}{\rho}$。
(5) 过 B' 点作 OB' 的垂线，从 B' 沿垂线方向向内或向外量支距 BB'，定出 B 点，则 $\angle AOB$ 即所需测设的角 β。

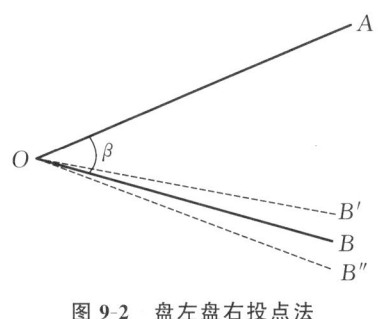

图 9-2 盘左盘右投点法

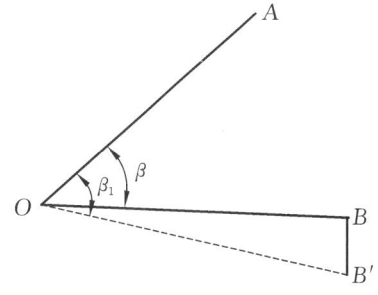

图 9-3 投点测量法

3. 简易方法

简易方法有以下几种。
(1) 勾股弦法，如图 9-4(a) 所示。
(2) 等腰直角法，如图 9-4(b) 所示。
(3) 测设任意角，如图 9-4(c) 所示。计算公式为 $BC=AB\cdot\tan\beta$。

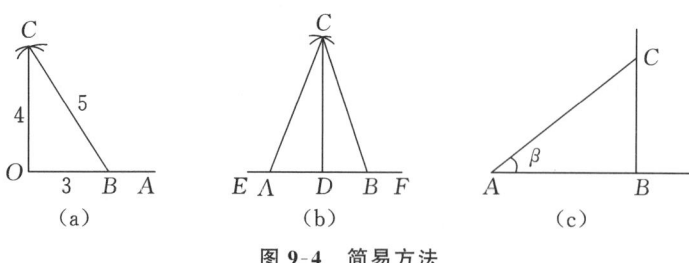

图 9-4 简易方法

9.2.3 高程放样

高程放样方法主要分为水准测量方法和三角高程测量方法。当测设的高程点精度要求较高或测设点与已知点的高差不大时,宜用水准测量方法。当测设高程要求精度一般或测设点与已知点的高差较大时,宜用三角高程测量方法。

1. 水准测量方法直接测设高程

1) 基本原理

如图 9-5 所示,设控制点 A 的高程为 H_A,待测设点 P 的设计高程为 H_P,在合适位置安置仪器,测得 A 点水准尺上的读数为 a,则在 P 点处水准尺的测设读数应为

$$b=(H_A+a)-H_P \tag{9-1}$$

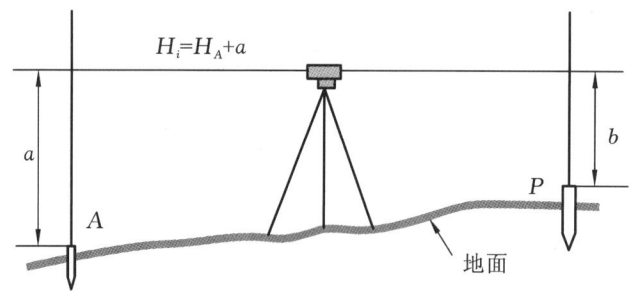

图 9-5 水准测量方法直接测设高程

2) 测设步骤

(1) 在合适位置安置仪器,于 A 点立水准尺,读取后视读数 a。

(2) 按式(9-1)计算测设读数 b。

(3) 将水准尺紧靠在 P 点的木桩上,上下移动尺子,使读数变为前视读数 b(注意符号),在水准尺底端的位置处划线,即为点 P 的位置,标记该位置。

2. 水准测量方法间接测设高程

1) 基本原理

如图 9-6 所示,设控制点 A 的高程为 H_A,B 点的设计高程为 H_B,因高差 h_{AB} 较大,需要用垂吊钢尺的方法间接测设 B 点。

(1) 在地面上和坑内各安置一台水准仪分别读取地面水准点 A 的水准尺读数 a,并读取钢尺读数 b 和 c。

$$d=H_A+a-(b-c)-H_B \tag{9-2}$$

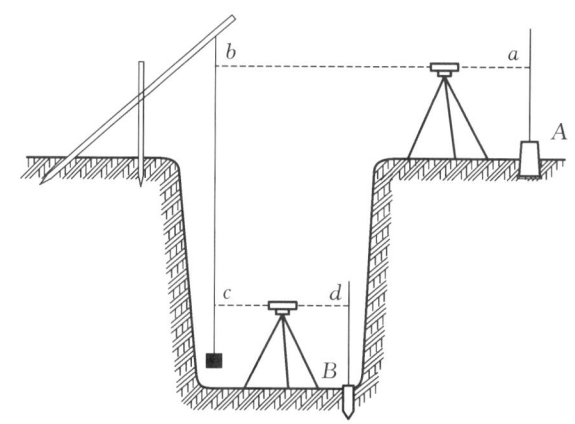

图 9-6 水准测量方法间接测设高程

（2）上下移动水准尺，当读数恰为 d 时，尺的零端点位置即为测设位置。

2）测设步骤

（1）垂吊钢尺（最好为标准拉力，否则，视情况加改正）并使之稳定。
（2）在合适位置分别安置仪器，并在 A 尺、钢尺上分别读数 a、b、c。
（3）按式（9-2）计算测设读数 d。
（4）在拟定测设的位置，上下移动水准尺，当读数恰为 d 时（注意符号），尺的零端点位置即为测设位置，标记该位置。

测设已知高程

9.2.4 测设坡度线

如图 9-7 所示，A、B 为设计坡度线的两端点，已知 A 点高程为 H_A，设计的坡度为 i_{AB}，则 B 点的设计高程 H_B 可用下式计算：

$$H_B = H_A + i_{AB} D_{AB} \tag{9-3}$$

式中：i_{AB}——A、B 两点的设计坡度，坡度上升时 i 为正，反之为负；

D_{AB}——A、B 两点的水平距离。

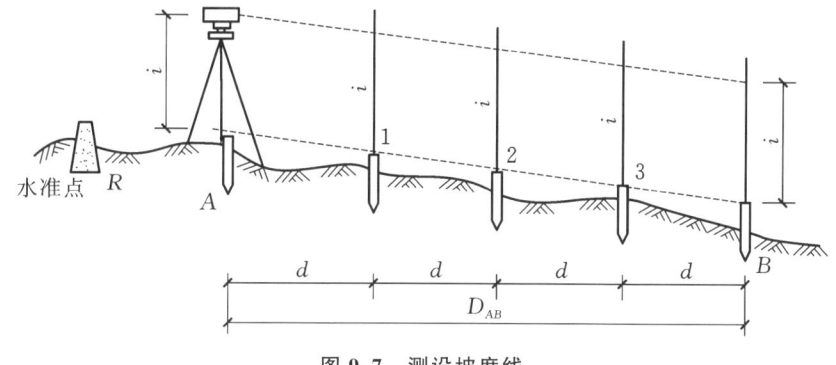

图 9-7 测设坡度线

为了施工方便，每隔一定距离 d（一般取 $d=10$ m）打一根木桩，测设方法可用水准仪（若地面坡度较大，亦可用经纬仪）设置倾斜视线法，其测设步骤如下：

(1) 根据附近水准点尺,将设计坡度线两端点 A、B 的设计高程 H_A、H_B 测设于地面上并打入木桩。

(2) 将水准仪安置在 A 点,量取仪高 i。安置时使一个脚螺旋在 AB 方向上,另两个脚螺旋的连线大致垂直于 AB 方向线。

(3) 旋转 AB 方向上的脚螺旋或微倾螺旋,使视线在 B 标尺上的读数等于仪器高 i,此时水准仪的倾斜视线与设计坡度线平行。当中间各桩点上的标尺读数都为 i 时,则各桩顶连线就是所需测设的设计坡度。若各桩顶的标尺的实际读数为 b_i 时,则可计算各桩的填挖高度为 $i-b_i$。$i=b_i$ 时,不填不挖;$i>b_i$ 时需挖;$i<b_i$ 时需填。

9.3 点的平面位置的测设方法

点的平面位置的测设方法有直角坐标法、极坐标法、角度交会法和距离交会法。至于采用哪种方法,测量人员应根据控制网的形式、地形情况、现场条件及精度要求等因素确定。

9.3.1 直角坐标法

直角坐标法(见图 9-8)是根据直角坐标原理,利用纵、横坐标之差,测设点的平面位置的方法。直角坐标法适用于施工控制网为建筑方格网或建筑基线的形式且量距方便的建筑施工场地。

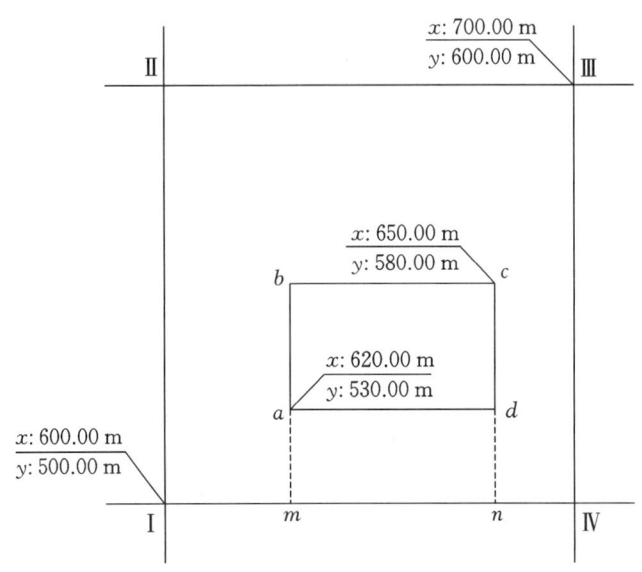

图 9-8 直角坐标法

1. 计算测设数据

如图 9-8 所示，Ⅰ、Ⅱ、Ⅲ、Ⅳ 为建筑施工场地的建筑方格网点，a、b、c、d 为欲测设建筑物的四个角点，根据设计图上各点的坐标值，可求出建筑物的长度、宽度及测设数据。

建筑物的长度：$l = y_c - y_a = (580.00 - 530.00)\ \text{m} = 50.00\ \text{m}$。

建筑物的宽度：$b = x_c - x_a = (650.00 - 620.00)\ \text{m} = 30.00\ \text{m}$。

测设 a 点的测设数据（Ⅰ点与 a 点的纵横坐标之差）。

$$\Delta x = x_a - x_1 = (620.00 - 600.00)\ \text{m} = 20.00\ \text{m}$$
$$\Delta x = y_a - y_1 = (530.00 - 500.00)\ \text{m} = 30.00\ \text{m}$$

2. 点位测设方法

（1）在Ⅰ点安置经纬仪，瞄准Ⅳ点，沿视线方向测设 30.00 m，定出 m 点，继续向前测设 50.00 m，定出 n 点。

（2）在 m 点安置经纬仪，瞄准Ⅳ点，按逆时针方向测设 90°角，由 m 点沿视线方向测设 20.00 m，定出 a 点，做标志，再向前测设 30.00 m，定出 b 点，做标志。

（3）在 n 点安置经纬仪，瞄准Ⅰ点，按顺时针方向测设 90°角，由 n 点沿视线方向测设 20.00 m，定出 d 点，做标志，再向前测设 30.00 m，定出 c 点，做标志。

（4）检查建筑物的四个角是否等于 90°、各边长是否等于设计长度，其误差均应在限差以内。

测设上述距离和角度时，测量人员可根据精度要求分别采用一般方法或精密方法。

9.3.2 极坐标法

极坐标法（见图 9-9）是根据一个水平角和一段水平距离，测设点的平面位置的方法。极坐标法适用于量距方便且待测设点距控制点较近的建筑施工场地。

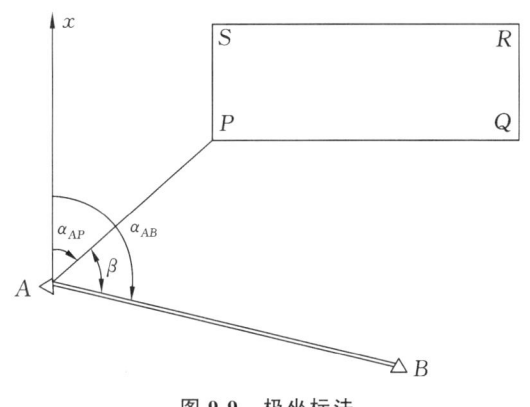

图 9-9 极坐标法

1. 计算测设数据

如图 9-9 所示，A、B 为已知平面控制点，其坐标值分别为 $A(x_A, y_A)$、$B(x_B, y_B)$，P 点为建筑物的一个角点，其坐标为 $P(x_P, y_P)$。现根据 A、B 两点，用极坐标法测设 P 点，其测设数据计算方法如下。

（1）计算 AB 边的坐标方位角 α_{AB} 和 AP 边的坐标方位角 α_{AP}，按坐标反算公式计算，即

$$\alpha_{AB}=\arctan\frac{\Delta y_{AB}}{\Delta x_{AB}}$$

$$\alpha_{AP}=\arctan\frac{\Delta y_{AP}}{\Delta x_{AP}}$$

注意：在计算每条边时，测量人员应根据 Δx 和 Δy 的正负情况，判断该边所属象限。

(2) 计算 AP 与 AB 的夹角。

$$\beta=\alpha_{AB}-\alpha_{AP}$$

(3) 计算 A、P 两点的水平距离。

$$D_{AP}=\sqrt{(x_P-x_A)^2+(y_P-y_A)^2}=\sqrt{\Delta x_{AP}^2+\Delta y_{AP}^2}$$

【例题 9-1】 已知 $x_P=370.000\ \text{m}$，$y_P=458.000\ \text{m}$，$x_A=348.758\ \text{m}$，$y_A=433.570\ \text{m}$，$\alpha_{AB}=103°48'48''$，试计算测设数据 β 和 D_{AP}。

解：

$$\alpha_{AP}=\arctan\frac{\Delta y_{AP}}{\Delta x_{AP}}=\arctan\frac{458.000\ \text{m}-433.570\ \text{m}}{370.000\ \text{m}-348.758\ \text{m}}=48°59'34''$$

$$\beta=\alpha_{AB}-\alpha_{AP}=103°48'48''-48°59'34''=54°49'14''$$

$$D_{AP}=\sqrt{(370.000\ \text{m}-348.758\ \text{m})^2+(458.000\ \text{m}-433.570\ \text{m})^2}=32.374\ \text{m}$$

2. 点位测设方法

(1) 在 A 点安置经纬仪，瞄准 B 点，按逆时针方向测设 β 角，定出 AP 方向。

(2) 沿 AP 方向自 A 点测设水平距离 D_{AP}，定出 P 点，做标志。

(3) 用同样的方法测设 Q、R、S 点。全部测设完毕后，检查建筑物的四个角是否等于 90°，各边长是否等于设计长度，其误差均应在限差以内。

同样，在测设距离和角度时，测量人员可根据精度要求分别采用一般方法或精密方法。

9.3.3 角度交会法

角度交会法是用根据测设出的两个或三个已知水平角定出的直线方向，交会出点的平面位置的方法。角度交会法适用于待测设点距控制点较远且量距较困难的建筑施工场地。

1. 前方交会法测设点位

施测方法如下。

1) 计算测设数据

如图 9-10(a)所示，A、B、C 为已知平面控制点，P 为待测设点，现根据 A、B、C 三点，用前方交会法测设 P 点，其测设数据计算方法如下。

(1) 按坐标反算公式，分别计算出 α_{AB}、α_{AP}、α_{BP}、α_{CB} 和 α_{CP}。

(2) 计算水平角 β_1、β_2 和 β_3。

2) 点位测设方法

(1) 在 A、B 两点同时安置经纬仪，同时测设水平角 β_1 和 β_2，定出两条视线，在两条视线相交处钉下一个大木桩，并在木桩上依 AP、BP 绘出方向线及其交点。

(2) 在控制点 C 安置经纬仪，测设水平角 β_3，同样在木桩上依 CP 绘出方向线。

(3) 如果交会没有误差，此方向应通过前两方向线的交点，否则将形成一个"示误三角

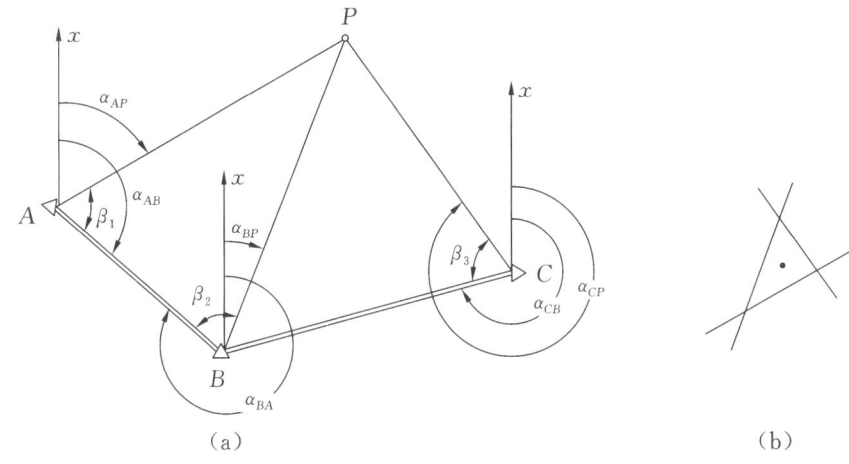

图 9-10 前方交会法

形",如图 9-10(b)所示。若示误三角形边长在限差以内,则取示误三角形重心作为待测设点 P 的最终位置。

测设 β_1、β_2 和 β_3 时,视具体情况,测量人员可采用一般方法和精密方法。

2. 后方交会法测设点位

如图 9-11 所示,A、B、C 为控制点,P 为测设点,其坐标均已知。

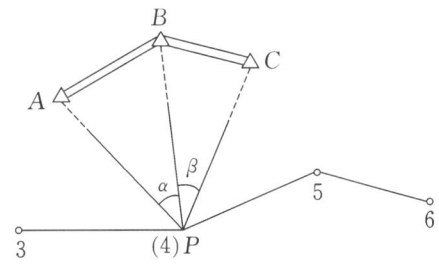

图 9-11 后方交会法

(1) 计算测设元素。

由控制点 A、B、C 的坐标及设计点 P 的坐标反算坐标方位角 α_{PA}、α_{PB}、α_{PC},计算 α、β。

$$a = (x_B - x_A) + (y_B - y_A)\cot\alpha$$
$$b = (y_B - y_A) - (x_B - x_A)\cot\alpha$$
$$c = (x_B - x_C) - (y_B - y_C)\cot\beta$$
$$d = (y_B - y_C) + (x_B - x_C)\cot\beta$$

$$\begin{cases} \alpha = \alpha_{PB} - \alpha_{PC} \\ \beta = \alpha_{PC} - \alpha_{PB} \end{cases}$$

令 $K = \dfrac{a-c}{b-d}$,计算 P 点的坐标,即

$$\begin{cases} x_P = x_B + \dfrac{Kb-a}{K^2+1} \\ y_P = y_B - K \times \dfrac{Kb-a}{K^2+1} \end{cases}$$

(2) 实地测设。

① 在合适位置处(P')安置仪器,分别测定 α、β。

② 依测定的各交会角计算 P' 点坐标,并与设计坐标比较。

③ 若点位误差满足要求,则确定点 P;否则,用角差法或角差图解法改正。

④ 改正方法同前方交会法,此处不再赘述。

在用后方交会法测设 P 点时,P 点(含过渡点)距危险圆的距离应不小于危险圆半径的 1/5。

9.3.4 距离交会法

距离交会法(见图 9-12)是根据测设出的两个已知的水平距离,交会出点的平面位置的方法。距离交会法适用于施工场地平坦、量距方便且控制点距离测设点不超过 0.33 m 的情况。

1. 计算测设数据

如图 9-12 所示,A、B 为已知平面控制点,P 为待测设点,现根据 A、B 两点,用距离交会法测设 P 点,其测设数据计算方法如下。

根据 A、B、P 三点的坐标值,分别计算出 D_{AP} 和 D_{BP}。

2. 点位测设方法

(1) 将钢尺的零点对准 A 点,以 D_{AP} 为半径在地面上画一个圆弧。

(2) 将钢尺的零点对准 B 点,以 D_{BP} 为半径在地面上再画一个圆弧。两个圆弧的交点即为 P 点。

(3) 用同样的方法,测设出 Q 点。

(4) 丈量 P、Q 两点的水平距离,与设计长度进行比较,其误差应在限差以内。

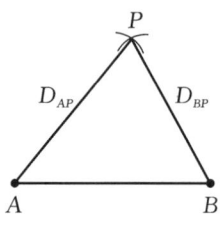

图 9-12 距离交会法

学习情境 10 施工控制测量

学习情境描述

由于在勘测设计阶段建立的控制网是为测图而建立的,有时并未考虑施工的需要,控制点的分布、密度和精度,都难以满足施工测量的要求;在平整场地时,大多数控制点被破坏。因此,在施工之前,测量人员应在建筑场地重新建立专门的施工控制网。

学习目标

(1) 掌握施工控制网的布设方法。
(2) 掌握施工控制网的测量方法。
(3) 了解建筑基线的布设形式,掌握建筑基线的测设方法。

任务书

工程项目进入施工阶段,依据所提供的设计图纸,到施工场地踏勘,建立施工控制网,完成控制网的测量。

任务分组

学生任务分配表

班级		组号		指导老师	
组长		学号			
组员	姓名	学号		姓名	学号
任务分工					

获取信息

引导问题1：什么是施工控制网？

引导问题2：施工控制网可以分为哪几类？

引导问题3：施工控制网的特点是什么？

引导问题4：高程控制网一般布设成什么形式？

工作实施

实训项目一　平面控制测量

1. 依据设计图纸，布设施工控制网
   施工控制网可以布设成什么形式？

2. 坐标转换
   如何将测量控制点坐标转换成施工控制点坐标？

3. 测设建筑基线
   建筑基线的布设形式有哪几种？

测设建筑基线的方法有哪几种?

依据施工现场控制点测设建筑基线。

4. 测设数据计算

5. 测设建筑方格网

建筑场地占地面积较大,一般如何测设建筑方格网?

如何测设方格网主轴线?以"十"字形布设为例。

如何测设方格网点？

实训项目二　高程控制测量

1. 采用三等水准测量布设首级高程控制网

操作流程如下。

2. 采用四等水准测量布设加密高程控制网

操作流程如下。

评价反馈

学生进行自评,评价自己是否能完成实训任务。小组互评,点评其他小组任务完成速度、成果精度、小组成员的相互配合情况。老师对各小组整个任务完成情况进行评价。

学生自评与小组互评

实训项目				
小组编号		姓名	学号	
序号	评估项目	分值	实训要求	自我评定
1	任务完成情况	30	按时按要求完成实训任务	
2	测量精度	20	成果符合限差要求	
3	实训记录	20	记录规范、完整,计算准确	
4	实训纪律	15	遵守课堂纪律,无事故,仪器未损坏	
5	团队合作	15	服从组长安排,能配合其他成员工作	

实训总结与反思:

其他小组评价得分:_____、_____、_____、_____

教师评价

实训项目				
小组编号		姓名	学号	
序号	评估项目	分值	实训要求	考核评定
1	操作程序	20	操作规范、程序正确	
2	操作速度	20	按时完成任务	
3	安全操作	10	无事故发生	
4	数据记录	10	记录规范、无篡改、抄袭等	
5	测量成果	30	计算正确、精度达标	
6	团队合作	10	服从组长安排,能配合其他成员工作	

存在问题:

指导老师:

学习情境的相关知识点

10.1 概述

由于在勘测设计阶段建立的控制网是为测图而建立的,有时并未考虑施工的需要,控制点的分布、密度和精度,都难以满足施工测量的要求;在平整场地时,大多数控制点被破坏。因此,在施工之前,测量人员应在建筑场地重新建立专门的施工控制网。

10.1.1 施工控制网的分类

施工控制网分为施工平面控制网和施工高程控制网两种。
1) 施工平面控制网
施工平面控制网可以布设成三角网、导线网、建筑基线和建筑方格网四种形式。
(1) 三角网:地势起伏较大、通视条件较好的施工场地可采用三角网。
(2) 导线网:地势平坦、通视比较困难的施工场地可采用导线网。
(3) 建筑基线:地势平坦且简单的小型施工场地可采用建筑基线。
(4) 建筑方格网:建筑物多为矩形且布置得比较规则和密集的施工场地可采用建筑方格网。
2) 施工高程控制网
施工高程控制网采用水准网。

10.1.2 施工控制网的特点

施工控制网与测图控制网相比,具有以下三个特点。
1. 控制点密度大、控制范围小、精度要求高

在勘测设计阶段,建筑物位置尚未确定,要进行多个方案的比较,因此测图范围较大,要求测图控制范围也大;施工控制网是在工程总体布置已经确定的情况下进行布设的,与测图控制网控制的范围相比,施工控制网的范围较小。在小范围内,各种建筑物分布错综复杂,放样工作量大,这就要求施工控制点要有足够的密度且分布合理,以便放样时有机动选择和使用控制点的余地。精度要求应以建筑限差来确定,而建筑限差又是工程验收的标准。因此,施工控制网的精度要比测图控制网的精度高。

2. 使用频繁

在工程施工过程中,随着建筑物的增高,测量人员要随时放样不同高度上的特征点。同时,由于施工技术和混凝土的物理与化学性质的限制,混凝土也必须分层、分块浇注,每次浇注都要进行放样工作。从施工到竣工,有的控制点要使用很多次。由此可见,施工控制点的

使用是相当频繁的,这就要求控制点稳定、使用方便、在施工期间不受破坏。为了达到这个目的,在工程施工中,施工控制网点上一般都建立混凝土观测墩。

3. 易受施工干扰或破坏

现代化施工常常采用立体交叉作业的方式,这就使建筑物不同部位的施工高度有时相差悬殊,常常妨碍控制点的通视。随着施工技术现代化程度的不断提高,施工机械的频繁活动也成为视线的严重障碍。有时,施工干扰或重型机械的运行,可能造成控制点位移,甚至破坏。因此,施工控制点应分布恰当,具有足够的密度,方便在放样时进行选择。

10.2 施工场地的平面控制测量

1. 施工坐标系与测量坐标系的坐标换算

施工坐标系亦称建筑坐标系,其坐标轴与主要建筑物主轴线平行或垂直,以便用直角坐标法进行建筑物的放样。

施工控制测量的建筑基线和建筑方格网一般采用施工坐标系。施工坐标系与测量坐标系往往不一致,因此,在施工测量前,测量人员常常需要进行施工坐标系与测量坐标系的坐标换算。

如图 10-1 所示,设 xoy 为测量坐标系,$x'o'y'$ 为施工坐标系,x_0,y_0 为施工坐标系的原点 o' 在测量坐标系中的坐标,α 为施工坐标系的纵轴 $o'x'$ 在测量坐标系中的坐标方位角。

如果已知 P 点的施工坐标为 (x'_P, y'_P),则可按下式将其换算为测量坐标 (x_P, y_P):

$$x_P = x_0 + x'_P \cos\alpha - y'_P \sin\alpha$$
$$y_P = y_0 + x'_P \sin\alpha + y'_P \cos\alpha$$

如果已知 P 的测量坐标 (x_P, y_P),则可按下式将其换算为施工坐标:

$$x'_P = (x_P - x_0)\cos\alpha + (y_P - y_0)\sin\alpha$$
$$y'_P = -(x_P - x_0)\sin\alpha + (y_P - y_0)\cos\alpha$$

2. 建筑基线

建筑基线是建筑场地的施工控制基准线,即在建筑场地布置的一条或几条轴线。它适用于建筑设计总平面图布置比较简单的小型建筑场地。

1) 建筑基线的布设形式

建筑基线的布设形式,应根据建筑物的分布、施工场地地形等因素来确定。常用的布设形式有"一"字形、"L"形、"十"字形和"T"形,如图 10-2 所示。

2) 建筑基线的布设要求

(1) 建筑基线应尽可能靠近拟建的主要建筑物并与其主要轴线平行,以便使用比较简单的直角坐标法进行建筑物的定位。

(2) 建筑基线上的基线点应不少于三个,以便相互检核。

(3) 建筑基线应尽可能与施工场地的建筑红线联系。

(4) 基线点应选在通视良好且不易被破坏的地方,为能长期保存,要埋设永久性的混凝土桩。

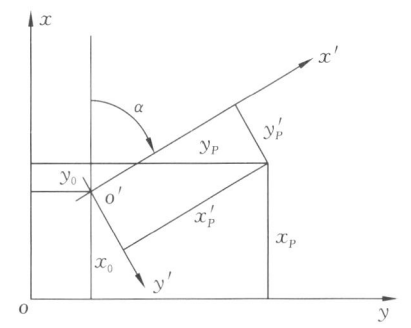

图 10-1 施工坐标系与测量坐标系的换算

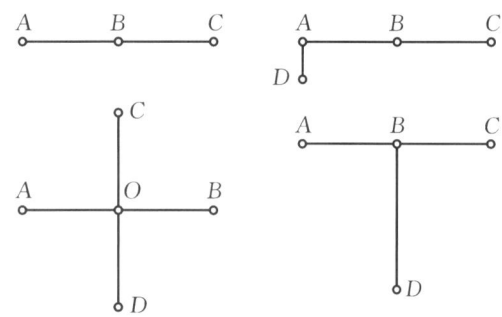

图 10-2 建筑基线的布设形式

3）建筑基线的测设方法

根据施工场地的条件不同，建筑基线的测设方法有以下两种。

（1）根据建筑红线测设建筑基线。由城市测绘部门测定的建筑用地界定基准线，称为建筑红线。在城市建设区，建筑红线可用作建筑基线测设的依据。如图 10-3 所示，AB、AC 为建筑红线，1、2、3 为建筑基线点。利用建筑红线测设建筑基线的方法如下。

① 从 A 点沿 AB 方向量取 d_2 定出 P 点，沿 AC 方向量取 d_1 定出 Q 点。

② 过 B 点作 AB 的垂线，沿垂线量取 d_1，定出 2 点，做标志；过 C 点作 AC 的垂线，沿垂线量取 d_2 定出 3 点，做标志；用细线拉出直线 $P3$ 和 $Q2$，两条直线的交点即为 1 点，做标志。

③ 在 1 点安置经纬仪，精确观测 $\angle 213$，其与 $90°$ 的差值的绝对值应小于 $20″$。

（2）根据附近已有控制点测设建筑基线。在新建筑区，测量人员可以利用建筑基线的设计坐标和附近已有控制点的坐标，用极坐标法测设建筑基线。如图 10-4 所示，A、B 为附近已有控制点，1、2、3 为选定的建筑基线点。测设方法如下。

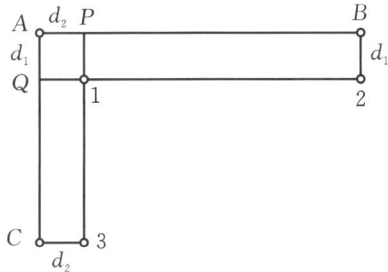

图 10-3 根据建筑红线测设建筑基线

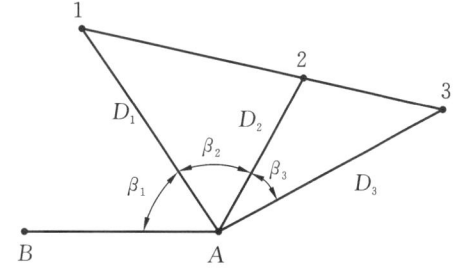

图 10-4 根据附近控制点测设建筑基线

根据已知控制点和建筑基线点的坐标，计算出测设数据 β_1、D_1、β_2、D_2、β_3、D_3；用极坐标法测设 1、2、3 点。

由于存在测量误差，测设的基线点往往不在同一条直线上，点与点的距离与设计值也不完全相符，测量人员需要精确测出已测设直线的折角 β' 和距离 D' 并与设计值进行比较。如图 10-5 所示，如果 $\Delta\beta(\Delta\beta=\beta'-180°)$ 的绝对值超过 $15″$，测量人员应对 $1'$、$2'$、$3'$ 点在与基线垂直的方向上进行等量调整。调整量按下式计算：

$$\delta = \frac{ab}{a+b} \times \frac{\Delta\beta}{2\rho} \tag{10-1}$$

式中：δ——各点的调整值，m；

a，b——直线 12 和直线 23 的长度，m。

如果测设距离超限，如 $\dfrac{\Delta D}{D} = \dfrac{D' - D}{D} > \dfrac{1}{10\ 000}$，测量人员应以 2 点为准，按设计长度沿基线方向调整 1′、3′点。

3．建筑方格网

由正方形或矩形组成的施工平面控制网，称为建筑方格网，或称矩形网，如图 10-6 所示。建筑方格网适用于按矩形布置的建筑群或大型建筑场地。

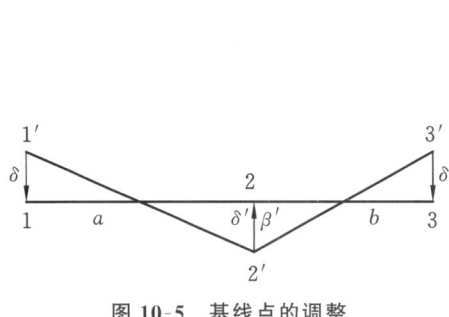

图 10-5　基线点的调整

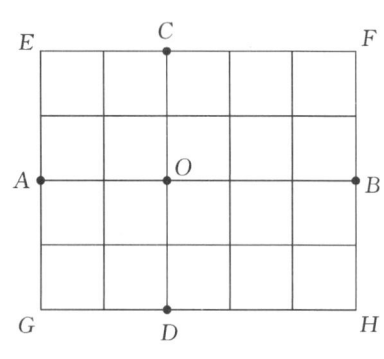

图 10-6　建筑方格网

1）建筑方格网的布设

布设建筑方格网时，测量人员应根据总平面图上的建（构）筑物、道路及管线的布置，结合现场的地形条件来确定。如图 10-6 所示，测量人员应先确定方格网的主轴线 AOB 和 COD，再布设方格网。

2）建筑方格网的测设

测设方法如下。

（1）主轴线测设。主轴线测设与建筑基线测设方法相似。首先，准备测设数据。然后，测设两条互相垂直的主轴线 AOB 和 COD，如图 10-6 所示。主轴线实质上是由 5 个主点 A、B、O、C 和 D 组成的。最后，精确检测主轴线点的相对位置关系并与设计值相比，如果超限，应进行调整。建筑方格网的主要技术要求如表 10-1 所示。

表 10-1　建筑方格网的主要技术要求

等级	边长/m	测角中误差	边长相对中误差	测角检测限差	边长检测限差
Ⅰ级	100～300	5″	1/30 000	10″	1/15 000
Ⅱ级	100～300	8″	1/20 000	16″	1/10 000

（2）方格网点测设。如图 10-6 所示，主轴线测设后，分别在主点 A、B 和 C、D 安置经纬仪，后视主点 O，向左右测设 90°水平角，即可交会出田字形方格网点；进行检核，测量相邻两点的距离，看是否与设计值相等，测量其角度是否为 90°（误差均应在允许范围内），埋设永久性标志。

建筑方格网轴线与建筑物轴线平行或垂直，因此，测量人员可用直角坐标法进行建筑物的定位，计算简单，测设比较方便，而且精度较高。缺点是必须按照总平面图布置，点位易被破坏,而且测设工作量也较大。

建筑方格网的测设工作量大,测设精度要求高,可委托专业测量单位进行。

10.3 施工场地的高程控制测量

1. 施工场地高程控制网的建立

施工场地的高程控制测量一般采用水准测量方法,应根据施工场地附近的已知国家或城市水准点,测定施工场地水准点的高程,以便纳入统一的高程系统。

在施工场地,水准点的密度,应尽可能满足安置一次仪器即可测设出所需的高程的要求。测图时敷设的水准点往往是不够的,还需增设一些水准点。在一般情况下,建筑基线点、建筑方格网点及导线点也可兼作高程控制点。在平面控制点桩面上中心点旁边设置一个突出的半球状标志即可。

为了便于检核和提高测量精度,施工场地高程控制网应布设成闭合或附合路线。高程控制网可分为首级网和加密网,相应的水准点称为基本水准点和施工水准点。

2. 基本水准点

基本水准点应布设在土质坚实、不受施工影响、无振动和便于实测的地方并埋设永久性标志。一般情况下,测量人员应按四等水准测量的方法测定其高程。对于为连续性生产车间或地下管道测设建立的基本水准点,测量人员应按三等水准测量的方法测定其高程。

3. 施工水准点

施工水准点是用来直接测设建筑物高程的。为了测设方便和减少误差,施工水准点应靠近建筑物。

此外,由于设计建筑物常以底层室内地坪高±0 标高为高程起算面。为了施工引测方便,测量人员常在建筑物内部或附近测设±0 水准点。±0 水准点的位置,一般选在稳定的建筑物墙、柱的侧面,用红漆绘成顶为水平线的"▼"形,其顶端表示±0 位置。

根据施工中的不同精度要求,高程控制有以下特点。

(1) 工业安装和施工精度要求为 1~3 mm,可设置 2~3 个三等水准点。

(2) 建筑施工测量精度为 3~5 mm,可设置四等水准点。

(3) 设计中,各建(构)筑物的±0 的高程不一定相等。

学习情境 11 民用建筑施工测量

学习情境描述

在工程建设过程中,施工测量是一个很重要的工作环节。每项工程建设的设计经过论证、审查和批准后,工程建设即进入施工阶段。测量人员要先将所设计的建(构)筑物按照施工要求在现场标定出来,作为实地建设的依据。

学习目标

(1)掌握民用建筑施工测量方法。
(2)将测设的基本工作方法综合运用到施工测量中。
(3)进行测设数据计算与检核。

任务书

某工程为某房地产有限公司开发的商住楼工程,位于某市某干道38号,由两栋主楼(A、B)、裙楼和地下室组成。本工程总用地面积为 7000 m^2,总建筑面积为 20 378.19 m^2。A栋地上11层(含有顶层和跃层);B栋地下一层,地上15层。主楼的主体均为现浇框架剪力墙结构,基础均为桩基础;裙楼地下一层,地上三层,主体为现浇框架结构,基础为桩基础。其中,B栋和商场的负一层平时为地下车库,战时为人防工程,层高为 4.7 m;A栋、B栋的4层及4层以上为住宅,标准层高为 3.0 m。进行该工程的建筑施工测量工作。

任务分组

学生任务分配表

班级		组号		指导老师	
组长		学号			
组员	姓名	学号		姓名	学号
任务分工					

获取信息

引导问题1:什么是民用建筑?

引导问题2:施工测量的主要工作有哪些?

引导问题3:与测设相关的设计图纸有哪些?

引导问题4:什么是建筑物定位?

引导问题5:建筑物定位的方法有哪些?

引导问题6:什么是建筑的放线?

引导问题7:高层建筑的轴线投测方法有哪些?

工作实施

(1) 施工测量前的准备工作有哪些?

（2）如下图所示，根据已有建筑物宿舍楼，将教学楼外廓轴线的交点（简称角桩，即图中的 M、N、P 和 Q）测设在地面上。

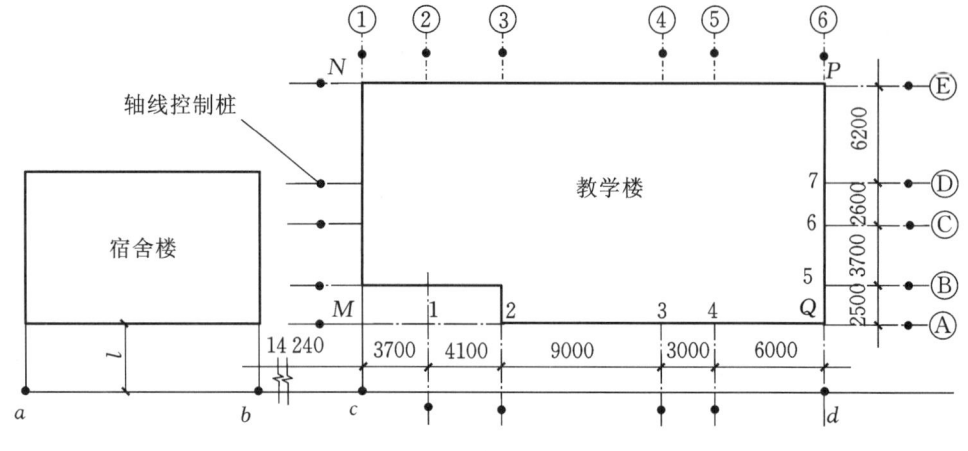

（3）如下图所示，根据已定位的外墙轴线交点桩（M、N、P 和 Q），详细测设出建筑物各轴线的交点桩（或称中心桩）。

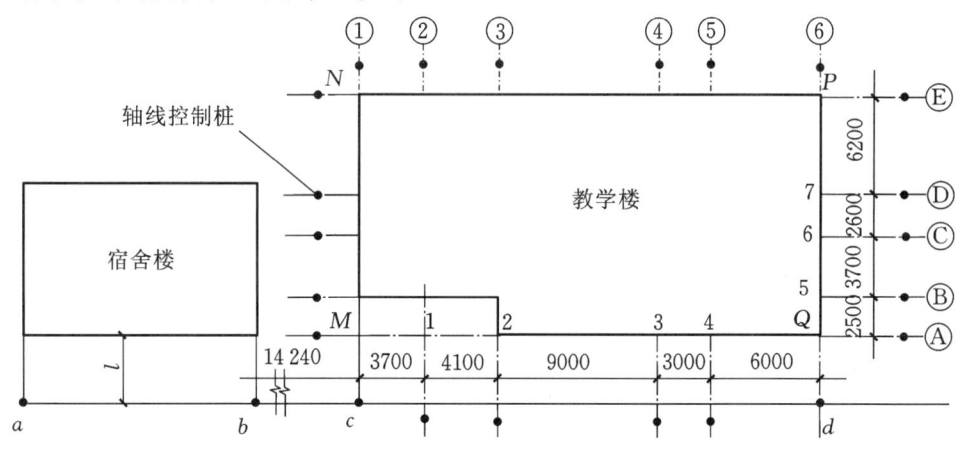

（4）如下图所示，槽底设计标高为 -1.700 m，欲测设比槽底设计标高高 0.500 m 的水平桩，如何进行基槽水平桩测设？

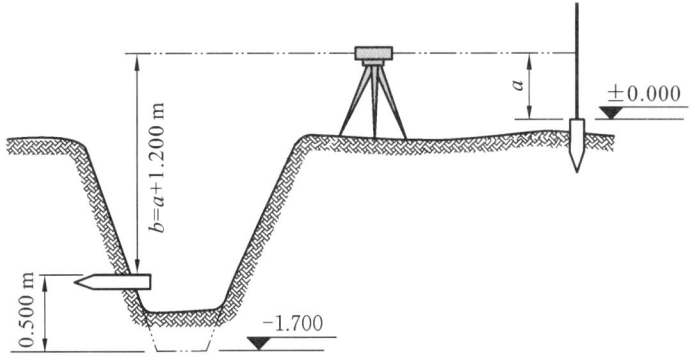

（5）如何进行垫层中线的投测？

（6）如何进行基础墙标高的控制？

（7）如何进行墙体定位测量？

(8) 墙体各部位标高如何控制?

_____
_____
_____
_____

(9) 高层建筑物轴线投测方法有哪些,分别如何实施?

_____
_____
_____
_____
_____

评价反馈

学生进行自评,评价自己是否能完成实训任务。小组互评,点评其他小组任务完成速度、成果精度、小组成员的相互配合情况。老师对各小组整个任务完成情况进行评价。

学生自评与小组互评

实训项目				
小组编号		姓名	学号	
序号	评估项目	分值	实训要求	自我评定
1	任务完成情况	30	按时按要求完成实训任务	
2	测量精度	20	成果符合限差要求	
3	实训记录	20	记录规范、完整,计算准确	
4	实训纪律	15	遵守课堂纪律,无事故,仪器未损坏	
5	团队合作	15	服从组长安排,能配合其他成员工作	

实训总结与反思:

其他小组评价得分:_____、_____、_____、_____

教师评价

实训项目					
小组编号		姓名		学号	
序号	评估项目	分值	实训要求	考核评定	
1	操作程序	20	操作规范、程序正确		
2	操作速度	20	按时完成任务		
3	安全操作	10	无事故发生		
4	数据记录	10	记录规范,无篡改、抄袭等		
5	测量成果	30	计算正确、精度达标		
6	团队合作	10	服从组长安排,能配合其他成员工作		

存在问题:

指导老师:

学习情境的相关知识点

民用建筑是指住宅、办公楼、食堂、医院和学校等建筑物。民用建筑施工测量的主要任务是建筑物的定位和放线、基础工程施工测量、墙体工程施工测量及高层建筑施工测量等。

11.1 施工测量前的准备工作

1. 熟悉设计图纸

设计图纸是施工测量的主要依据。在测设前,测量人员应熟悉建筑物的设计图纸,了解施工建筑物与相邻地物的关系,以及建筑物的尺寸和施工的要求等,仔细核对设计图纸中的有关尺寸。测设时必须具备下列图纸资料。

1) 总平面图

如图 11-1 所示,测量人员可以从总平面图中查取或计算设计建筑物与原有建筑物或测量控制点的相对位置和高差,作为测设建筑物总体位置的依据。

2) 建筑平面图

测量人员可以从建筑平面图中查取建筑物的总尺寸,了解内部各定位轴线的关系,作为

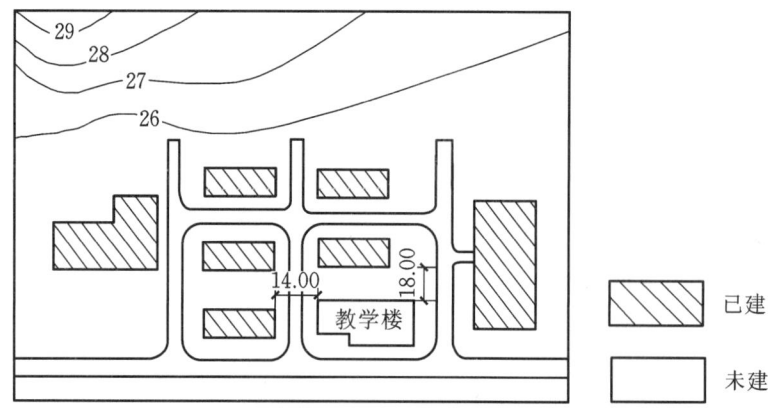

图 11-1 总平面图

施工测设的基本资料。

3）基础平面图

测量人员可以从基础平面图中查取基础边线与定位轴线的平面尺寸,作为测设基础轴线的必要数据。

4）基础详图

测量人员可以从基础详图中查取基础立面尺寸和设计标高,作为基础高程测设的依据。

5）建筑物的立面图和剖面图

测量人员可以从建筑物的立面图和剖面图中查取基础、地坪、门窗、楼板、屋架和屋面等的设计高程,作为高程测设的主要依据。

2. 现场踏勘

全面了解现场情况,对施工场地上的平面控制点和水准点进行检核。

3. 施工场地整理

平整和清理施工场地,以便进行测设工作。

4. 制订测设方案

根据设计要求、定位条件、现场地形和施工方案等因素,制订测设方案,包括测设方法、测设数据计算和绘制测设略图,如图 11-2 所示。

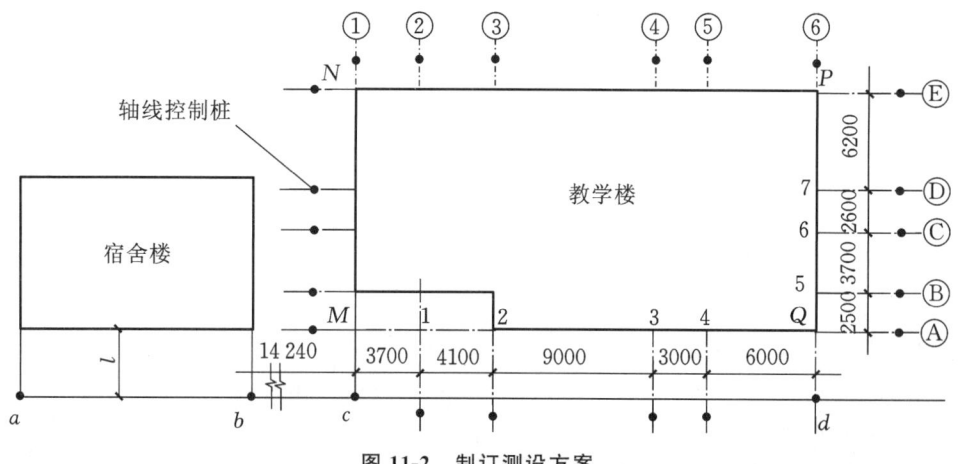

图 11-2 制订测设方案

5. 仪器和工具

测量人员应对测设使用的仪器和工具进行检核。

11.2 定位和放线

1. 建筑物的定位

建筑物的定位,就是将建筑物外廓轴线的交点(简称角桩,即图 11-2 中的 M、N、P 和 Q)测设在地面上,作为基础放样和细部放样的依据。

由于定位条件不同,定位方法也不同。下面,我们介绍根据已有建筑物测设拟建建筑物的方法。

(1) 如图 11-2 所示,用钢尺沿宿舍楼的东、西墙,延长出一小段距离 l 得 a、b 两点,做标志。

(2) 在 a 点安置经纬仪,瞄准 b 点,从 b 沿 ab 方向量取 14.240 m(因为教学楼的外墙厚 370 mm,轴线偏里,离外墙皮 240 mm),定出 c 点,做标志,继续沿 ab 方向从 c 点起量取 25.800 m,定出 d 点,做标志,cd 线就是测设教学楼平面位置的建筑基线。

(3) 分别在 c、d 两点安置经纬仪,瞄准 a 点,顺时针方向测设 90°,沿此视线方向量取距离 l+0.240 m,定出 M、Q 两点,做标志,继续量取 15.000 m,定出 N、P 两点,做标志。M、N、P、Q 四点即为教学楼外廓定位轴线的交点。

(4) 检查 NP 的距离是否等于 25.800 m、$\angle N$ 和 $\angle P$ 是否等于 90°,其误差应在允许范围内。

施工场地已有建筑方格网或建筑基线时,测量人员可直接采用直角坐标法进行定位。

2. 建筑物的放线

建筑物的放线,是指根据已定位的外墙轴线交点桩(角桩),详细测设出建筑物各轴线的交点桩(或称中心桩),然后根据交点桩用白灰撒出基槽开挖边界线。放线方法如下。

(1) 在外墙轴线周边测设中心桩位置。如图 11-2 所示,在 M 点安置经纬仪,瞄准 Q 点,用钢尺沿 MQ 方向量出相邻两轴线的距离,定出 1、2、3、4 点,同理可定出 5、6、7 点。量距精度应达到设计精度要求。量各轴线之间距离时,钢尺零点要始终在同一点上。

(2) 恢复轴线位置的方法。由于在开挖基槽时,角桩和中心桩要被挖掉,为了便于在施工中恢复各轴线位置,测量人员应把各轴线延长到基槽外的安全地点,并做好标志。其方法有设置轴线控制桩和龙门板两种。

① 设置轴线控制桩。轴线控制桩设置在基槽外,基础轴线的延长线上,作为开槽后,各施工阶段恢复轴线的依据,如图 11-3 所示。轴线控制桩一般设置在基槽外 2~4 m 处,打下木桩,桩顶钉上小钉,准确标出轴线位置,并用混凝土包裹木桩。如果附近有建筑物,测量人员亦可把轴线投测到建筑物上,用红漆做标志,以代替轴线控制桩。

② 设置龙门板。在小型民用建筑施工中,测量人员常将各轴线引测到基槽外的水平木板上。水平木板称为龙门板,固定龙门板的木桩称为龙门桩,如图 11-4 所示。设置龙门板的步骤如下。

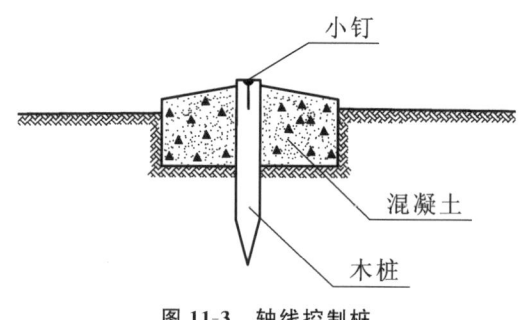

图 11-3 轴线控制桩

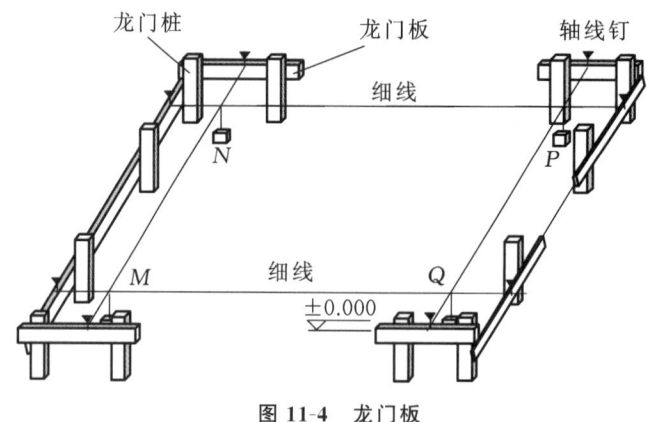

图 11-4 龙门板

在建筑物四角与隔墙两端,基槽开挖边界线以外 1.5~2 m 处,设置龙门桩。龙门桩要钉得竖直、牢固,龙门桩的外侧面应与基槽平行。

根据施工场地的水准点,用水准仪在每个龙门桩外侧,测设出该建筑物室内地坪设计高程线(±0 标高线),并做出标志。

沿龙门桩上±0 标高线钉设龙门板,这样龙门板顶面就同在±0 的水平面上。然后,用水准仪校核龙门板的高程,如有差错应及时纠正,其允许误差为±5 mm。

在 N 点安置经纬仪,瞄准 P 点,沿视线方向在龙门板上定出一点,用小钉做标志,纵转望远镜在 N 点的龙门板上也钉一个小钉。用同样的方法,将各轴线引测到龙门板上,钉的小钉称为轴线钉。轴线钉定位误差应小于±5 mm。

最后,用钢尺沿龙门板的顶面,检查轴线钉的间距,其误差不超过 1∶2000。检查合格后,以轴线钉为准,将墙边线、基础边线、基础开挖边线等标定在龙门板上。

11.3 基础工程施工测量

1. 基槽抄平

建筑施工中的高程测设,又称抄平。为了控制基槽的开挖深度,当快挖到槽底设计标高时,应用水准仪根据地面上±0 点,在槽壁上测设一些水平小木桩(称为水平桩),如图 11-5

所示,使木桩的上表面离槽底的设计标高为一个固定值(如 0.500 m)。

为了施工时使用方便,一般在槽壁各拐角处、深度变化处和基槽壁上每隔 3~4 m 测设一水平桩。水平桩可作为挖槽深度、修平槽底和打基础垫层的依据。

2. 水平桩的测设方法

如图 11-5 所示,槽底设计标高为 −1.700 m,测设比槽底设计标高高 0.500 m 的水平桩的测设方法如下:

(1) 在地面适当地方安置水准仪,在 ±0 标高线位置上立水准尺,读取后视读数为 1.318 m。

(2) 计算测设水平桩的应读前视读数 $b_{应}$,即
$$b_{应} = a - h = [1.318 - (-1.700 + 0.500)] \text{ m} = 2.518 \text{ m}$$

(3) 在槽内一侧立水准尺,并上下移动,直至水准仪视线读数为 2.518 m,沿水准尺尺底在槽壁打入一根小木桩。

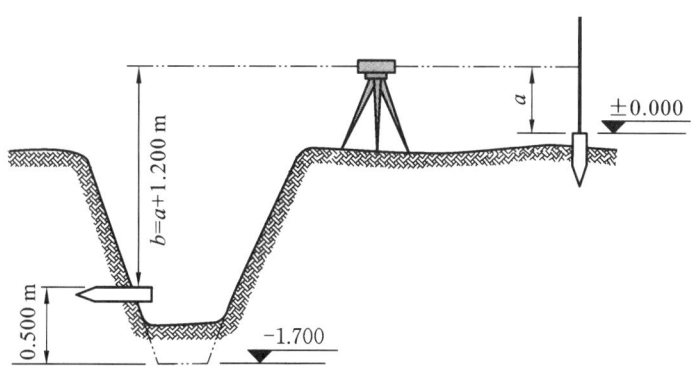

图 11-5 底桩的测设

3. 垫层中线的投测

基础垫层打好后,根据轴线控制桩或龙门板上的轴线钉,用经纬仪或用拉绳挂垂球的方法,把轴线投测到垫层上,如图 11-6 所示,并用墨线弹出墙中心线和基础边线,作为砌筑基础的依据。

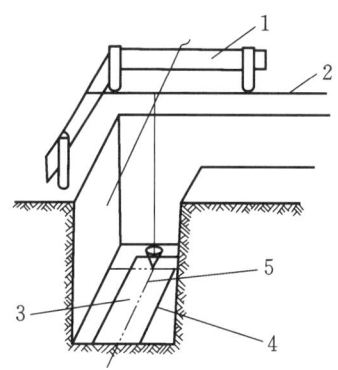

图 11-6 垫层中线的投测

1—龙门板;2—细线;3—垫层;4—基础边线;5—墙中线

整个墙身砌筑均以此线为准,这是确定建筑物位置的关键环节,所以要严格校核后方可

进行砌筑施工。

4. 基础墙标高的控制

房屋基础墙是指±0以下的砖墙,它的高度是用基础皮数杆来控制的,如图11-7所示。

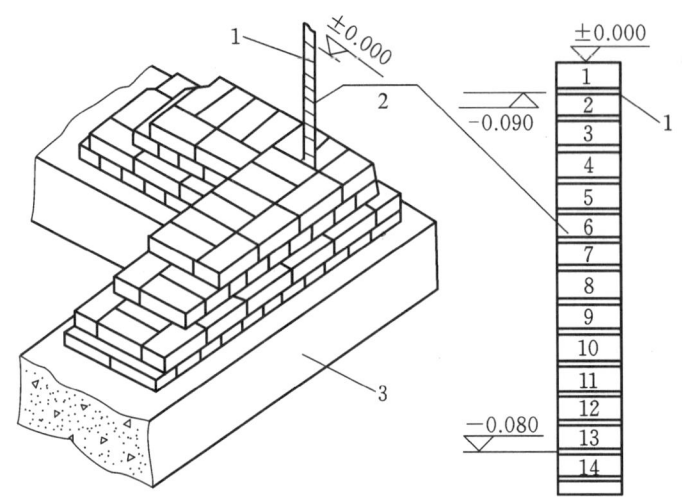

图 11-7 基础墙标高的控制
1—防潮层;2—皮数杆;3—垫层

(1)基础皮数杆是一根木制的杆子。杆上事先按照设计尺寸,画出砖、灰缝厚度线条,并标明±0和防潮层的标高位置。

(2)立皮数杆时,先在立杆处打一根木桩,用水准仪在木桩侧面定出一条高于垫层某一数值(如100 mm)的水平线,然后将皮数杆上标高相同的一条线与木桩上的水平线对齐,并用大铁钉把皮数杆与木桩钉在一起,作为基础墙的标高依据。

5. 基础面标高的检查

基础施工结束后,测量人员应检查基础面的标高是否符合设计要求(也可检查防潮层)。可用水准仪测出基础面上若干点的高程并和设计高程比较,允许误差为±10 mm。

11.4 墙体施工测量

1. 墙体定位

(1)利用轴线控制桩或龙门板上的轴线和墙边线标志,用经纬仪或拉细绳挂垂球的方法将轴线投测到基础面上或防潮层上。

(2)用墨线弹出墙中线和墙边线。

(3)检查外墙轴线交角是否等于90°。

(4)把墙轴线延伸并画在外墙基础上,如图11-8所示,作为向上投测轴线的依据。

(5)把门、窗和其他洞口的边线,在外墙基础上标定出来。

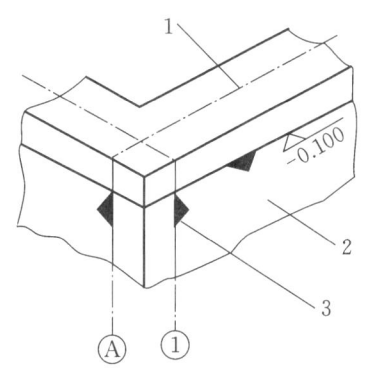

图 11-8 墙体定位

1—墙中心线；2—外墙基础；3—轴线

2. 墙体各部位标高控制

在墙体施工中，墙身各部位标高通常也是用皮数杆控制的。

(1) 在墙身皮数杆上，根据设计尺寸，按砖、灰缝的厚度画出线条，并标明 0.000 m、门、窗、楼板等的标高位置，如图 11-9 所示。

(2) 墙身皮数杆的设立与基础皮数杆相同，使皮数杆上的 0.000 m 标高与房屋的室内地坪标高吻合。在墙的转角处，每隔 10~15 m 设置一根皮数杆。

(3) 在墙身砌起 1 m 以后，就在室内墙身上定出 +0.500 m 的标高线，作为该层地面施工和室内装修用。

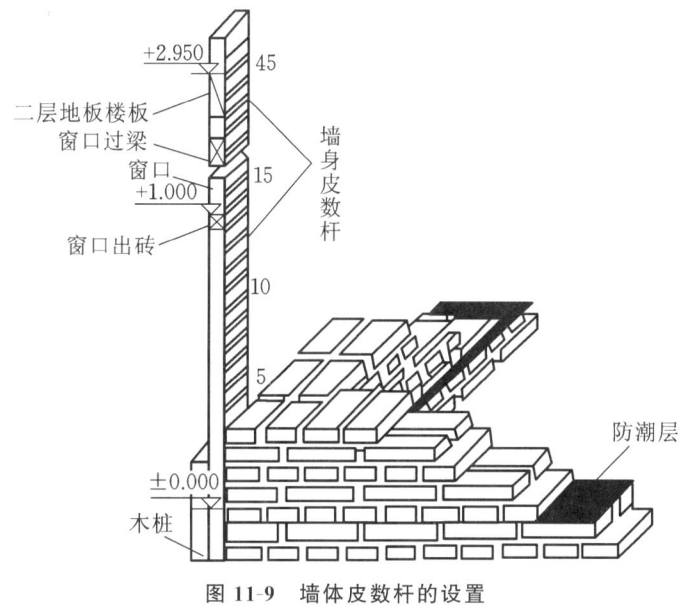

图 11-9 墙体皮数杆的设置

(4) 第二层以上墙体施工中，为了使皮数杆在同一水平面上，要用水准仪测出楼板四个角的标高，取平均值作为地坪标高，并以此作为立皮数杆的标志。

对于框架结构的民用建筑，墙体砌筑是在框架施工后进行的，故可在柱面上画线，代替皮数杆。

11.5 建筑物的轴线投测

在多层建筑墙身砌筑过程中,为了保证建筑物轴线位置正确,测量人员可用吊垂球或经纬仪将轴线投测到各层楼板边缘或柱顶。

1. 吊垂球法

将较重的垂球悬吊在楼板或柱顶边缘,当垂球尖对准基础墙面上的轴线标志时,线在楼板或柱顶边缘的位置即为楼层轴线端点位置,画出标志线。各轴线的端点投测完后,用钢尺检核各轴线的间距,符合要求后,继续施工,并把轴线逐层自下向上传递。

吊垂球法简便易行,不受施工场地限制,一般能保证施工质量。但当有风或建筑物较高时,投测误差较大,应采用经纬仪投测法。

2. 经纬仪投测法

在轴线控制桩上安置经纬仪,严格整平后,瞄准基础墙面上的轴线标志,用盘左、盘右分中投点法,将轴线投测到楼层边缘或柱顶。将所有端点投测到楼板上之后,用钢尺检核其间距,相对误差不得大于 1/2000。检查合格后,才能在楼板分间弹线,继续施工。

11.6 建筑物的高程传递

在多层建筑施工中,要由下层向上层传递高程,以使楼板、门窗口等的标高符合设计要求。高程传递的方法有以下几种。

1. 利用皮数杆传递高程

一般建筑物可用墙体皮数杆传递高程。具体方法参照"墙体各部位标高控制"。

2. 利用钢尺直接测量

对于高程传递精度要求较高的建筑物,测量人员通常用钢尺直接测量来传递高程。对于二层以上的各层,每砌高一层,就从楼梯间用钢尺从下层的"+0.500 m"标高线,向上量出层高,测出上一层的"+0.500 m"标高线,即用钢尺逐层向上引测。

3. 吊钢尺法

用悬挂钢尺代替水准尺,用水准仪读数,从下向上传递高程。

11.7 高层建筑施工测量

高层建筑物施工测量中的主要问题是控制垂直度,就是将建筑物的基础轴线准确地向高层引测,并保证各层相应轴线位于同一竖直面内,控制竖向偏差,使轴线向上投测的偏差值不超限。

轴线向上投测时,竖向误差在本层内不应超过 5 mm。全楼累计误差值不应超过 $2H/10\ 000$(H 为建筑物总高度),且应满足以下要求:

① 30 m<H≤60 m 时,不应大于 10 mm;
② 60 m<H≤90 m 时,不应大于 15 mm;
③ 90 m<H 时,不应大于 20 mm。

高层建筑物轴线的竖向投测方法主要有外控法和内控法两种。

1. 外控法

外控法是在建筑物外部,利用经纬仪,根据建筑物轴线控制桩来进行轴线的竖向投测,亦称作"经纬仪引桩投测法"。具体操作方法如下。

1) 在建筑物底部投测中心轴线位置

高层建筑的基础工程完工后,测量人员将经纬仪安置在轴线控制桩 A_1、A_1'、B_1 和 B_1' 上,把建筑物主轴线精确地投测到建筑物的底部,并设立标志,如图 11-10 中的 a_1、a_1'、b_1 和 b_1',以供下一步施工与向上投测之用。

2) 向上投测中心线

随着建筑物不断升高,测量人员要逐层将轴线向上传递。如图 11-10 所示,将经纬仪安置在中心轴线控制桩 A_1、A_1'、B_1 和 B_1' 上,严格整平仪器,用望远镜瞄准建筑物底部已标出的轴线 a_1、a_1'、b_1 和 b_1' 点,用盘左和盘右分别向上投测到每层楼板上,并取其中点作为该层中心轴线的投影点,如图 11-10 中的 a_2、a_2'、b_2 和 b_2'。

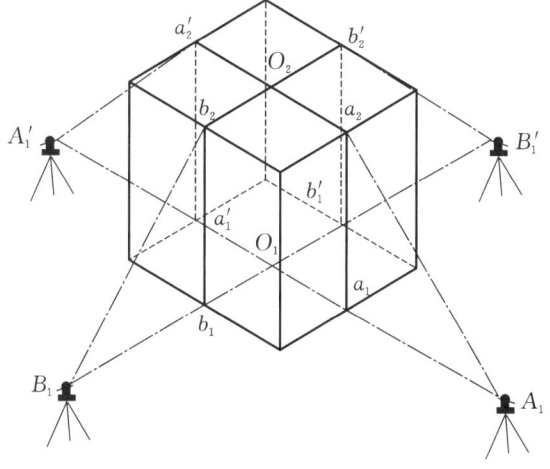

图 11-10 经纬仪投测中心轴线

3）增设轴线引桩

当楼房逐渐增高，轴线控制桩距建筑物又较近时，望远镜的仰角较大，操作不便，投测精度也会降低。因此，测量人员要将原中心轴线控制桩引测到更远的安全地方或者附近大楼的屋面。

具体做法如下。

将经纬仪安置在已经投测上去的较高层（如第十层）楼面轴线 $a_{10}a'_{10}$ 上，如图 11-11 所示，瞄准地面上原有的轴线控制桩 A_1 和 A'_1 点，用盘左、盘右分中投点法，将轴线延长到远处的 A_2 和 A'_2 点，并用标志固定其位置，A_2、A'_2 即为新投测的 $A_1A'_1$ 轴控制桩。

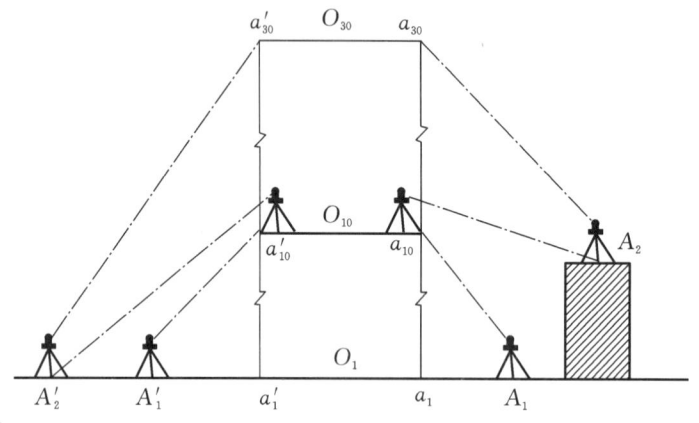

图 11-11　经纬仪引桩投测

对于更高层的中心轴线，测量人员可将经纬仪安置在新的引桩上，按上述方法继续进行投测。

2. 内控法

内控法是在建筑物内±0平面设置轴线控制点并预埋标志，在各层楼板相应位置上预留 200 mm×200 mm 的传递孔，在轴线控制点上直接采用吊线坠法或激光铅垂仪法，通过预留孔将点位垂直投测到任一楼层，如图 11-12 和图 11-13 所示。

1）内控法轴线控制点的设置

在基础施工完毕后，在±0首层平面上的适当位置设置与轴线平行的辅助轴线。辅助轴线距轴线 500～800 mm 为宜，辅助轴线交点或端点处应埋设标志，如图 11-12 所示。

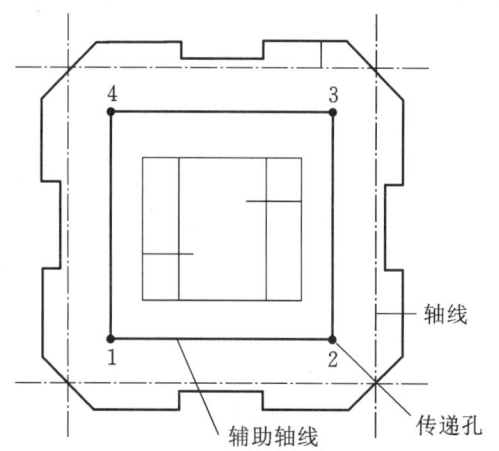

图 11-12　内控法轴线控制点的设置

2）吊线坠法

吊线坠法是利用钢丝悬挂重垂球的方法，进行轴线竖向投测。这种方法一般用于高度为 50～100 m 的高层建筑施工，垂球的重量为 10～20 kg，钢丝的直径为 0.5～0.8 mm。投测方法如下。

如图 11-13 所示，在预留孔上面安置十字架，挂上垂球，对准首层预埋标志。当垂球线静止时，固定十字架，并在预留孔四周做标记，作为以后恢复轴线及放样的依据。此时，十字架中心即为轴线控制点在该楼面上的投测点。

用吊线坠法实测时，测量人员要采取一些必要措施，如用铅直的塑料管套着坠线或将垂球浸于油中，以减少摆动。

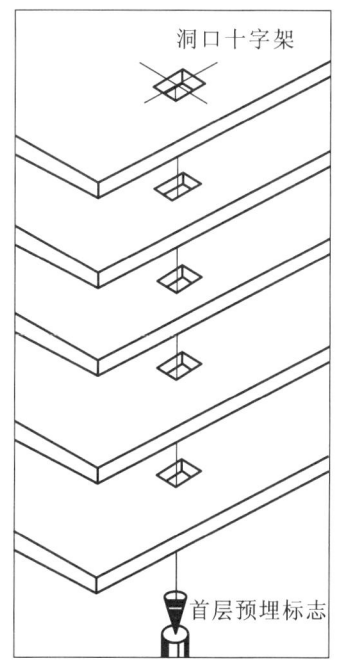

图 11-13　吊线坠法投测轴线

3）激光铅垂仪法

(1) 激光铅垂仪简介。

激光铅垂仪是一种专用的铅直定位仪器，适用于高层建筑物、烟囱及高塔架的铅直定位测量，主要由氦氖激光器、精密竖轴、发射望远镜、水准器、基座、激光电源及接收屏等部分组成。

氦氖激光器通过两组固定螺钉固定在套筒内。激光铅垂仪的竖轴是空心筒轴，两端有螺扣，上、下两端分别与发射望远镜和氦氖激光器套筒相连，二者位置可对调，构成向上或向下发射激光束的铅垂仪。仪器上设置有两个互成 90°的管水准器，仪器配有专用激光电源。

(2) 激光铅垂仪投测轴线。

投测方法如下。

① 在首层轴线控制点上安置激光铅垂仪，利用激光器底端（全反射棱镜端）发射的激光束进行对中，通过调节基座整平螺旋使管水准器气泡严格居中。

② 在上层施工楼面预留孔处,放置接收靶。

③ 接通激光电源,启辉激光器发射铅直激光束,通过发射望远镜调焦,使激光束会聚成红色耀目光斑,投射到接收靶上。

④ 移动接收靶,使靶心与红色光斑重合,固定接收靶,并在预留孔四周做标记,此时,靶心位置即为轴线控制点在该楼面上的投测点。

学习情境 12

工业建筑施工测量

学习情境描述

工业建筑类型分单层和多层、装配式和现浇整体式。单层工业厂房以装配式为主,采用预制构建现场安装。本学习情境,我们学习工业建筑施工阶段进行的测量工作。

学习目标

(1)掌握厂房矩形控制网的测设方法。
(2)掌握厂房柱列轴线放样。
(3)掌握厂房构件及设备安装测量方法。

任务书

本工程位于××镇重工业区,总建筑面积为7.5万平方米。联合厂房共包括1~6区厂房,结构形式为单层重型钢结构,总用钢量约为30 000 t。联合厂房1~4区建筑物长约362 m,宽约133 m,高42 m,为四跨高低跨建筑。厂房结构体系为空间重型钢管混凝土管桁架柱和实腹式变截面屋面梁,吊车梁最大截面为H4000*1000/650*30*42*18 m,单根空管桁架柱重约122 t。现在1~4区进行施工建设,完成该工程所需的测量工作。

任务分组

学生任务分配表

班级		组号		指导老师	
组长		学号			
组员	姓名	学号		姓名	学号
任务分工					

获取信息

引导问题1：工业建筑类型分为哪几种？

引导问题2：工业厂房施工测量的主要内容有哪些？

引导问题3：烟囱和水塔的施工测量的主要内容有哪些？

引导问题4：烟囱定位测量的主要内容是什么？

工作实施

（1）如下图所示，如何根据建筑方格网测设矩形控制网？

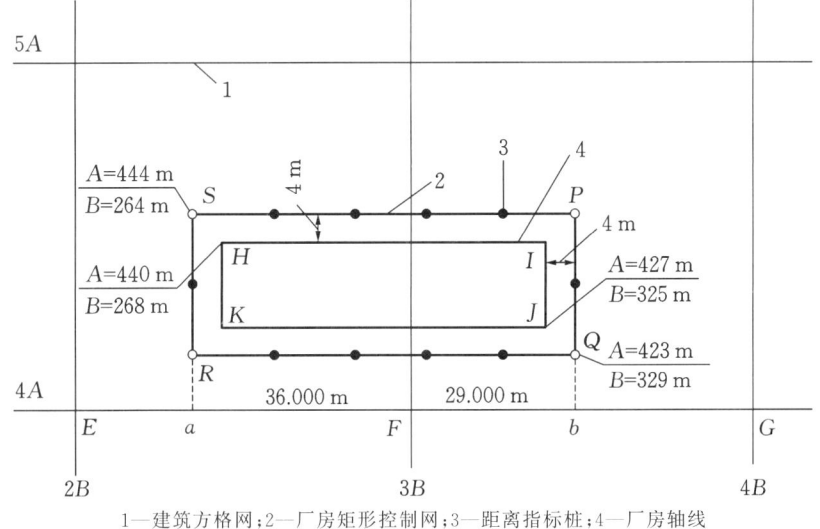

1—建筑方格网；2—厂房矩形控制网；3—距离指标桩；4—厂房轴线

（2）如下图所示，如何进行厂房列轴线测设？

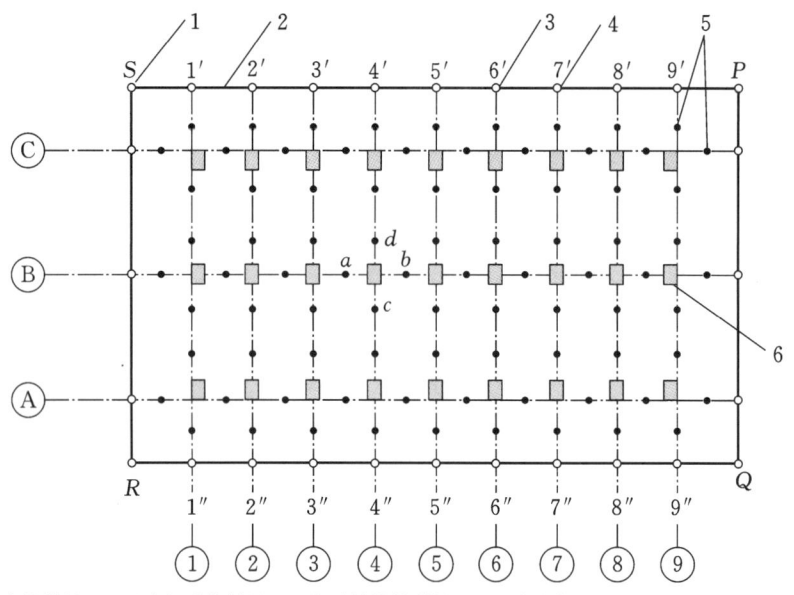

1—厂房控制桩；2—厂房矩形控制网；3—柱列轴线控制桩；4—距离指标桩；5—定位小木桩；6—柱基础

（3）如上图所示，如何进行柱基的定位与放线？

(4) 柱基施工测量的内容有哪些?

(5) 如何进行柱子安装测量?

(6) 如何进行柱子垂直度检测?

(7) 如何进行吊车梁安装测量?

评价反馈

　　学生进行自评，评价自己是否能完成实训任务。小组互评，点评其他小组任务完成速度、成果精度、小组成员的相互配合情况。老师对各小组整个任务完成情况进行评价。

学生自评与小组互评

实训项目					
小组编号		姓名		学号	
序号	评估项目	分值	实训要求		自我评定
1	任务完成情况	30	按时按要求完成实训任务		
2	测量精度	20	成果符合限差要求		
3	实训记录	20	记录规范、完整、计算准确		
4	实训纪律	15	遵守课堂纪律，无事故，仪器未损坏		
5	团队合作	15	服从组长安排，能配合其他成员工作		

实训总结与反思：

其他小组评价得分：_____、_____、_____、_____

教师评价

实训项目					
小组编号		姓名		学号	
序号	评估项目	分值	实训要求		考核评定
1	操作程序	20	操作规范、程序正确		
2	操作速度	20	按时完成任务		
3	安全操作	10	无事故发生		
4	数据记录	10	记录规范，无篡改、抄袭等		
5	测量成果	30	计算正确、精度达标		
6	团队合作	10	服从组长安排，能配合其他成员工作		

存在问题：

指导老师：

学习情境的相关知识点

12.1 概述

工业建筑类型分单层和多层、装配式和现浇整体式。工业建筑以工业厂房为主体。工业厂房多采用预制构件,采用在现场装配的方法施工。工业厂房的预制构件有柱子、吊车梁和屋架等。因此,工业建筑施工测量的主要工作是保证这些预制构件安装到位。具体任务为厂房矩形控制网测设,厂房柱列轴线与柱基施工测量,厂房预制构件安装测量,烟囱、水塔施工测量等。

12.2 厂房矩形控制网测设

工业厂房一般都应建立厂房矩形控制网,作为厂房施工测设的依据。下面,我们介绍根据建筑方格网,采用直角坐标法测设厂房矩形控制网的方法。

如图12-1所示,H、I、J、K 四点是厂房的房角点。测量人员从设计图中已知 H、J 两点的坐标。S、P、Q、R 为布置在基础开挖边线以外的厂房矩形控制网的四个角点,称为厂房控制桩。厂房矩形控制网的边线到厂房轴线的距离为 4 m,厂房控制桩 S、P、Q、R 的坐标,可按厂房角点的设计坐标,加减 4 m 算得。测设方法如下。

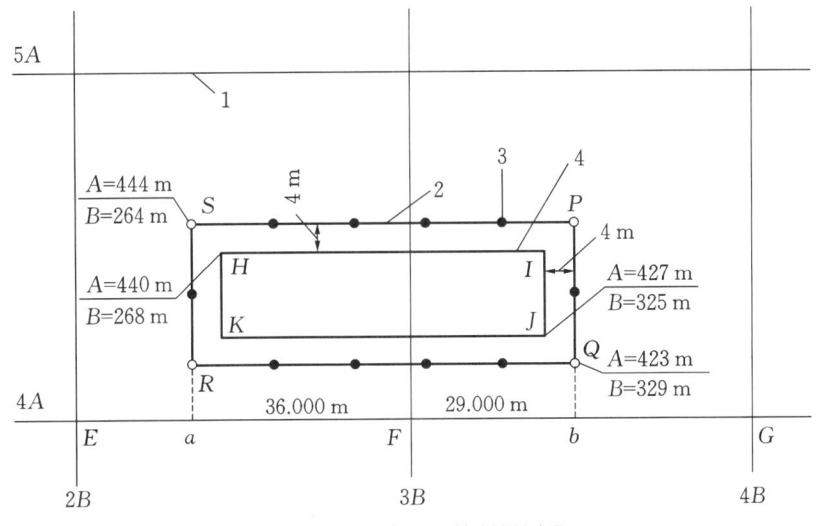

图 12-1　厂房矩形控制网测设

1—建筑方格网;2—厂房矩形控制网;3—距离指标桩;4—厂房轴线

1. 计算测设数据

根据厂房控制桩 S、P、Q、R 的坐标,计算利用直角坐标法进行测设时所需的测设数据,将计算结果标注在图 12-1 中。

2. 厂房控制点的测设

(1) 从 F 点起沿 FE 方向量取 36 m,定出 a 点;沿 FG 方向量取 29 m,定出 b 点。

(2) 在 a 与 b 点安置经纬仪,分别瞄准 E 与 F 点,顺时针方向测设 90°,得两条视线方向,沿视线方向量取 23 m,定出 R、Q 点,再向前量取 21 m,定出 S、P 点。

(3) 为了便于进行细部的测设,测量人员在测设厂房矩形控制网的同时,还应沿控制网测设距离指标桩,如图 12-1 所示。

3. 检查

(1) 检查 $\angle S$、$\angle P$ 是否等于 90°,其误差不得超过 ±10″。

(2) 检查 SP 是否等于设计长度,其误差不得超过 1/10 000。

这种方法适用于中小型厂房。对于大型或设备复杂的厂房,测量人员应先测设厂房控制网的主轴线,再根据主轴线测设厂房矩形控制网。

12.3 厂房柱列轴线与柱基施工测量

1. 厂房柱列轴线测设

根据厂房平面图上所注的柱间距和跨距尺寸,用钢尺沿矩形控制网各边量出各柱列轴线控制桩的位置,如图 12-2 中的 1′、2′等,打入大木桩,在桩顶用小钉标出点位,作为柱基测设和施工安装的依据。测量时应以相邻的两个距离指标桩为起点分别进行,以便检核。

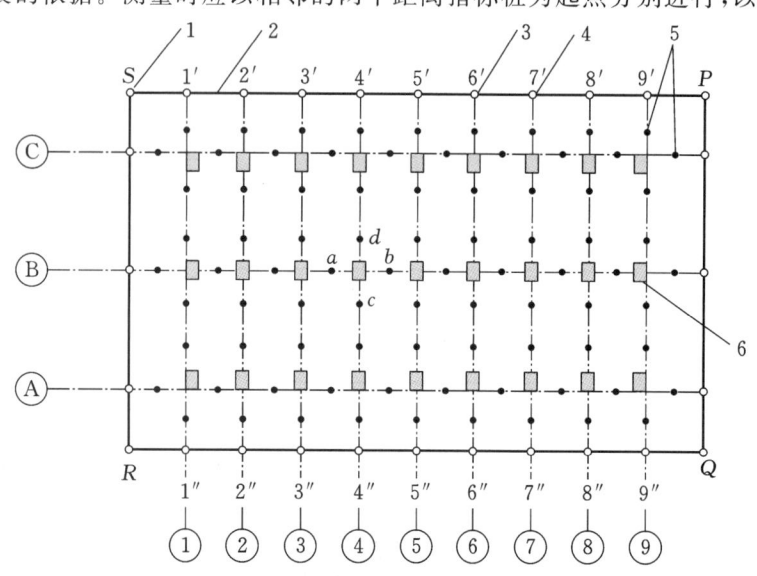

图 12-2 厂房柱列轴线与柱基施工测量

1—厂房控制桩;2—厂房矩形控制网;3—柱列轴线控制桩;4—距离指标桩;5—定位小木桩;6—柱基础

2．柱基定位和放线

(1) 安置两台经纬仪,在两条互相垂直的柱列轴线控制桩上,沿轴线方向交会出各柱基的位置(柱列轴线的交点),此项工作称为柱基定位。

(2) 在柱基的四周轴线上,打入四个定位小木桩 a、b、c、d,如图12-2所示,其桩位应在基础开挖边线以外,比基础深度大1.5倍的地方,作为修坑和立模的依据。

(3) 按照基础详图所注尺寸和基坑放坡宽度,用特制角尺,放出基坑开挖边界线,并撒出白灰线以便开挖,此项工作称为基础放线。

(4) 在进行柱基测设时,应注意柱列轴线不一定都是柱基的中心线(一般立模、吊装等习惯用中心线),此时,应将柱列轴线平移,定出柱基中心线。

3．柱基施工测量

(1) 基坑开挖深度的控制。

当基坑挖到一定深度时,应在基坑四壁,离基坑底设计标高0.5 m处,测设水平桩,作为检查基坑底标高和控制垫层的依据。

(2) 杯形基础立模测量。

杯形基础立模测量有以下三项工作:

① 基础垫层打好后,根据基坑周边定位小木桩,用拉线吊垂球的方法,把柱基定位线投测到垫层上,弹出墨线,用红漆做标记,作为柱基立模板和布置基础钢筋的依据。

② 立模时,将模板底线对准垫层上的定位线,并用垂球检查模板是否垂直。

③ 将柱基顶面设计标高测设在模板内壁,作为浇灌混凝土的高度依据。

12.4 厂房预制构件安装测量

1．柱子安装测量

1) 柱子安装应满足的基本要求

柱子中心线应与相应的柱列轴线一致,其允许偏差为±5 mm。牛腿顶面和柱顶面的实际标高应与设计标高一致,其允许误差为±(5～8 mm),柱高大于5 m时为±8 mm。柱身垂直允许误差:当柱高≤5 m时为±5 mm;当柱高为5～10 m时,为±10 mm;当柱高超过10 m时,为柱高的1/1000,但不得大于20 mm。

2) 柱子安装前的准备工作

柱子安装前的准备工作有以下几项。

(1) 在柱基顶面投测柱列轴线。

柱基拆模后,用经纬仪根据柱列轴线控制桩,将柱列轴线投测到杯口顶面,如图12-3所示,弹出墨线,用红漆画出"▶"标志,作为安装柱子时确定轴线的依据。如果柱列轴线不通过柱子的中心线,应在杯形基础顶面加弹柱中心线。

用水准仪,在杯口内壁,测设一条一般为−0.600 m的标高线(一般杯口顶面的标高为−0.500 m),并画出"▼"标志,作为杯底找平的依据。

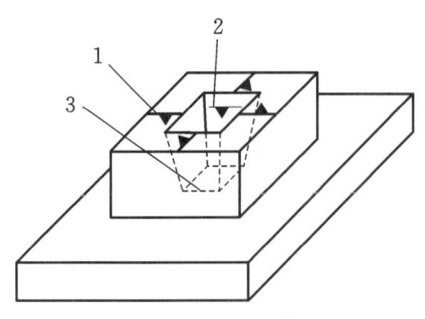

图 12-3 杯形基础

1—柱中心线;2——60 cm 标高线;3—杯底

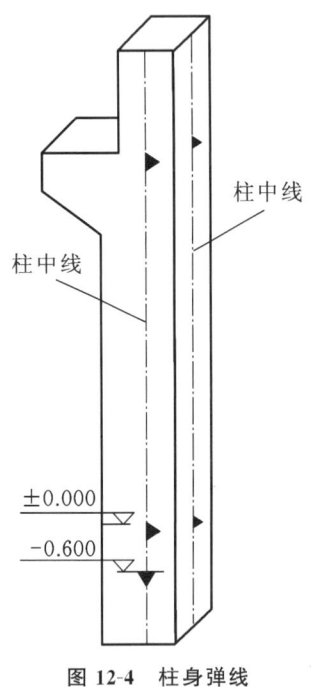

图 12-4 柱身弹线

(2) 柱身弹线。

柱子安装前,测量人员应将每根柱子按轴线位置进行编号。如图 12-4 所示,在每根柱子的三个侧面弹出柱中心线,在每条线的上端和下端近杯口处画出"▶"标志。根据牛腿面的设计标高,从牛腿面向下用钢尺量出 -0.600 m 的标高线并画出"▼"标志。

(3) 杯底找平。

先量出柱子的 -0.600 m 标高线至柱底面的长度,再在相应的柱基杯口内,量出 -0.600 m 标高线至杯底的高度,进行比较,以确定杯底找平厚度,用水泥沙浆根据找平厚度,在杯底进行找平,使牛腿面符合设计高程。

3) 柱子的安装测量

柱子的安装测量的目的是保证柱子平面和高程符合设计要求,保证柱身铅直。

(1) 预制的钢筋混凝土柱子插入杯口后,应使柱子三面的中心线与杯口中心线对齐,如图 12-5(a)所示,用木楔或钢楔临时固定。

(2) 柱子立稳后,立即用水准仪检测柱身上的 ±0.000 m 标高线,其容许误差为 ±3 mm。

(3) 如图 12-5(a)所示,将两台经纬仪分别安置在柱基纵、横轴线上,离柱子的距离不小于柱高的 1.5 倍,先用望远镜瞄准柱底的中心线标志,固定照准部后,再缓慢抬高望远镜观察柱子偏离十字丝竖丝的方向,指挥用钢丝绳拉直柱子,直至从两台经纬仪中,观测到的柱子中心线都与十字丝竖丝重合。

(4) 在杯口与柱子的缝隙中浇入混凝土,以固定柱子的位置。

(5) 在实际安装时,一般一次把许多柱子都竖起来,然后进行垂直校正。这时,可把两台经纬仪分别安置在纵、横轴线的一侧,一次可校正几根柱子,如图 12-5(b)所示,但仪器偏离轴线的角度应在 15°以内。

4) 柱子安装测量的注意事项

所使用的经纬仪必须严格校正,操作时,应使照准部水准管气泡严格居中。校正时,除注意柱子垂直外,还应随时检查柱子中心线是否对准杯口柱列轴线标志,以防柱子安装就位后产生水平位移。在校正变截面的柱子时,经纬仪必须安置在柱列轴线上,以免产生差错。

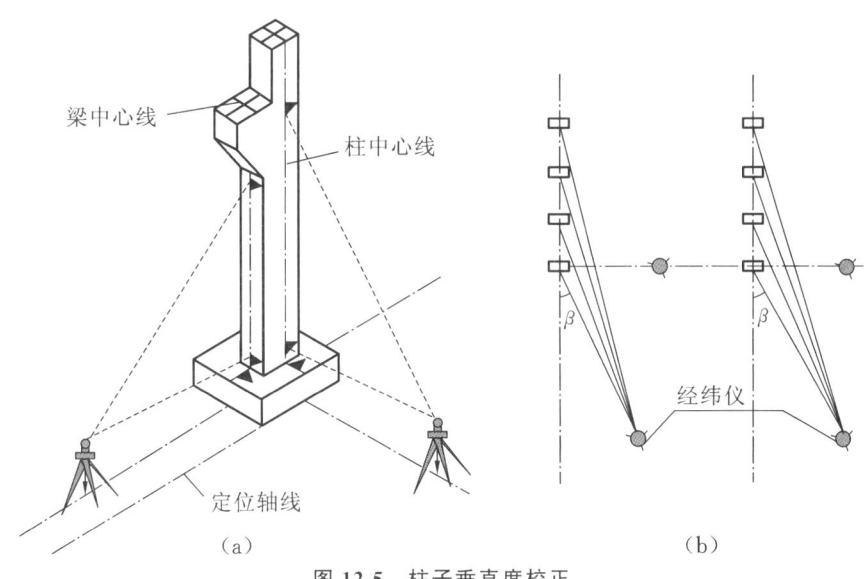

图 12-5 柱子垂直度校正

在日照下校正柱子的垂直度时,应考虑日照使柱顶向阴面弯曲的影响,为避免这种影响,宜在早晨或阴天校正。

2. 吊车梁安装测量

吊车梁安装测量主要是保证吊车梁中线位置和吊车梁的标高满足设计要求。

1) 吊车梁安装前的准备工作

吊车梁安装前的准备工作有以下几项。

(1) 在柱面上量出吊车梁顶面标高。根据柱子上的±0.000 m 标高线,用钢尺沿柱面向上量出吊车梁顶面设计标高线,作为调整吊车梁面标高的依据。

(2) 在吊车梁上弹出梁的中心线。

如图 12-6 所示,在吊车梁的顶面和两端面上,用墨线弹出梁的中心线,作为安装定位的依据。

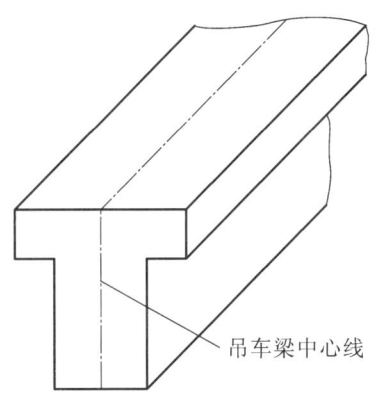

图 12-6 在吊车梁上弹出梁的中心线

(3) 在牛腿面上弹出梁的中心线。根据厂房中心线,在牛腿面上投测出吊车梁的中心线,投测方法如下。

如图 12-7(a)所示,利用厂房中心线 A_1A_1,根据设计轨道间距,在地面上测设出吊车梁中心线(也是吊车轨道中心线)$A'A'$和$B'B'$。在吊车梁中心线的一个端点A'(或B')安置经纬仪,瞄准另一个端点A'(或B'),固定照准部,抬高望远镜,将吊车梁中心线投测到每根柱子的牛腿面上并用墨线弹出梁的中心线。

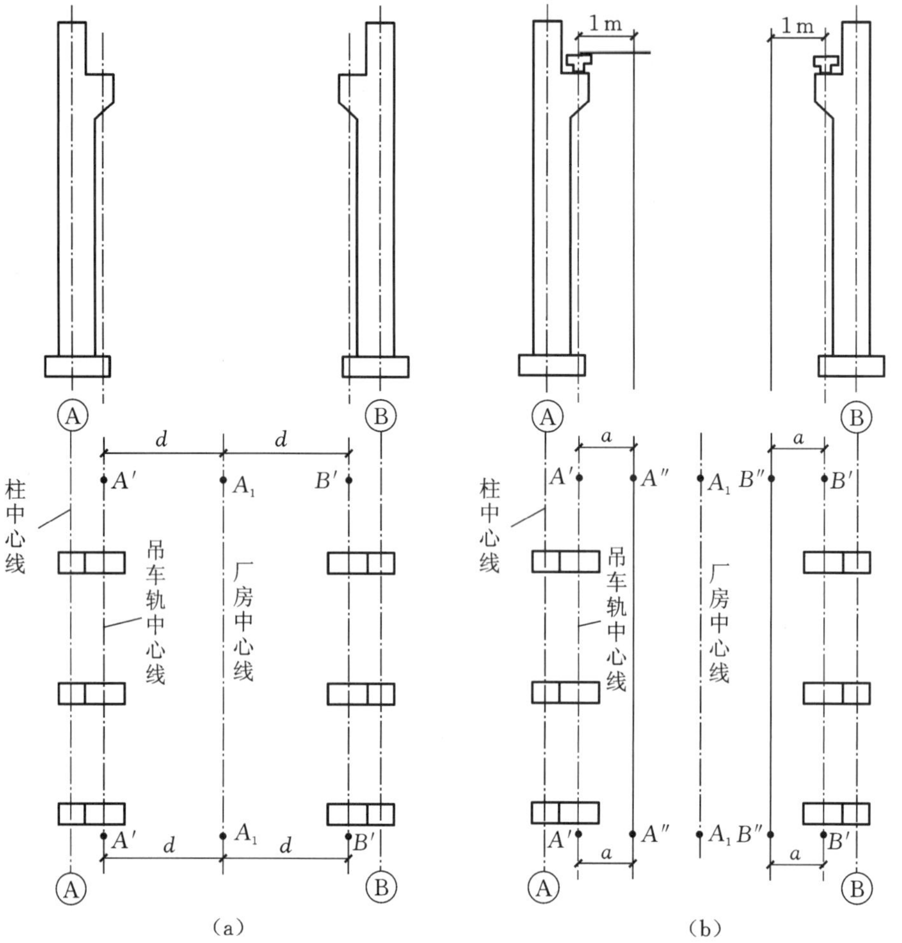

图 12-7 吊车梁安装测量

2) 吊车梁的安装测量

安装时,使吊车梁两端的梁中心线与牛腿面梁中心线重合,使吊车梁初步定位。采用平行线法,对吊车梁的中心线进行检测。校正方法如下。

(1) 如图 12-7(b)所示,在地面上,从吊车梁中心线,向厂房中心线方向量出长度 a(1 m),得到平行线 $A''A''$和$B''B''$。

(2) 在平行线的一个端点 A''(或B'')安置经纬仪,瞄准另一个端点 A''(或B''),固定照准部,抬高望远镜进行测量。

(3) 此时,另外一人在梁上移动横放的木尺,当视线对准尺上一米刻划线时,尺的零点应与梁面上的中心线重合。如不重合,可用撬杠移动吊车梁,使吊车梁中心线到 $A''A''$(或$B''B''$)的距离等于 1 m。

吊车梁安装就位后,先按柱面上定出的吊车梁设计标高线对吊车梁面进行调整,然后将水准仪安置在吊车梁上,每隔 3 m 测一点高程,并与设计高程比较,误差应在 3 mm 以内。

3. 屋架安装测量

1) 屋架安装前的准备工作

屋架吊装前,用经纬仪或其他方法在柱顶面上,测设出屋架定位轴线,在屋架两端弹出屋架中心线,以便进行定位。

2) 屋架的安装测量

屋架吊装就位时,应使屋架的中心线与柱顶面上的定位轴线对准,允许误差为 5 mm。屋架的垂直度可用垂球或经纬仪进行检查。用经纬仪检查的方法如下。

(1) 如图 12-8 所示,在屋架上安装三把卡尺,一把卡尺安装在屋架上弦中点附近,另外两把卡尺分别安装在屋架的两端。自屋架几何中心沿卡尺向外量出一定距离,一般为 500 mm,做标志。

(2) 在地面上距屋架中线相同距离处安置经纬仪,观测三把卡尺的标志是否在同一竖直面内(如果屋架竖向偏差较大,用机具校正),然后将屋架固定。

垂直度允许偏差:薄腹梁为 5 mm;桁架为屋架高的 1/250。

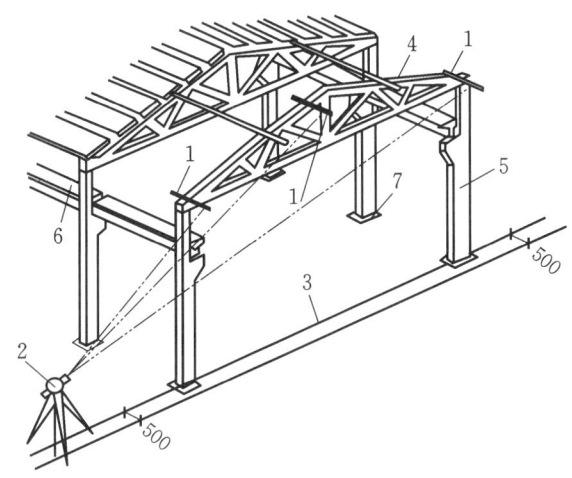

图 12-8 屋架安装测量

1—卡尺;2—经纬仪;3—定位轴线;4—屋架;5—柱;6—吊车梁;7—柱基

12.5 烟囱、水塔施工测量

烟囱和水塔的施工测量相似,我们以烟囱为例进行说明。烟囱是截圆锥形的高耸构筑物,其特点是基础小、主体高。烟囱施工测量的主要工作是严格控制中心位置,保证烟囱主体竖直。

1. 烟囱的定位、放线

1) 烟囱的定位

烟囱的定位主要是定出基础中心的位置。定位方法如下。

(1) 按设计要求,利用与施工场地已有控制点或建筑物的尺寸关系,在地面上测设出烟囱的中心位置 O(中心桩)。

(2) 如图12-9所示,在 O 点安置经纬仪,任选一点 A 作为后视点,并在视线方向上定出 a 点,倒转望远镜,通过盘左、盘右分中投点法定出 b 和 B;顺时针测设 $90°$,定出 d 和 D,倒转望远镜,定出 c 和 C,得到两条互相垂直的定位轴线 AB 和 CD。

(3) A、B、C、D 四点至 O 点的距离为烟囱高度的 $1\sim1.5$ 倍。a、b、c、d 是施工定位桩,用于修坡和确定基础中心,应设置在尽量靠近烟囱且不影响桩位稳固的地方。

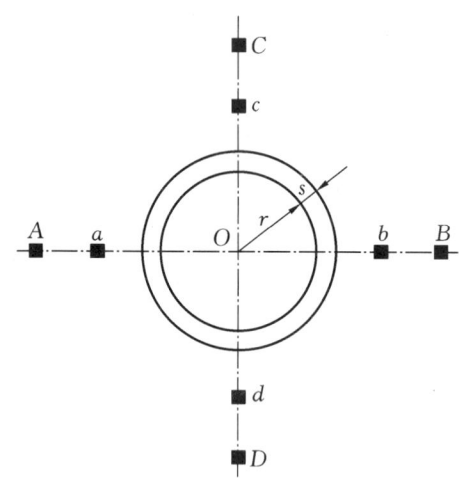

图 12-9 烟囱的定位、放线

2) 烟囱的放线

以 O 点为圆心,以烟囱底部半径 r 加上基坑放坡宽度 s 为半径,在地面上用皮尺画圆并撒出灰线,作为基础开挖的边线。

2. 烟囱的基础施工测量

(1) 当基坑开挖接近设计标高时,在基坑内壁测设水平桩,作为检查基坑底标高和打垫层的依据。

(2) 坑底夯实后,从定位桩拉两根细线,用垂球把烟囱中心投测到坑底,钉上木桩,作为垫层的中心控制点。

(3) 浇灌混凝土基础时,应在基础中心埋设钢筋作为标志,根据定位轴线,用经纬仪把烟囱中心投测到标志上,并刻上"+"号,作为施工过程中控制筒身中心位置的依据。

3. 烟囱筒身施工测量

1) 引测烟囱中心线

在烟囱施工中,测量人员应随时将中心点引测到施工的作业面上。

(1) 在烟囱施工中,一般每砌一步架或每升模板一次,就应引测一次中心线,以检核该施工作业面的中心与基础中心是否在同一铅垂线上。引测方法如下。

在施工作业面上固定一根枋子,在枋子中心处悬挂 $8\sim12$ kg 的垂球,逐渐移动枋子,直到垂球对准基础中心。此时,枋子中心就是该作业面的中心。

(2) 烟囱每砌筑完 10 m,必须用经纬仪引测一次中心线。引测方法如下。

分别在控制桩 A、B、C、D 上安置经纬仪,瞄准相应的控制点 a、b、c、d,将轴线点投测到作业面上并做出标记;按标记拉两条细绳,其交点即为烟囱的中心位置,与垂球引测的中心位置比较,以作校核。烟囱的中心偏差一般不应超过砌筑高度的 1/1000。

(3) 对于高大的钢筋混凝土烟囱,烟囱模板每滑升一次,就应采用激光铅垂仪进行一次烟囱的铅直定位。定位方法如下。

在烟囱底部的中心标志上安置激光铅垂仪,在作业面中央安置接收靶。在接收靶上显示的激光光斑中心,即为烟囱的中心位置。

(4) 在检查中心线的同时,以引测的中心位置为圆心,以施工作业面上烟囱的设计半径为半径,用木尺画圆,如图 12-10 所示,以检查烟囱壁的位置。

2) 烟囱外筒壁收坡控制

烟囱外筒壁的收坡,是用靠尺板来控制的。如图 12-11 所示,靠尺板两侧的斜边应严格按设计的筒壁斜度制作。使用时,把斜边贴靠在筒体外壁上,若垂球线恰好通过下端缺口,说明筒壁的收坡符合设计要求。

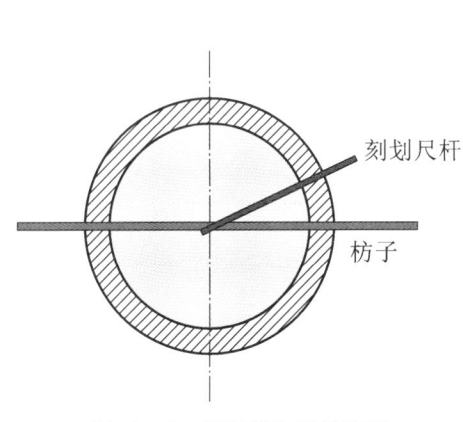

图 12-10 烟囱壁位置的检查

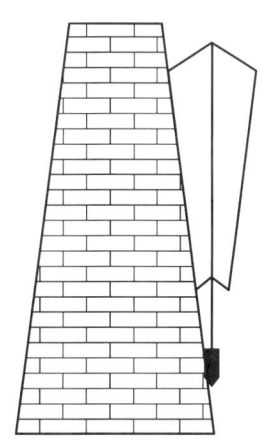

图 12-11 烟囱外筒壁收坡控制

3) 烟囱筒体标高的控制

测量人员一般先用水准仪,在烟囱底部的外壁上,测设出 +0.500 m(或任一整分米数)的标高线,然后以此标高线为准,用钢尺直接向上量取高度。

学习情境 13

道路工程测量

学习情境描述

道路按功能不同,分为城市道路、城镇之间的公路、工矿企业的专用道路以及为农业生产服务的农村道路。这些道路组成全国道路网。道路的路线以平、直较为理想。由于地形及其他原因的限制,为了选择一条经济、合理的路线,测量人员必须进行路线勘测。路线勘测分为初测和定测。

初测阶段的任务:在指定范围内布设导线,测量各方案的路线带状地形图和纵断面图,收集沿线水文、地质等有关资料,为图纸上定线、编制比较方案等初步设计提供依据。定测阶段的任务:在选定方案的路线上进行中线测量、纵断面测量、横断面测量以及局部地区的大比例尺地形图测绘等,为路线纵坡设计、工程测量计算等道路技术设计提供详细的测量资料。初测和定测工作称为路线勘测设计测量。

学习目标

(1) 理解道路工程在初测和定测阶段的主要测量工作。
(2) 掌握中线测量的主要测设内容和测设方法。
(3) 掌握圆曲线主点和细部点的计算和测设方法。

任务书

道路技术设计经批准后,即可施工。施工前和施工中需要恢复中线、测量路基边桩和竖曲线等作为施工的依据。现有长度约 200 km 的省道公路建设项目,模拟完成该道路工程施工测量。

任务分组

学生任务分配表

班级		组号		指导老师	
组长		学号			
组员	姓名	学号		姓名	学号

续表

任务分工

获取信息

引导问题1:道路勘测阶段的主要测量工作有哪些?

引导问题2:道路施工测量的主要内容有哪些?

引导问题3:常用哪几种方法来测设施工控制桩?

引导问题4:我们可以从公路总平面设计图上获取哪些信息?

引导问题5:什么是道路纵断面图?

引导问题6:什么是路基横断面?

引导问题 7：什么是里程桩？

引导问题 8：施工导线的选点要求是什么？

引导问题 9：加密施工水准点的原则有哪些？

引导问题 10：施工水准点的选点要求有哪些？

引导问题 11：什么是路线的定线测量？

引导问题 12：中线测量时，常采用哪些测设方法？

引导问题 13：圆曲线主点元素有哪些？

引导问题 14：什么是缓和曲线？

引导问题 15：什么是基平测量？

引导问题 16：什么是中平测量？

引导问题 17：什么是竖曲线？

工作实施

(1) 如何进行施工控制桩测设?

(2) 如何进行道路边桩放样?

(3) 如何进行道路中线测设?

(4) 路线交点如何测设?

(5) 已知某交点的里程为 K3+182.76，测得转角 $\alpha=25°48'$，拟定圆曲线半径 $R=300$ m，求圆曲线测设元素及主点里程桩里程，并进行圆曲线主点测设。

_____
_____
_____
_____
_____
_____

(6) 如何进行道路纵断面测量？

_____
_____
_____
_____
_____
_____

评价反馈

学生进行自评，评价自己是否能完成实训任务。小组互评，点评其他小组任务完成速度、成果精度、小组成员的相互配合情况。老师对各小组整个任务完成情况进行评价。

学生自评与小组互评

实训项目				
小组编号		姓名		学号
序号	评估项目	分值	实训要求	自我评定
1	任务完成情况	30	按时按要求完成实训任务	
2	测量精度	20	成果符合限差要求	
3	实训记录	20	记录规范、完整、计算准确	
4	实训纪律	15	遵守课堂纪律、无事故、仪器未损坏	
5	团队合作	15	服从组长安排，能配合其他成员工作	

实训总结与反思：

其他小组评价得分：_____、_____、_____、_____

教师评价

实训项目					
小组编号		姓名		学号	
序号	评估项目	分值	实训要求		考核评定
1	操作程序	20	操作规范、程序正确		
2	操作速度	20	按时完成任务		
3	安全操作	10	无事故发生		
4	数据记录	10	记录规范、无篡改、抄袭等		
5	测量成果	30	计算正确、精度达标		
6	团队合作	10	服从组长安排，能配合其他成员工作		

存在问题：

指导老师：

学习情境的相关知识点

道路工程测量包括路线勘测设计测量和道路施工测量两个方面。从测量学承担的任务的角度看，前者属于测绘，后者属于测设。勘测设计测量为工程施工提供设计依据，最终以地形图、工程建筑设计图纸等成果的形式来体现测绘的目的。

13.1 道路工程测量概述

13.1.1 道路勘测设计阶段的目的和任务

道路勘测设计阶段的目的是选定路线，进行测量和调查工作，取得基础资料，为公路设计提供原始的依据。

道路勘测一般采用两阶段设计，即初测编制初步设计和定测编制施工图设计。对于复杂、重要而又缺乏经验的个别阶段，设计人员可采用三阶段设计。

13.1.2 路线勘测各阶段的测量工作

1. 初测阶段

初测阶段也称为踏查测量阶段,包括控制测量、测带状地形图和纵断面图、收集沿线地质水文资料、纸上定线或现场定线、编制比较方案,为初步设计提供依据。涉及的测量工作有导线测量、水准测量、横断面测量和地形测量等四项。

2. 定测阶段

定测阶段也称为详细测量阶段,包括在选定设计方案的路线上进行路线中线测量,测纵断面图、横断面图及桥涵,路线交叉、沿线设施、环境保护等测量和资料调查,为施工图设计提供资料。这个阶段涉及的测量工作有中线测量、水准测量、横断面测量和地形测量等四项。

13.1.3 道路施工测量

道路施工测量是指按照设计图纸进行恢复道路中线、测设路基边桩和竖曲线、工程竣工验收等的测量。

1. 路线中线的恢复测量

因为从工程勘测设计到工程施工要经历很长一段时间,其间会有很多勘测阶段所埋设的桩点在进入工程的施工阶段时丢失,因此,为了施工的顺利进行,测量人员要对道路的中线进行恢复中线的测量,采用的测量方法与路线中线测量方法基本相同。路线中线的恢复测量也包括对路线水准点高程进行复核测量。

2. 施工控制桩的测设放样

施工控制桩的测设放样是在工程正式开工之前,所要进行的控制测量,能够有效地控制中桩的位置,需要在不易被施工损坏、便于引测和保存桩位的地方设置施工控制桩。常用的测设方法有以下两种。

1) 平行线法

平行线法是在设计的路基范围以外,测设两排平行于道路中线的施工控制桩,用于地形平坦、直线段较长的地区,如图 13-1 所示。

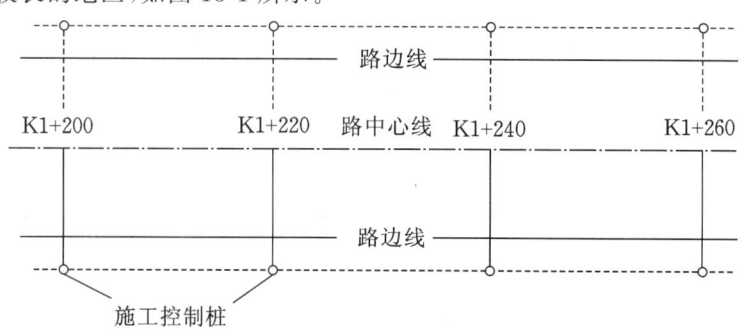

图 13-1 平行线法

2) 延长线法

延长线法是在路线转折处的中线延长线上或者在曲线中点与交点的连线的延长线上,测设两个能够控制交点位置的施工控制桩,用于坡度较大和直线段较短的地区,如图 13-2 所示。

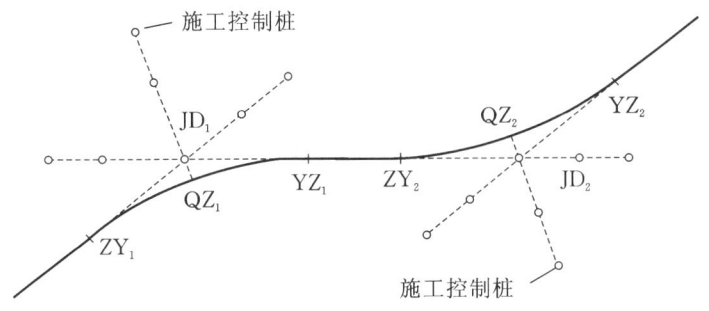

图 13-2 延长线法

13.1.4 路基边桩的放样

路基边桩的放样是主体工程正式施工时所要进行的施工测量,完成道路施工测量的大量工作,贯穿于整个主体施工。路基边桩测设是在地面上将每个横断面的路基边坡线与地面的交点用木桩标定出来。边桩的位置由两侧边桩至中桩的距离来确定。

常用的边桩测设方法如下。

1. 图解法

图解法是指直接在横断面图上量取中桩至边桩的距离,在实地用皮尺沿横断面方向测定位置。

2. 解析法

解析法是指路基边桩至中桩的距离通过计算求得。

1) 平坦地段路基边桩的测设

填方路基称为路堤,堤边桩至中桩的距离为 $D=\dfrac{B}{2}+mh$,如图 13-3(a)所示。

挖方路基称为路堑,堑边桩至中桩的距离为 $D=\dfrac{B}{2}+S+mh$,如图 13-3(b)所示。

B 为路基设计宽度;$1:m$ 为路基边坡坡度;h 为填土高度或挖土深度;S 为路堑边沟顶宽。

2) 倾斜地段路基边桩的测设

在倾斜地段,边桩至中桩的距离随地面坡度的变化而变化,如图 13-4 所示。

路堤边桩至中桩的距离如下。

斜坡上侧,$D_{上}=\dfrac{B}{2}+m(h_{中}-h_{上})$。

斜坡下侧,$D_{下}=\dfrac{B}{2}+m(h_{中}+h_{下})$。

路堑边桩至中桩的距离如下。

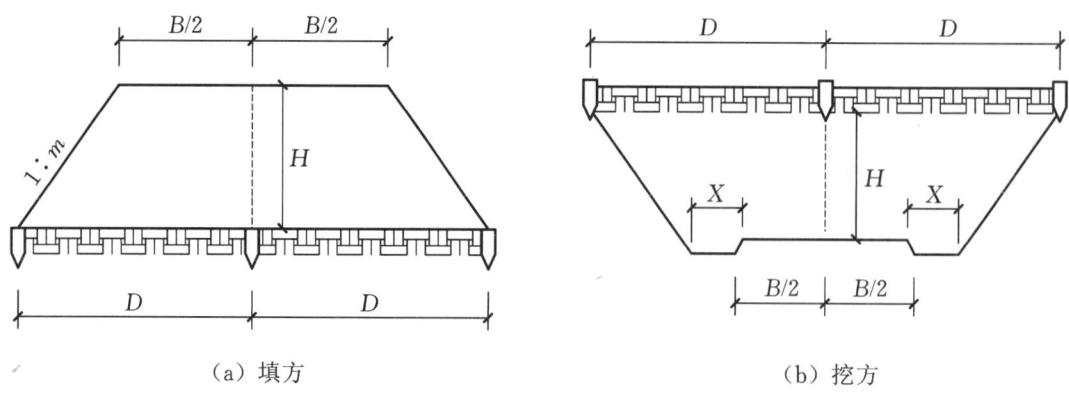

(a)填方　　　　　　　　　　　　(b)挖方

图 13-3　平坦地段路基边桩的测设

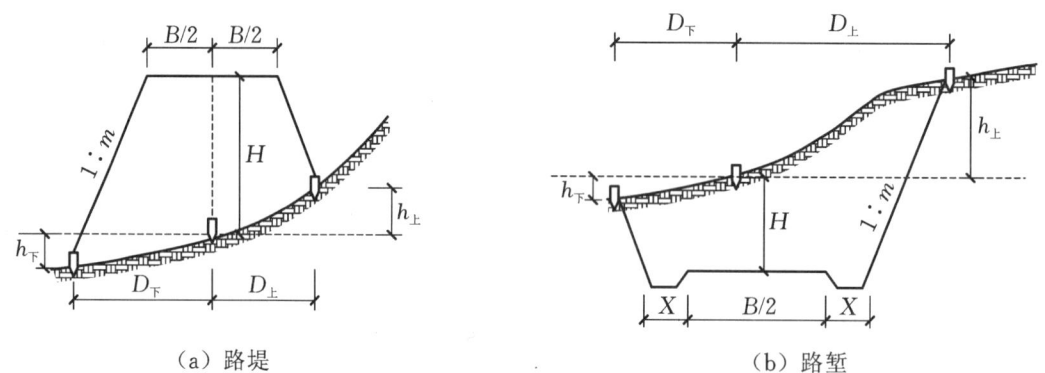

(a)路堤　　　　　　　　　　　　(b)路堑

图 13-4　倾斜地段路基边桩的测设

斜坡上侧，$D_下 = \dfrac{B}{2} + S + m(h_中 + h_下)$。

斜坡下侧，$D_上 = \dfrac{B}{2} + S + m(h_中 - h_上)$。

B、S 和 m 已知，h 中为中桩处的填挖高度，已知。$h_上$、$h_下$ 为斜坡上、下侧边桩与中桩的高差，在边桩未定出之前为未知数。测量人员可以根据地面实际情况，参考路基横断面图，估计边桩的位置，测出该估计位置与中桩的高差，据此在实地定出其位置。测量人员可以采用逐渐趋近法测设边桩。

13.2　公路工程施工测量的依据

公路工程施工测量是公路工程建设中的一项重要工作。在公路建设过程中，测量人员要进行一系列施工测量。公路工程施工测量的质量直接关系到工程的质量。只有遵照规范中有关测量的规定，公路施工测量才能保证工程施工的质量。

公路设计文件是指业主委托设计单位设计，并由业主(也就是甲方)下发给施工单位的设计施工图纸。

这些设计文件中有关测量方面的有以下几种。

1. 公路总平面设计图

公路总平面设计图能显示出所建造公路的总体形态,以及公路所处的地形环境,如图13-5所示。

公路总平面设计图可以反映以下信息。

(1) 线路直线和曲线的组合形态;曲线元素在图上的位置及其转折的曲线半径、角度及其转折方向;千米、百米里程桩号,交点、导线点、水准点在图上的位置;构造物、盖板、涵(通)道等在图上的位置;路堑、路堤在图上的位置等。

(2) 了解该段新建公路沿线的地形,以及挖方填方段的大致情况。

(3) 了解支线(改道路线)与主线的联系,以及支线线形等。

2. 路线纵断面图

路线纵断面图能显示路线的原地面高程和公路的设计高程,如图13-6所示。

路线纵断面图可以反映以下信息。

(1) 路线中线纵向高低起伏情况以及纵向原地形高低起伏的情况。

(2) 路线中线的里程桩号及相应的地面高程、设计高程、填挖高程、地质概况、直线及平曲线、超高方式、超高段起点终点里程桩号、最大超高段的超高横坡度、缓和曲线长度、左右转角等。

(3) 竖曲线形式(凹或凸)以及竖曲线要素。

(4) 路线中线纵坡、边坡点里程桩号及高程。

(5) 线路沿线构造物、涵道等的里程桩号。

3. 路基横断面图

路基横断面是指垂直于过道路中线上任意一点的竖向切线切出的横向剖面,是能看到原始地面高程、设计高程,以及两面边坡的坡度的面,如图13-7所示。

路面填方(路基):高于原地面的填方路基。路基填方横断面图可以反映以下信息。

(1) 路面以上的填方情况。

(2) 路面上原地面两侧的高低。

(3) 中桩的填方高度、边桩的填方高度、填方时路基底(坡脚线)的实地位置。

(4) 路面中央的分隔带,路边坡底的护道、排水沟。

(5) 中桩至坡脚的距离、边坡比以及填方面积。

路面挖方(路堑):低于原地面的挖方路基。路基挖方横断面图可以反映以下信息。

(1) 路面以上的挖方情况。

(2) 路面上原地面两侧的高低。

(3) 中桩的挖方高度、边桩的挖方高度、挖方时路堑顶的实地位置。

(4) 路面中央的分隔带,路边外的排水沟、碎落台。

(5) 中桩至坡脚的距离、边坡比以及挖方面积。

4. 主路线路面结构图

同路面横断面结构图所介绍的。

5. 路基设计表

路基设计表可以表示一条路上每个不同点(整桩号)的高程,如表13-1所示。

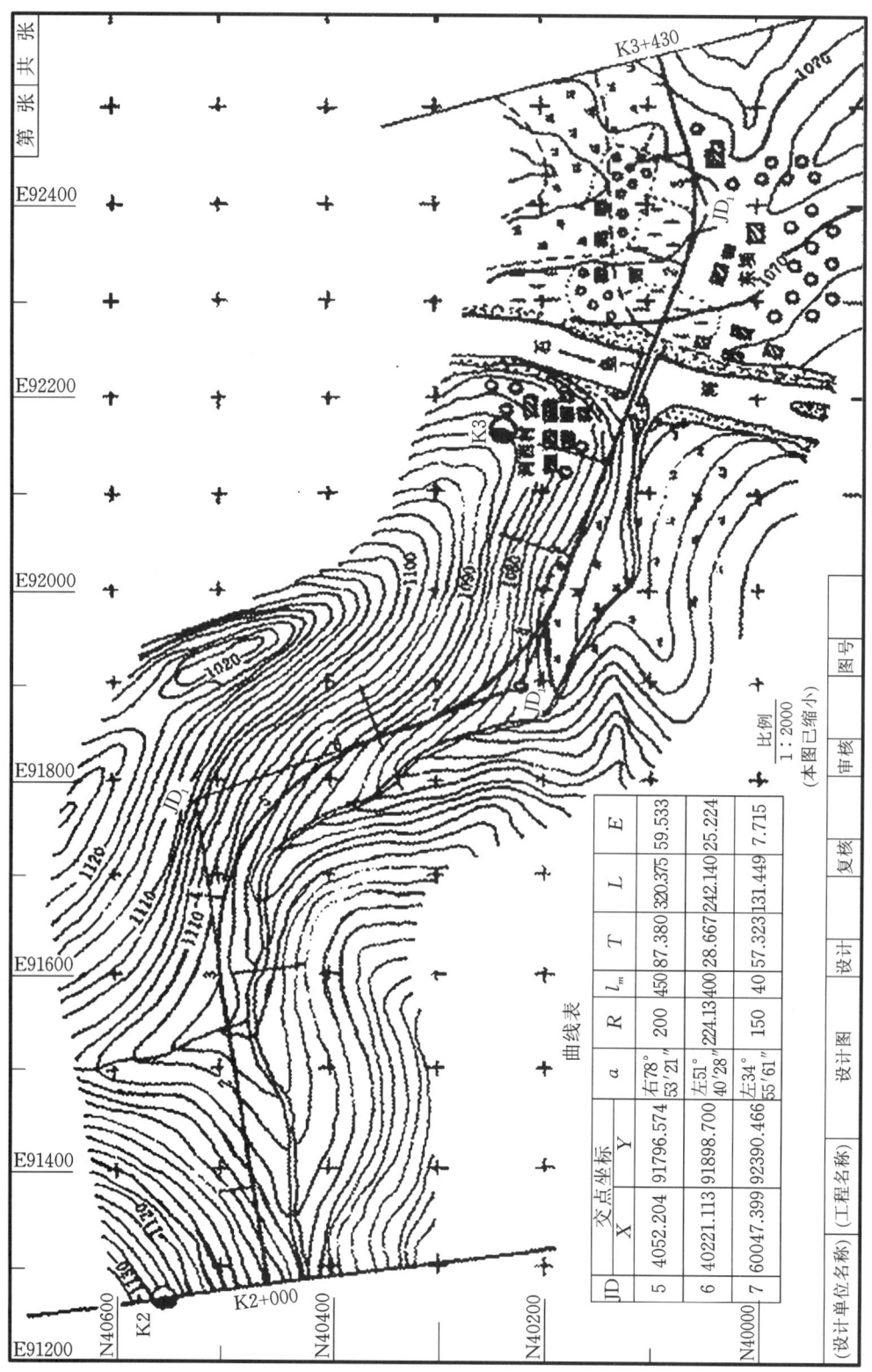

图 13-5 公路总平面设计图

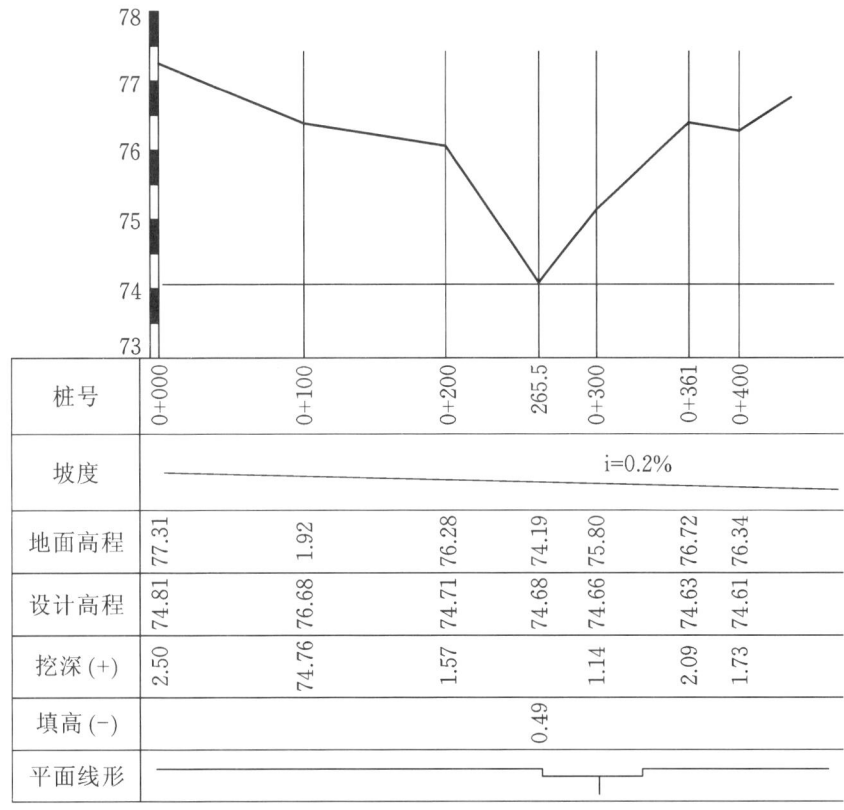

图 13-6 路线纵断面图

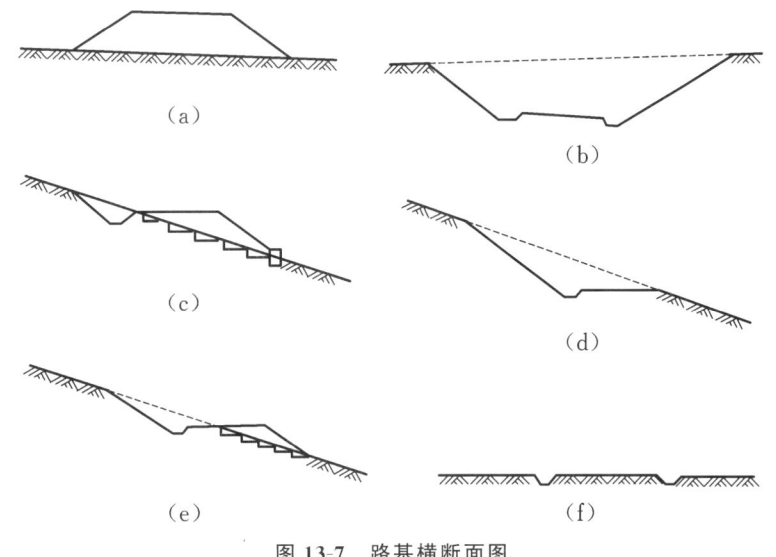

图 13-7 路基横断面图

路基设计表可以反映以下信息。

(1) 每个横断面的里程桩号。
(2) 每个横断面的里程桩号的地面高程、设计高程、填挖高度。
(3) 路面左、右路幅宽度,中央分隔带宽度。

(4) 竖曲线要素 R、T、E 和凹凸形式等。

表 13-1 可以反映以下信息。

(1) 这条路的起点为 K12+110。

(2) 这个凸竖曲线的起点为 K12+126，终点为 K12+674。竖曲线的设计元素为 $R=4000$ m，$T=274$ m，$E=9.4$ m。

(3) 路的地面高程与设计高程。设计高程减去地面高程就等于填挖高度。

在桩号 K12+110 处，设计高程为 127.35 m 地面高程为 126.48 m。127.35 m－126.48 m＝0.87 m(0.87 为正数，说明需要在原地面上填筑 0.87 m)。在桩号 K12+345 处，设计高程为 128.09 m，原地面高程为 128.69 m，128.09 m－128.69 m＝－0.6 m(－0.6 为负数，说明在原地面需要下挖 0.6 m)。一般在填表时，不带正负号，直接将数值填到"填挖高度"里。

表 13-1 路基设计表

桩号	平曲线	变坡点高程桩号、纵坡长、坡长	竖曲线	地面高程/m	设计高程/m	填挖高度/m		路基宽度/m	
						填	挖	左路幅	中央分隔带
1	2	3	4	5	6	7	8	9	10
K12+110				126.48	127.35	0.87		12	2
125			+126 起点	125.5	127.43	1.93		12	2
150		$i=5.7\%$		123.39	127.57	4.18		12	2
……			凸 $R=4000$ m、 $T=274$ m、 $E=9.4$ m	……	……	……		……	……
345				128.69	128.09		0.6	12	2
370				130.76	128.08		2.68	12	2
……		129.00、 K12+400、 $i=-8\%$、 $l=900$	+674 终点	……	……	……		……	……
650				123.3	126.99	3.69		12	2
675				124.64	126.8	2.16		12	2
693				126.83	126.66		0.17	12	2

(4)路基宽度:左路幅宽度+右路幅宽度+中央分隔带宽度=路基宽度。

6. 直线、曲线及转角表

直线、曲线及转角表能表示直线和曲线的施工参数。直线、曲线及转角表能表示以下信息。

(1)工程标段的施工编号、交点里程桩号、交点的间距、交点边方位角、转角(左转角或右转角:左偏为负适用于切线支距,右偏为正)及交点的坐标。

这些要素以及交点所在圆曲线半径是计算路线上任意一点坐标的已知条件,必须彻底弄清楚。

(2)工程标段是直线或者是曲线,或者两者都有,必须搞清楚直线起、终点里程桩号和坐标,圆曲线的里程桩号、坐标和曲线要素(半径、切线长、曲线长、外距)。

(3)缓和曲线的起点、终点里程桩号和坐标。

7. 导线点成果表

导线点成果表把所有的导线点汇总到一张表格中,以便以后用到的时候可以立刻找到并使用。导线成果表可以反映如下内容。

(1)施工标段内导线点的名称。

(2)该导线点的横、纵坐标。

(3)相邻两点的平面距离及方位角。

8. 水准点成果表

水准点成果表将测量人员测量出的所有用于施工的水准点的高程全部汇总到一个表中,以便以后用到的时候可以立刻找到并使用。水准点成果表可以反映以下内容。

(1)施工标段内所有用到的水准点的点名及高程。

(2)水准点所在的位置与所要施工的道路的位置关系。

(3)了解这些情况,还要到实地去勘察校核,在设计单位的带领下进行现场交桩,以便以后施工使用。

(4)待交桩完成之后,测量人员要亲自测量一遍,附合一次,以免以后测量时出现不必要的麻烦。附合测量无误后,才能进行高程的施工放样。

(5)所有的水准点的一般符号为⊗,简记为 BM。一般一条路只有一个 GPS 打出的水准点,只有这个点可以简记为 BM 点,其他的点都是从这个点导出来的点。假设有一个点是从 BM 点引出的第一个点,那么这个点就简记为 BM_1。BM_{12} 就是从这个点引出的第十二个点。BM_{1-1} 就是从 BM_1 引出的第一个点。一般引出的水准点越少越好,这样可以减少以后施工当中的误差。

9. 路面横断面结构图

从横断面结构图可知,主线路面结构层各层厚度及填料材料要求、中央分隔带宽度、路缘带宽度、行车道宽度、硬路肩宽度、土路肩宽度、路拱坡度、土路肩坡度等。

13.3 公路工程施工控制点的复测和加密

公路工程施工控制点包括平面控制点(闭合导线控制点、附合导线控制点)和水准高程控制点。

导线点是公路施工过程中控制公路线性平面位置的重要依据;水准高程控制点是公路施工过程中控制路线高程的重要依据

施工单位采用的导线点是由业主提供的,它是在公路设计勘测定测阶段布设的。一般来说,从勘探设计到正式开工,间隔时间都较长。在这期间,公路勘探设计阶段布设的导线点、交点难免损坏丢失。为了保证公路施工质量,满足施工需要,测量人员必须对业主提供的导线点数据进行复测。

导线点复测工作由工程项目部测量工程师、监理测量工程师、施工队现场测量员组成的"导线复测小组"进行。

1. 实地校核导线点

实地校核导线点是根据设计单位提供的导线点成果表,在线路实地逐点校对。校对内容:资料上的点与实地点的位置是否一致;实地点的完好程度、可利用程度;相邻导线点是否通视。

实地校核导线点时,若发现导线点已被破坏、移动,或找不到导线点,可考虑补点:补点不强调必须恢复原位;补点应当与相邻点通视;补点应通视路线中线桩位,利于今后中桩放样。

应当注意的是,在公路勘察设计阶段布设的导线点在放样的时候的利用率较低,复测导线补点时,应从实际出发,尽可能把点位布设在能够通视的地方。但是,应强调的是,补点应在原导线路线上,即补点应与其他原点在同一条导线上,在同一坐标系当中。

2. 导线复测的外业工作

导线复测的外业工作主要是测距和测角,使用经纬仪和钢卷尺、全站仪。测角方法:测回法。

3. 导线点加密

原有导线点距离较远,不能满足施工对点数的需要时,测量人员可增设满足相应进度要求的附合导线。公路施工当中,勘测设计布的点在数量上不能满足施工要求时,施工单位必须根据施工标段的实际需要和实际地形来加密施工导线(也称为临时导线点)。

加密导线的目的:便于线路平面放样,保证施工精度。施工经验告诉我们,在施工当中需要多次重复恢复路线的中桩、边桩。因为施工当中每天都有可能破坏这些桩位,这就需要在挖、填一定高度后重新放桩以保证路线线形。在施工标段布设合理的导线点位,能够方便且准确地恢复中桩和边桩。

4. 加密施工导线的原则

(1) 公路工程施工测量与其他测量一样,也必须遵循由高到低的原则。

(2) 须从设计单位提供的导线点引出测量施工的导线点。
(3) 施工导线点的坐标系统必须与设计单位提供的导线点的坐标系统一致。
(4) 施工导线起、终点必须是由设计单位提供的导线点。
(5) 施工导线的测量精度必须满足施工放样要求。
(6) 施工导线点的密度应满足施工放样的需要。实践证明,放样点距控制点远,则放样越不方便,而且误差也大。放样时应一站到位,放样视距不超过 500 m。

5. 施工导线的选点要求
(1) 通视良好。
(2) 点位桩需要埋设牢固,便于保护。
(3) 施工导线点位的密度应该满足施工现场的放样要求。
(4) 点位桩号要醒目、易识别。

13.4 水准点的复测和加密

13.4.1 水准点的复测

使用设计单位的水准点之前应仔细校核,并与国家水准点闭合;超出一定误差范围时,应查明一定的原因并及时报告有关部门。

施工单位采用的水准点主要是由业主提供的。它是在公路勘测定测阶段布设的。一般来说,从公路勘察设计到施工需要很长的时间,在这期间,布设的水准点难免丢失。为保证公路施工质量,满足施工要求,测量人员必须对业主提供的水准点进行复测。

1. 实地校核水准点
测量人员应根据设计单位提供的水准点成果表,在线路实地逐点校核,校核内容如下:
(1) 资料上的点名是否与实地点名一致。
(2) 实地点位完好程度、可利用程度。
(3) 实地点位的密度能否满足施工现场放样的需要。

实地校核水准点时,若发现水准点已被破坏、移动或找不到桩位等情况,应补点,补点应方便路线高程放样,其高程应与原水准点闭合。

2. 水准点复测的一般规定
(1) 水准点复测的高程系统应采用原水准点的高程系统。
(2) 复测水准点的等级应与原等级一致。
(3) 水准点的复测应使用不低于 S3 型的水准仪。
(4) 复测水准点时,必须有相邻施工段的水准点闭合。

3. 实地复测水准点
实地复测水准点有以下几种情况。
(1) 施工标段只有一个水准点的(这种情况常发生在小施工队承包的不足 1000 m 的施工标段),应用附合水准测量方法,连测到相邻路段的已知水准点。

(2)施工标段只有两个已知水准点的,应用附合水准测量方法,从一个已知水准点连测到另一个已知水准点。

(3)施工标段有三个以上水准点的,可用路线两端的水准点作为起点,与终点组合成附合水准路线,将其余的路上已知的水准点看作待测的水准点,然后用附合水准测量方法连测,对整条路平差,并用计算值和已知水准点高程比较(如果比较的数值差异较大,需要进行复测,如仍然有问题,必须要马上和业主联系,磋商解决方案)。

(4)与相邻施工段连测,可采用支水准路线方法。

13.4.2 水准点加密

勘测设计提供的水准点相距较远,不能满足施工的要求时,测量人员要进行水准点的加密。沿路线每 500 m 宜有一个水准点。结构物附近、高填深挖路段、工程量集中及地形复杂的路段,宜增加水准点。

在施工标段合理加密水准点,既方便高程放样,又能保证施工中的高程精度。公路施工实践证明,勘测设计所布的水准点的精度和密度一般都满足不了施工的需要。因此,施工单位必须根据作业面的实际需要、实际地形来加密水准点(也叫临时水准点)。

1. 加密施工水准点的原则

(1)加密施工水准点的原则是从高级到低级,即必须从设计单位提供的水准点引测施工水准点。

(2)施工水准点的高程系统必须与设计单位提供的水准点的高程系统一致,不得自行选择高程系统。

(3)施工单位的水准点的起、终点必须是设计单位提供的水准点,其测定结果的限差,应符合规范的要求。

(4)施工水准点的密度应能满足高程放样的需要,应能一站放出所需点位,测量视距宜控制在 80 m 以内。施工水准点间距宜在 160 m 以内。

2. 施工水准点的选点要求

(1)施工水准点密度:施工水准点的密度应保证只架设一次仪器就可以放出或测量所需的高程。公路施工实践告诉我们,在一个测站上,水准点测量前后视距最好是 80 m,超过 80 m 则需要转站才能继续往前测,如果多次转站,误差会因累积而增大。因此从实际出发,同时为保证放样数据的精度,施工水准点的间距最好保证在 160 m 内。在纵坡较大的路段,施工水准点的距离应根据实地地形缩短。实践证明,根据上述要求加密的水准点,完全可以满足施工的进度要求,又可以为高程放样带来了很大的方便。

(2)在重要结构物附近,宜布设两个以上的水准点,一个点用来放样,另一个点用来检查,从而保证测量放样的准确性。实践证明,这种布设水准点的方法,能避免错误的发生。

(3)施工水准点布设地点:公路施工实践中,加密施工水准点一般布设在填方路段的两侧 20 m 内的与挖方段交接的山坡脚等易保存的地点。路基施工基本完成时,挖方的排水沟或坡脚砌体已基本施工完毕,这时,水准点可布设在其水泥抹面上。埋设水准点要做好点标记,方便以后使用。

(4)施工水准点应埋设牢固并妥善保管。施工实践证明,从路基施工到路面施工,水准点都要反复使用。所以点位一定要埋设牢固。用大木桩作为桩位时,木桩要打深、打牢,并用水泥钉加固。水准测量时,标尺立在钉面上。

(5)施工水准点的编号要醒目、清晰、易识别。施工中多用公里数＋号码来编号,如K128＋125。测量人员应把高程用红漆写在点号旁边。这样,测量人员就很明显地知道该点是用来控制哪段的了,也可校核所用高程是否用错。

3. 施工水准点的测设

1) 施工水准点的测量方案

选择施工水准点的测量方案时应考虑如下因素:

(1)施工标段的已知水准点的分布、利用情况、前、后相邻水准点的分布情况(利于选用相邻路段水准点闭合方案)。

(2)施工标段挖方段、填方段情况。施工初期先加密填方段施工水准点,随着挖方段工程进展,再在挖方段增设施工水准点。

(3)施工高程放样需要。

根据施工规范,结合实测经验,适用于公路工程加密水准点的施工方案有以下几种:

① 单一附合水准路线;

② 单一闭合水准路线;

③ 复测支水准路线,即往返测水准路线。

当施工标段内只有一个已知水准点时,宜采用闭合水准路线进行测量;如有特殊需要,如涵洞高程放样等,可考虑选用复测支水准路线;当施工标段有两个已知水准点时,可采用附合水准路线测量。

图 13-8 所示为附合水准路线示意图。图 BM_A 是已知起始水准点,BM_B 是已知终点水准点。1、2、3 是转点,K128＋1、K128＋2 是欲加密的施工水准点。测出 BM_A 和转点 1 的高差,再测出转点 1、转点 2 和转点 3 的高程,通过平差计算,就可以计算出各导线点的高程。

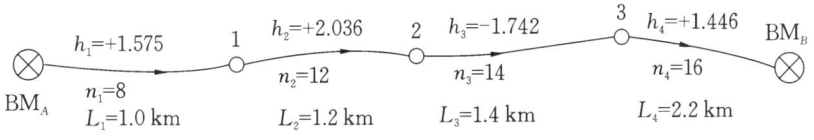

图 13-8　附合水准路线示意图

图 13-9 所示为闭合水准路线示意图。图中的 BM 是该路线的起点,又是终点,即由该点出发,经过许多点(待求点)又回到该点。测出各段高差,经过平差就可以计算各点的高程。

图 13-10 所示为复测支水准路线示意图。图 BM_A 是已知水准点,从此点出发向外支出转 1、转 2、转 3 各点,此时可往返测出各点的高差,通过计算就可以算出各点的高程。

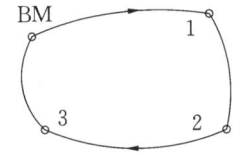

图 13-9　闭合水准路线示意图

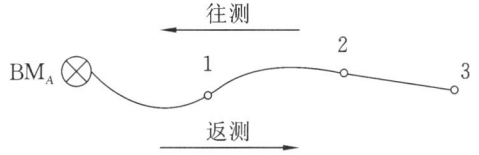

图 13-10　复测支水准路线示意图

2）施工水准点的测量方法

施工水准点的高程用水准测量方法测定。水准测量就是用水准仪、水准标尺或塔尺测定点的高程的方法。普通测量常用的水准测量方法有向前法、高差法、视线高法和复合水准测量法。公路施工测量采用向前法和复合水准测量法。向前法用于路线高程放样，复合水准测量法用于建立施工标段的高程控制系统。

公路是一条狭长地带，每个施工段多则几公里，少则数百米，这就需要复合水准测量来加密施工高程控制点。

13.5 路线定线测量

路线定线测量中，测量人员要根据初步设计文件、优化设计文件，准确测定路线的位置和构造物的位置。

1. 极坐标法

极坐标法是根据公路导线点坐标和公路中线上各点坐标之间的关系，计算测设数据，然后在实地标出点位的方法。极坐标法可不设置交点桩，测设时应一次测出整桩和加桩，也可只测设直线和曲线控制点桩，其余中桩用链距法测设。

1）测设数据的计算

设 P 为公路中线上的点，其坐标为 (x_P, y_P)，A、B 为导线点，坐标分别为 (x_a, y_a)、(x_b, y_b)。则 A、P 两点的距离 S_{AP} 和坐标方位角 α_{AP} 的计算公式为

$$\begin{cases} S_{AP} = \sqrt{(x_p - x_a) + (y_p - y_a)} \\ \alpha_{AP} = \arctan \dfrac{y_p - y_a}{x_p - x_a} \end{cases}$$

AB 直线的方位角为 $\alpha_{AB} = \arctan \dfrac{y_B - y_A}{x_B - x_A}$。

直线 AB 与 AP 的夹角为 $\beta = \alpha_{AB} - \alpha_{AP}$。

此时应注意象限，解决的方法是：当 $\Delta x < 0$ 时，加 $180°$；当 $\Delta x > 0$ 时，加 $360°$。

控制点的坐标已知，如图 13-11 所示。

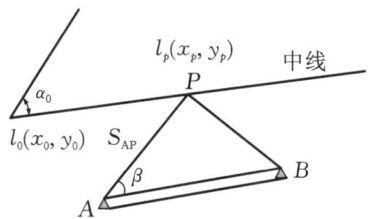

图 13-11　点 P 在直线段上且已知桩号

设公路起点直线段的桩号为 $l_0(x_0, y_0)$，直线段上任意一点 P 的桩号为 $l_p(x_P, y_P)$

P 点所在直线段的方位角为 $α_0$，则 P 点的坐标可按下式计算：

$$\begin{cases} x_p = x_0 + (l_P - l_0)\cos α_0 \\ y_p = y_0 + (l_P - l_0)\sin α_0 \end{cases}$$

公路中线上的直线段的起点一般为 JD_n，如图 13-12 所示。

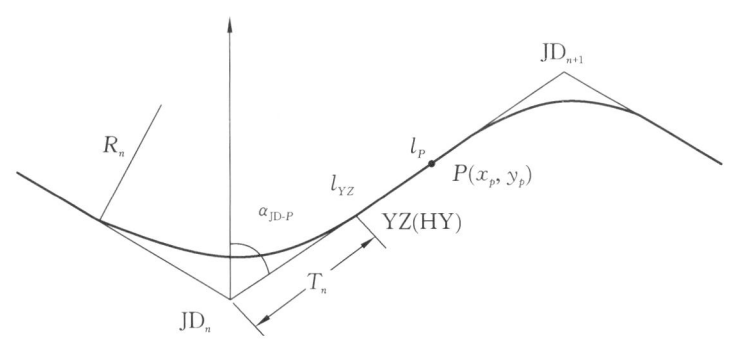

图 13-12 点 P 在直线段上

P 点的坐标的计算公式为

$$\begin{cases} x_p = x_{JDn} + (T_n + l_P - l_{YZ})\cos α_{JD \cdot P} \\ y_p = y_{JDn} + (T_n + l_P - l_{YZ})\sin α_{JD \cdot P} \end{cases}$$

2）测设方法（用全站仪放样）

（1）在控制点 A 安置仪器，后视 B 点度盘配置零或 $α_{AP}$。

（2）转动照准部，使水平度盘读数为 $β$ 或 $α_{AB}$。

（3）在视线方向上量取水平距离 S_{AP}，得 P 点的位置。

（4）在 P 点钉桩，桩上钉钉。

2．支距法

支距法是根据纸上定线线位与控制点的相互关系，采用量取支距的办法，测设出路线上的特征点，并据此穿线定出交点和转点的方法。其步骤如下。

（1）量支距（放点）：在地形图上量取出中线与控制点的支距长度，至少量三处支距，并使三个点相互通视。

（2）测设支距。

（3）穿线：由于各点不一定在同一条直线上，在各点的平均位置找出 A、B 两点钉桩，随即取消其他各临时测钎。

3．图解法

图解法就是在地形图上量取测设参数的方法。其步骤如下。

（1）在地图上用量角器和比例尺量取公路中线直线段上的各点与控制点的距离和夹角，得到测设参数。

（2）根据量测的数据，在实地导线上用经纬仪和钢尺按极坐标法测设点。

（3）穿线。

4．拨角放线法

拨角放线法适用于纸上定线。

13.6 交点和转点的测设

13.6.1 交点的测设

1. 交点的定义

路线的转折点,即两个方向直线的交点,用 JD 来表示。

2. 方法

(1) 低等级公路:现场标定。

(2) 高等级公路:测绘出地形图—图上定线—实地标点放线。

3. 实地放线的方法

1) 放点穿线法:放点—穿线—定交点

(1) 放点。

放点可采用支距法(垂直于导线边的距离)、导线相交法或极坐标法,如图 13-13 所示。

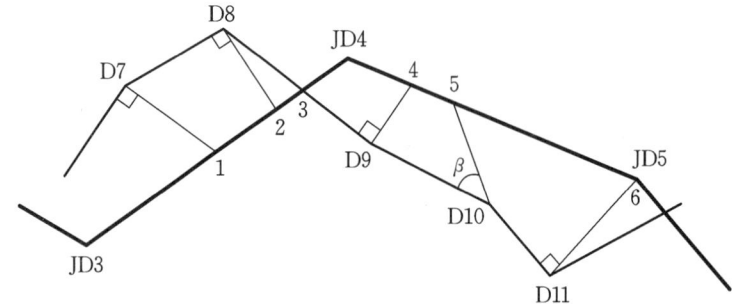

图 13-13 支距法放点

(2) 穿线。

穿线即定出一条尽可能多地穿过或靠近直线上点(如 P_1、P_2、P_3 点)的直线 AB,如图 13-14 所示。

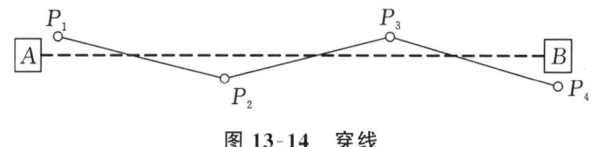

图 13-14 穿线

(3) 定交点。

① 如图 13-15 所示,在 B 点安置仪器,盘左照准 A 点,制动照准部,纵转望远镜成前视状态。

② 在望远镜视线方向上的交点的概略位置,打下两个木桩(俗称骑马桩),在桩顶标出 a_1 和 b_1 两点。

③ 用盘右照准 A 点,制动望远镜,倒转望远镜成前视状态。
④ 在望远镜视线方向上于骑马桩的桩顶分别标出 a_2 和 b_2 点。
⑤ 在骑马桩的桩顶分别取 a_1 和 a_2、b_1 和 b_2 的中点 a、b,钉上小钉。
⑥ 用细线连接 a、b 两点。
⑦ 将仪器置于 C 点,盘左照准 D 点,纵转望远镜,前视细线 ab,在视线与细线相交处打下木桩,并在桩顶标定视线与细线的交点。
⑧ 以盘右照准点 D 并制动照准部,倒转望远镜,前视细线 ab,再次在桩顶标定视线与细线的交点。
⑨ 在桩顶沿细线取盘左与盘右两点的中点钉上小钉,即得交点,然后去掉骑马桩。

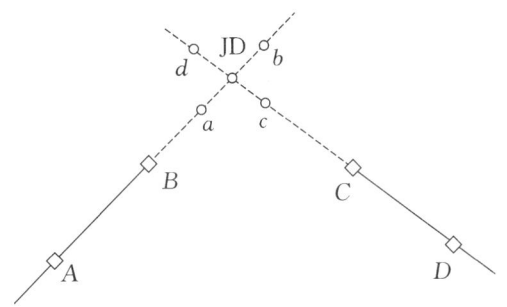

图 13-15　定交点

2) 拨角放线法

拨角放线法是利用导线点或已测设的交点,计算测设元素(β、s),步骤为拨角、量边、定出交点位置,如图 13-16 所示。

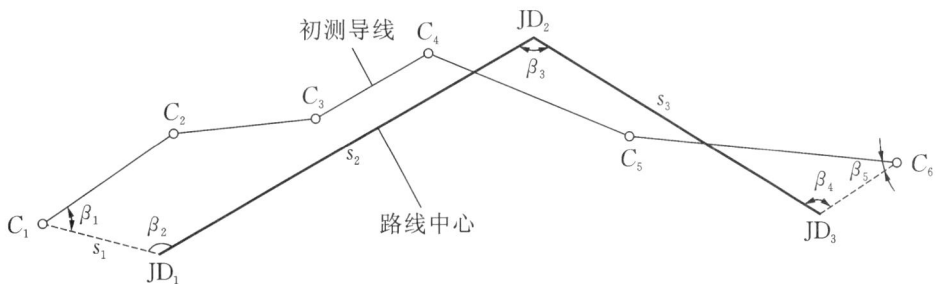

图 13-16　拨角放线法

13.6.2　转点的测设

定义:当相邻两个交点的距离过长或互不通视时,测量人员要在其连线测设一些供放线、交点、测角、量距时照准之用的点。

转点的测设包括以下内容。
(1) 在两个交点间测设转点。
(2) 在两个交点的延长线上测设转点。

1)在两个交点间测设转点

(1)在两个交点的大致中间位置架仪,瞄准 JD_5,定出 JD_6',如图 13-17 所示。

(2)测量出 a、b 的距离。

(3)计算 e 的值,实地量取 e,得 ZD 点,有 $e=\dfrac{af}{a+b}$。

(4)在 ZD 点架仪,检查三点是否在一条直线上。

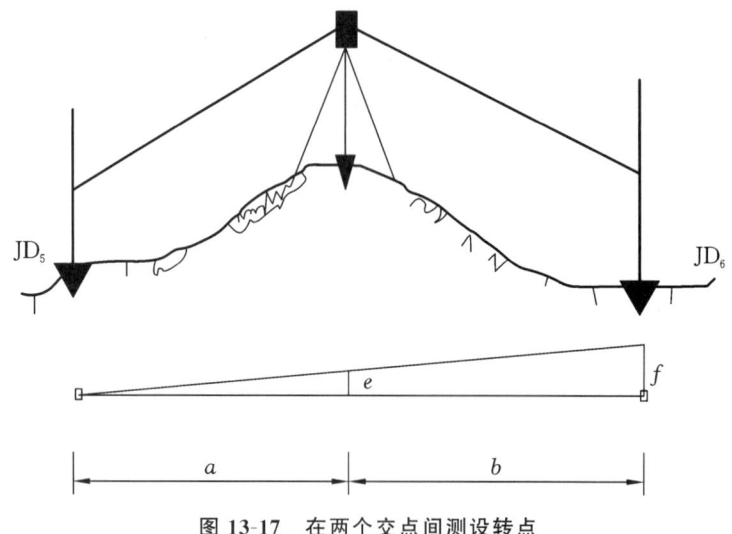

图 13-17 在两个交点间测设转点

2)在两个交点的延长线上测设转点

与在两个交点间测设转点相同,计算出 e 的值,实地量取 e,得 ZD 点,有

$$e=\dfrac{af}{a-b}$$

13.6.3 转角和角分线的测设

1. 转角的定义

转角指路线由一个方向偏向另一个方向时,偏转后的方向与原方向的夹角。偏转后的方向在原方向的右侧,称为右转角;反之称为左转角。

2. 转角的测定

右角 β 的观测方法:右角 β 的半测回角值为

$$\beta_上=后视读数_上-前视读数_上$$

若后视读数小于前视读数,则应将后视读数加上 360°,则上式变为

$$\beta_{上,下}=后视读数+360°-前视读数$$

一测回的观测角值为

$$\beta_右=\dfrac{\beta_上+\beta_下}{2}$$

3. 转角的计算

如图 13-18 所示，当 $\beta_右 < 180°$ 时，转角为右转角，有 $\alpha_右 = 180° - \beta_右$。

如图 13-18 所示，当 $\beta_右 > 180°$ 时，转角为左转角，有 $\alpha_左 = \beta_右 - 180°$。

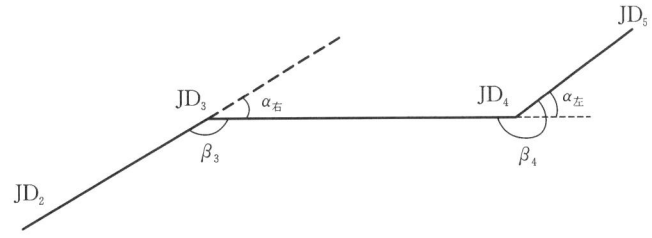

图 13-18　转角测量

4. 角分线方向

角分线方向如图 13-19 所示。

若角度的两个方向值为后视读数为 a、前视读数为 b，则角分线方向的读数为 $c = \dfrac{a+b}{2}$。

右转角：$c = b + \dfrac{\beta}{2}$。左转角：$c = b + \dfrac{\beta}{2} + 180°$。

当以 A—JD 边的方向为起始方向时，角分线方向的度盘读数为 $c = 90° + \dfrac{\alpha}{2}$。

当以 JD—B 边的方向为起始方向时，角分线方向的度盘读数为 $c = 90° - \dfrac{\alpha}{2}$。

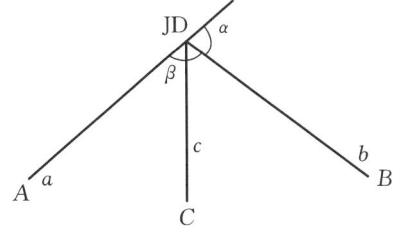

图 13-19　角分线方向

13.6.4　里程桩的设置

里程桩又称中桩，表示该桩至路线起点的水平距离，分为整桩（每隔 20 m 或 50 m 设一个）和加桩，如图 13-20 所示。加桩分为地形加桩、地物加桩、人工结构物加桩、工程地质加桩、曲线加桩和断链加桩，如改 K1+100=K1+080，长链 20 m。

断链是指公路局部地段改线或量距计算中发生错误而出现实际里程与原来桩号不一致的情况。

断链的写法：新桩号－原桩号＝断链长度，正值称为长链，负值称为短链。

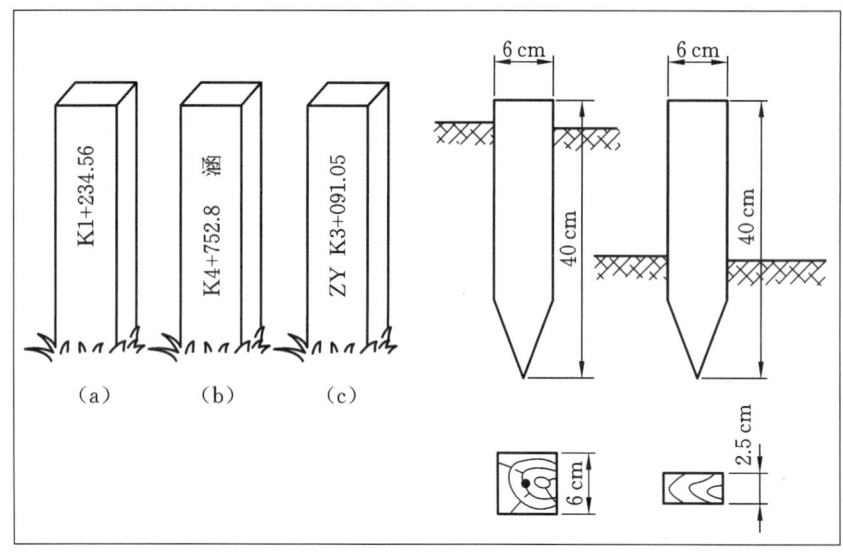

图 13-20 里程桩

13.7 曲线的测设

13.7.1 圆曲线测设的相关知识

圆曲线是具有一定曲率半径的圆弧线,其测设一般分两步进行:①测设对圆曲线起控制作用的主点桩,即圆曲线的起点(ZY)、中点(QZ)和终点(YZ);②在主点桩之间进行加密,按规定桩距测设圆曲线的其他各点,称为圆曲线的详细测设。

13.7.2 圆曲线测设元素的计算

如图 13-21 所示,设交点 JD 的转角为 α,圆曲线半径为 R,则圆曲线的测设元素可按下列公式计算:

$$T = R \tan \frac{\alpha}{2}$$

$$L = R\alpha \frac{\pi}{180}$$

$$E = R \left(\sec \frac{\alpha}{2} - 1 \right)$$

$$D = 2T - L$$

式中：T——切线长；

L——圆曲线长；

E——外距；

D——切曲差。

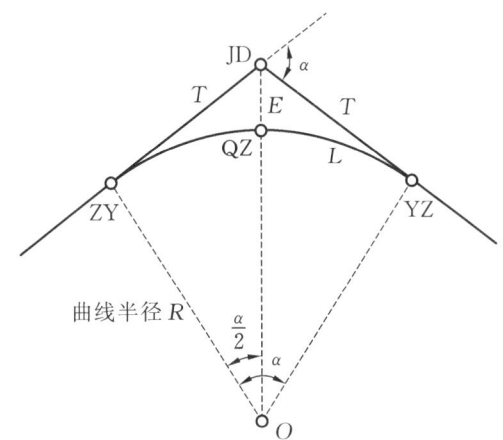

图 13-21 圆曲线测设元素

13.7.3 圆曲线主点测设

1）里程的计算

交点 JD 的里程是由中线测量得到的。根据交点的里程和圆曲线测设元素，测量人员可推算圆曲线上各主点的里程并加以校核。

$$ZT = JD - T$$
$$YZ = ZY + L$$
$$QZ = TZ - L/2$$
$$JD = QZ + \frac{D}{2}（校核）$$

注意：圆曲线终点里程 YZ 应为圆曲线起点里程 ZY 加上圆曲线长 L，而不是交点里程加切线长 T，即 YZ≠JD+T。因为在路线转折处道路中线的实际位置应为曲线位置，而非切线位置。

2）主点测设

圆曲线的测设元素和主点里程计算结束后，测量人员可按下述步骤进行主点测设。

（1）起点的测设：测设起点时，将仪器置于交点 JD_i 上，使望远镜照准后一个交点或此方向上的转点，沿望远镜视线方向量取切线长 T，得 ZY，先插一根测钎，然后用钢尺测量起点至最近一个直线桩的距离。如果两桩号之差等于所丈量的距离或相差在容许范围内，测量人员可在测钎处打下起点桩。如果超出容许范围，测量人员应查明原因，重新测设，以确保桩位的正确性。

（2）终点的测设：在起点测设完成后，转动望远镜照准前一个交点或此方向上的转点，往返测量切线长 T，得终点，打下终点桩。

（3）中点的测设：可自交点 JD_i 沿角分线方向往返测量外距 E，打下中点桩。

13.7.4 缓和曲线的概念及基本公式

为缓和行车方向的突变和离心力的突然产生与消失，设计人员要在直线（超高为0）与圆曲线（超高为h）之间插入一段曲率半径由无穷大逐渐变化至圆曲线半径的过渡曲线（使超高由0变为h），此曲线为缓和曲线，如图13-22所示。缓和曲线主要有回旋线、三次抛物线及双纽线等。

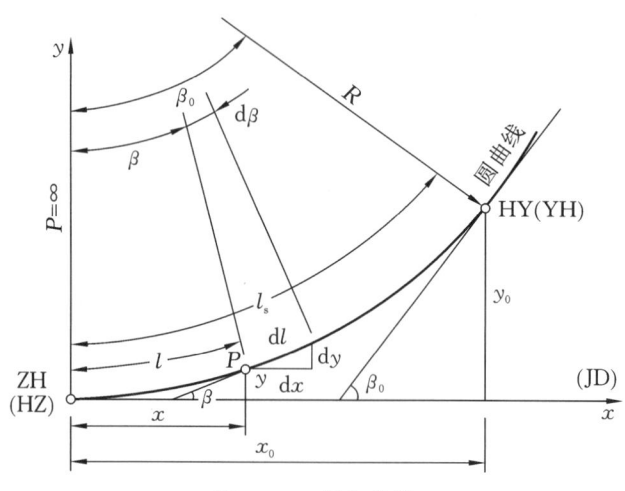

图 13-22 缓和曲线

$\rho = \dfrac{c}{l}$。其中，$c = R l_s$，l_s为缓和曲线的全长。

1）切线角公式

$$\beta = \frac{l^2}{2c} = \frac{l^2}{2Rl_s}$$

式中：β——缓和曲线长l对应的中心角。

$$\beta_0 = \frac{l_s}{2R} \cdot \frac{180°}{\pi}$$

式中：β_0——缓和曲线全长l_s对应的缓和曲线角。

2）参数方程

当桩位在任意点处时，参数方程为

$$x = l - \frac{l^5}{40 R^2 l_s^2}$$

$$y = \frac{l^3}{6 R l_s} - \frac{l^7}{336 R^3 l_s^3}$$

当点位在HY点处时，参数方程为

$$x_0 = l_s - \frac{l_s^3}{40 R^2}$$

$$y_0 = \frac{l_s^2}{6R}$$

13.7.5 缓和曲线主点的测设

1. 缓和曲线测设元素的计算

(1) 内移距 p 和切线增长 q 的计算：当转角 α、圆曲线半径 R、缓和曲线长 l_s、β_0、p、q 均已知时，测量人员可计算缓和曲线测设元素，如图 13-23 所示。

$$p = \frac{l_s^2}{24R}$$

$$q = \frac{l_s}{2} - \frac{l_s^3}{240R^2}$$

(2) 曲线主点测设元素的计算公式如下。

切线长：$T_H = (R+P)\tan\dfrac{\alpha}{2} + q$。

曲线长：$L = R(\alpha - 2\beta_0)\dfrac{\pi}{180°} + 2l_s$。

外矢距：$E_H = (R+p)\sec\dfrac{\alpha}{2} - R$。

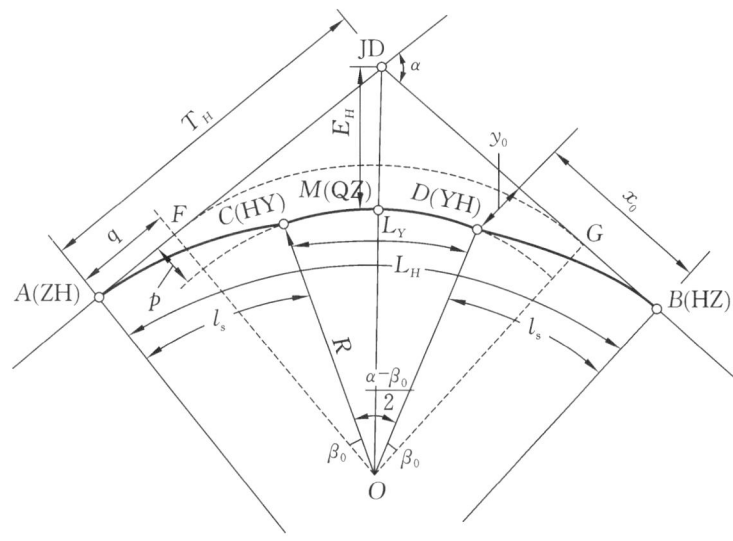

图 13-23 缓和曲线测设元素

2. 主点的测设

1) 里程的计算

$$ZH = JD - TH$$
$$HY = ZH + l_s$$
$$QZ = ZH + l_H/2$$
$$HZ = ZH + l_H$$
$$YH = HZ - l_s$$

2) 测设方法

【例题 13-1】 设某公路的交点桩号为 K0+518.66,右转角 $\alpha_{右}=180°18'36''$,圆曲线半径 $R=100$ m,试测设主点桩。

解:(1) 计算测设元素。

$$p=\frac{l_s^2}{24R}=0.04$$

$$q=\frac{l_s}{2}-\frac{l_s^3}{240R^2}=5.00$$

$$\beta=\frac{l_s}{2R}\times\frac{180°}{\pi}=2°51'53''$$

$$T_H=(R+P)\tan\frac{\alpha}{2}+q=21.12 \text{ m}$$

$$L=R(\alpha-2\beta_0)\frac{\pi}{180°}+2l_s=41.96 \text{ m}$$

$$E_H=(R+p)\sec\frac{\alpha}{2}-R=1.33 \text{ m}$$

$$x_0=l_s-\frac{l_s^3}{40R^2}=10.00 \text{ m}$$

$$y_0=\frac{l_s^2}{6R}=0.17 \text{ m}$$

(2) 计算里程。

$$ZH=K0+497.54$$
$$HY=K0+507.54$$
$$QZ=K0+518.52$$
$$HZ=K0+539.50$$
$$YH=K0+529.50$$

(3) 主点测设。

① 在 JD_i 架立仪器,后视 JD_{i-1},量取 T_H,得 ZH 点;后视 JD_{i+1},量取 T_H,得 HZ 点;在角分线上量取 E_H,得 QZ 点。

② 分别在 ZH、HZ 点架仪,后视 JD_i 方向,量取 x_0,再在此方向的垂直方向上量取 y_0,得 HY 和 YH 点。

13.7.6 带有缓和曲线的圆曲线加密桩的详细测设

1. 切线支距法

切线支距法如图 13-24 所示。注意点是位于缓和曲线上,还是位于圆曲线上。

(1) 当点位于缓和曲线上,计算公式为

$$\begin{cases}x=l-\dfrac{l^5}{40R^2l_s^2}\\y=\dfrac{l^3}{6Rl_s}-\dfrac{l^7}{336R^3l_s^3}\end{cases}$$

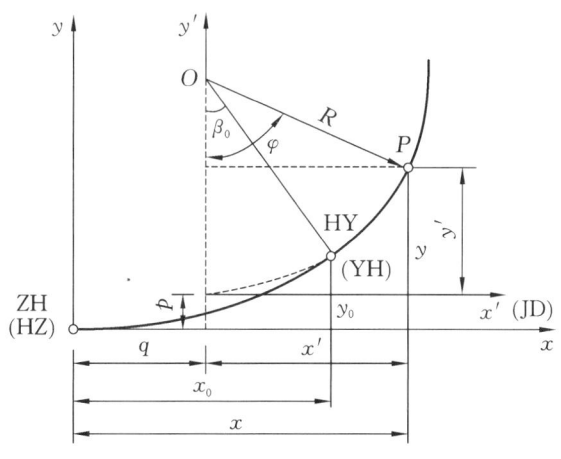

图 13-24 切线支距法

(2) 当点位于圆曲线上,计算公式为

$$\begin{cases} x = R\sin\varphi + q \\ y = R(1-\cos\varphi) + p \end{cases}$$

式中,$\varphi = \dfrac{l-l_s}{R} \times \dfrac{180°}{\pi} + \beta_0$,$l$ 为点到坐标原点的曲线长。

(3) 测设方法。

测量人员可按无缓和曲线时的圆曲线切线支距法的测设方法进行测设。圆曲线上的各点也可以以 HY 点或 YH 点为坐标原点用切线支距法进行测设。

2. 偏角法(整桩距、短弦偏角法)

偏角法如图 13-25 所示。注意点是位于缓和曲线上,还是位于圆曲线上。

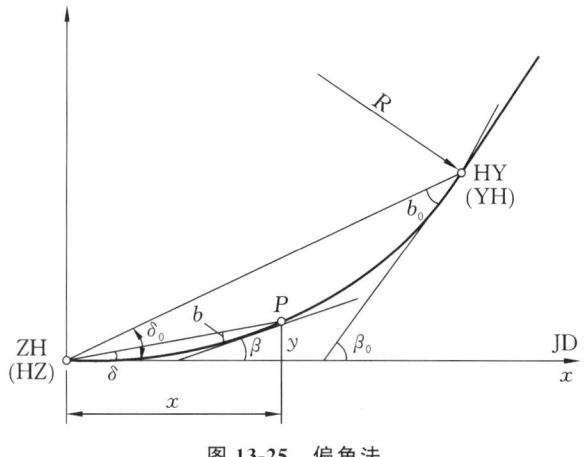

图 13-25 偏角法

(1) 当点位于缓和曲线上,计算公式如下。

总偏角即 HY 点的偏角为常量,即 $\delta_0 = \dfrac{l_s}{6R}$。

任意点偏角 $\delta_i = \dfrac{l^2}{6Rl_s} \times \dfrac{180°}{\pi} = \dfrac{30 l^2}{R \pi l_s}$,即 $\delta_i = \dfrac{l^2}{l_s^2} \delta_0$。

弦长 $c=\sqrt{x^2+y^2}$。

距离:用曲线长 L 来代替弦长;放样出第 1 点后,放样第 2 点时,用偏角和距离 l 交会得到。

(2) 当点位于圆曲线上,仪器置于 HY 点或 YH 点上,测量人员应定出过 HY 点或 YH 点的切线方向。b_0 的计算公式如下:

$$b_0 = 2\delta_0 = \frac{l_s}{3R}$$

方法:架仪器于 HY 点(或 YH 点),后视 ZH 点(或 HZ 点),水平度盘配置在 b_0(当曲线右转时,配置在 $360°-b_0$),转动照准部使水平度盘的读数为 $0°00'00''$ 并倒镜,即找到了 HY 点的切线方向,再按单圆曲线偏角法进行测设。

13.8 困难地段的曲线测设

在施工过程中,由于地形、地物及施工的影响,待测点常不通视,测量人员要改变仪器的安置位置进行测设。

13.8.1 视线被阻时用偏角法测设单圆曲线

原理:瞄准后视点,纵转拨角投点。

垂直纵转望远镜法(倒镜法)的方法及步骤如下:

(1) 在已测设的任意一点安置仪器,照准该后视点并制动,配置后视点的水平度盘读数为 δ。

(2) 纵转望远镜,打开制动,转动照准部,拨到待放点的读数并制动,在此方向线上量出弦长即得待放点的位置,钉桩;精放点位,然后依次测设各点。

13.8.2 视线被阻时用偏角法测设缓和曲线

当视线被障碍物阻挡时,测量人员可在测设出的任意一个点上安仪器,测设其他各点,如图 13-26 所示。

1. 缓和曲线上任一点的偏角计算公式

$$\delta = \frac{\rho}{6Rl_s}(l-l_{\text{不}})(l+2l_{\text{不}}) = \frac{30°}{\pi R l_s}(l-l_{\text{不}})(l+2l_{\text{不}})$$

式中:$l_{\text{不}}$——ZH 点到置仪点的桩距;

l——ZH 点到前视点或后视点的距离。

2. 测设方法及步骤

采用倒镜转动法测设。

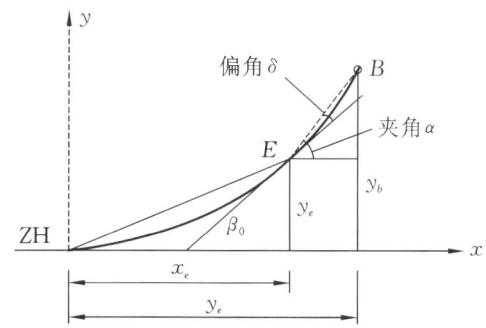

图 13-26　视线被阻时用偏角法测设缓和曲线

测设时,在 E 点架立仪器,瞄准 ZH 点并配置 ZH 点的读数,然后转动照准部使读数变为仪器在 E 点的读数($0°00'00''$),纵转望远镜,即得过 E 点的切线方向,然后按 δ 拨角测设 B 点。

【例题 13-2】　某交点的转角 $\alpha = 58°21'08''$,圆曲线半径 $R = 500$ m,缓和曲线长 $l_s = 100$ m。现求仪器安置于 ZH 点、HY 点和 6 点(每隔 10 m 桩测设时的第 6 点)时的偏角。

(1) 数据计算。

① 仪器在 ZH 点的偏角的计算公式为

$$\delta = \frac{l^2}{6Rl_s} \times \frac{180°}{\pi}$$

② 仪器在 HY 点或在 6 点的偏角的计算公式为

$$\delta = \frac{30}{\pi R l_s}(l - l_{不})(l - 2l_{不})$$

③ 推理公式为

$$\begin{cases} \delta_1 = \frac{1}{3n^2}\beta_0 = \frac{1}{n^2}\delta_0 \\ \delta_i = i^2 \delta_1 \end{cases}$$

式中,$i \geq 2$,为加密桩的编号。

任意置点偏角放样计算表如表 13-2 所示。

表 13-2　任意置点偏角放样计算表

桩号	里程	仪器在 ZH 点的偏角	仪器在 6 点的偏角	仪器在 HY 点的偏角	仪器在 ZH 点的偏角(右偏)
ZH	0		1°22′31″	3°49′11″	0°00′00″
1	10	359°58′51″	1°14′29″	3°36′35″	0°01′09″
2	20	359°55′25″	1°04′10″	3°36′41″	0°04′35″
3	30	359°49′41″	0°51′34″	3°04′30″	0°10′19″
4	40	359°41′40″	0°36′40″	2°45′01″	0°18′20″
5	50	359°31′21″	0°19′29″	2°23′14″	0°28′39″
6	60	359°18′45″	0°00′00″	1°59′11″	0°41′15″

续表

桩号	里程	仪器在 ZH 点的偏角	仪器在 6 点的偏角	仪器在 HY 点的偏角	仪器在 ZH 点的偏角（右偏）
7	70	359°03′51″	359°38′14″	1°32′49″	0°56′09″
8	80	358°46′40″	359°14′10″	1°04′10″	1°17′55″
9	90	358°27′11″	359°47′48″	0°33′14″	1°32′49″
HY	100	358°05′24″	358°19′10″	0°00′00″	1°54′35″

（2）点位测设。

测设方法一的步骤如下。

① 把仪器安置于 ZH 点，瞄准前视交点，配置读数 δ(0°00′00″)，用偏角法测设缓和曲线 ZH~6 点段的加桩。（此时利用仪器在 ZH 点时 ZH~6 点段的偏角值。）

② 仪器移动到第 6 点，配置读数 δ(1°22′31″)，瞄准后视 ZH 点后松开垂直制动，倒转望远镜，按仪器在 6 点时的偏角测设 7、8 等点，直到 HY 点。（此时利用仪器在 6 点时 6~HY 点段的偏角值。）

测设方法二的步骤如下。

① 先在 ZH 点测设出第 6 点，然后将仪器安置在第 6 点，瞄准 ZH 点，配置在第 6 点安置仪器时的读数（1°22′31″），反拨仪器依次测设 1、2、3 等点直到 5 点。

② 继续反拨使读数为 0°00′00″，锁紧水平制动后纵转望远镜，拨出 7、8 点的读数，测设出 7、8 等点，直到 HY 点，如图 13-27 所示。

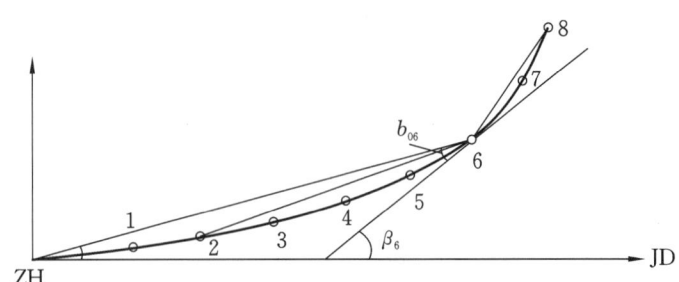

图 13-27　测设方法二测设缓和曲线

13.9　坐标的平移转换

13.9.1　平面直角坐标的换算

如图 13-28 所示，设 X_p、Y_p 为点 P 在国家控制网坐标系中的坐标，x_p、y_p 为 P 在工程坐标系中的坐标，X_0、Y_0 为工程坐标系原点 O 在国家控制网坐标系中的坐标。$\Delta\alpha$ 为两坐标纵轴的夹角，如果一条边 PM 在国家坐标系中的方位角为 A，在工程坐标系中的坐标方位角

为 α,则 $\Delta\alpha = A - \alpha$。

当由工程坐标换算到国家坐标时,换算公式为

$$X_p = X_0 + x_p \cos\Delta\alpha - y_p \sin\Delta\alpha$$
$$Y_p = Y_0 + x_p \sin\Delta\alpha + y_p \cos\Delta\alpha$$

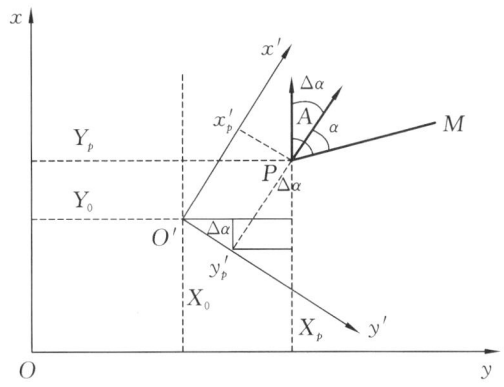

图 13-28 平面直角坐标的换算

13.9.2 用导线控制点测设中线桩

1. 点 P 在直线段上的坐标计算

如图 13-29 所示,设直线段的方位角为 α_0,α_0 由相邻两交点 JD_i、JD_j 的坐标计算得到,公式为 $\alpha_0 = \arctan\dfrac{y_j - y_i}{x_j - x_i}$。设交点 JD_i 的坐标为 (X_i, Y_i),则 P 点的坐标的计算公式为

$$X_P = X_i + L\cos\alpha_0$$
$$Y_P = Y_i + L\sin\alpha_0$$

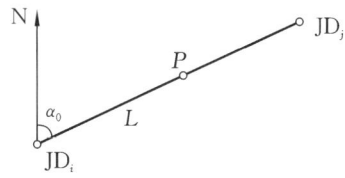

图 13-29 点 P 在直线段上的坐标计算

如图 13-30 所示,设公路起点的桩号为 $l_0(x_0, y_0)$,直线段上任意一点 P 的桩号为 $l_p(x_p, y_p)$,P 点所在直线段的方位角为 α_0,则 P 点的坐标的计算公式为

$$\begin{cases} x_p = X_0 + (l_p - l_0)\cos\alpha_0 \\ y_p = Y_0 + (l_p - l_0)\sin\alpha_0 \end{cases}$$

(1) 在控制点 A 安置仪器,后视 B 点,度盘配置为零或 α_{AP}。
(2) 转动照准部,使水平度盘读数为 β 或 α_{AB}。
(3) 在视线方向上量取水平距离 S_{AP},得 P 点。
(4) 在 P 点钉桩,在桩上钉钉。

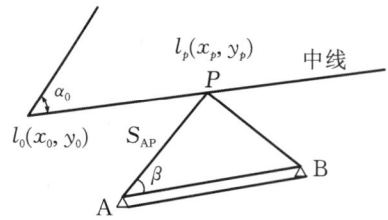

图 13-30 已知桩号的 P 点的坐标计算

2. 点 P 在纯圆曲线上

设 P 点至 ZY 或 YZ 的弧长为 L_i,R 为圆的半径,则 P 点的坐标计算公式为

$$X = R\sin\left(\frac{L_i \times 180°}{R \times \pi}\right)$$

$$Y = R\left[1 - \cos\left(\frac{L_i \times 180°}{R\pi}\right)\right]$$

P 点的坐标转换公式为

$$\begin{cases} X_P = X_{ZH} + X\cos\alpha_0 - Y\sin\alpha_0 \\ Y_P = Y_{ZH} + X\sin\alpha_0 + Y\cos\alpha_0 \end{cases}$$

3. 带有缓和曲线的坐标计算

(1) 在第一段缓和曲线部分,缓和曲线的参数方程为

$$x = l - \frac{l^5}{40R^2 l_s^2}$$

$$y = \frac{l^3}{6Rl_s} - \frac{l^7}{336R^3 l_s^3}$$

P 点转换为公路中线控制坐标系中的坐标为

$$\begin{cases} X'_P = X_{ZH} + x\cos\alpha_0 - y\sin\alpha_0 \\ Y_P = Y_{ZH} + x\sin\alpha_0 + y\cos\alpha_0 \end{cases}$$

(2) 在圆曲线部分,P 点在圆曲线的坐标计算公式为

$$x = R\sin\varphi + q$$

$$y = R(1 - \cos\varphi) + p$$

$$\varphi = \frac{l_p - l_s}{R} \times \frac{180°}{\pi} + \beta_0$$

利用坐标平移转换公式,将上式的局部坐标转换为控制坐标系下的坐标,即

$$\begin{cases} X_P = X_{ZH} + x\cos(\alpha_0 + \beta_0) - y\sin(\alpha_0 + \beta_0) \\ Y_P = Y_{ZH} + x\sin(\alpha_0 + \beta_0) + y\cos(\alpha_0 + \beta_0) \end{cases}$$

式中:$\alpha_0 + \beta_0$——缓和曲线切线的方位角。

(3) 第二段缓和曲线的中桩坐标计算。

① 计算 P 点在以 HZ 点为坐标原点的直角坐标系 $x''o''y''$ 中的坐标 (x''_p, y''_p),即

$$x''_p = l - \frac{l^5}{40R^2 l_s^2}$$

$$y''_p = \frac{l^3}{6Rl_s} - \frac{l^7}{336R^3 l_s^3}$$

② 将 P 点的坐标 (x''_p, y''_p) 转化为以 ZH 点为坐标原点的坐标 (x'_p, y'_p)，即

$$x'_p = x'_{HZ} + x''_p \cos(\alpha_0 \pm \alpha + 180°) + y''_p \cos(\alpha_0 \mp \alpha + 180°)$$
$$y'_p = y'_{HZ} + x''_p \sin(\alpha_0 \pm \alpha + 180°) + y''_p \sin(\alpha_0 \pm \alpha + 180°)$$
$$x'_{HZ} = T_h + T_h \cos\alpha_0$$
$$y'_{HZ} = T_h \sin\alpha_0$$

计算公式中的转角改为 $\alpha_0 \pm \alpha + 180°$。$\alpha_0$ 为缓和曲线切线的方位角，即 ZH 点与交点 JD 的方位角；α 为公路的转角。

当起点为 ZH 点时，曲线若左偏，应以 $y'_p = -y'_p$，代入上式。

当起点为 HZ 点时，曲线若右偏，应以 $y'_p = -y'_p$，代入上式。

13.10 道路纵、横断面测量

公路纵断面测量又称路线水准测量，是在公路中线测量之后对中线上各里程桩进行的地面高程测量。测量人员可以根据测量成果绘制道路中线纵断面图。公路纵断面测量为设计路线纵坡，计算中桩处的填、挖高度提供依据。

13.10.1 道路纵断面测量

1. 基平测量

每隔一定距离设置水准点，进行高程测量，称为基平测量。

1) 水准点的设置

(1) 位置：埋在距中线 50～100 m 且不易破坏之处。

(2) 设置密度如下：

① 在山区，相隔 0.5～1 km。

② 在平原区，相隔 1～2 km。

每 5 km，路线起、终点，重要工程处设永久性水准点。

2) 基平测量的方法

(1) 路线：附合水准路线。

(2) 仪器：不低于 DS3 型的精度的水准仪或全站仪。

(3) 测量要求：

① 水准测量：一般按三、四等水准测量规范进行；要进行往返测，闭合差不超过 $6\sqrt{n}$。

② 三角高程测量：一般按全站仪电磁波三角高程测量（四等）规范进行。

3) 跨河水准测量

跨河水准测量是当水准路线跨越的河流宽度在 100 米以上时采用的测量方法。

存在的问题有以下几点：

① 由于前后视线长不等，i 较大。

② 由于视线的加长,大气垂直折光的影响变大。

③ 由于视线长度的增加,读数误差变大。

测站的设立:在两岸的视野开阔之地,布设"Z"字形路线,如图 13-31 所示,A、B 为立尺点,I_1、I_2 为立仪器点。两岸测站至水边距离应尽可能相等。

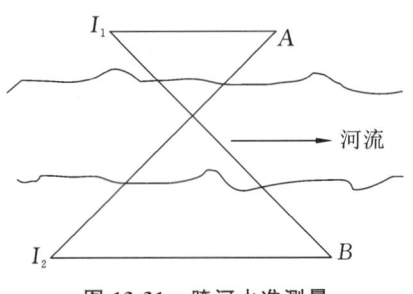

图 13-31 跨河水准测量

观测方法如下:

① 在测站 I_1 安置仪器,在 A、B 点立尺,测出 A、B 两点的高差为 $h_1=a_1-b_1$,称为前半测回;

② 在 I_2 安置仪器,保持水准仪调焦螺旋不动,将 A、B 两处的水准尺对调。

③ 分别瞄准 A、B 点的水准尺,测得水准尺读数分别为 a_2、b_2,测出 A、B 两点的高差为 $h_2=a_2-b_2$,称为后半测回。

A、B 两点的两测回高差的平均值为 $h=\dfrac{h_1+h_2}{2}$。

4) 全站仪基平测量

使用全站仪进行基平测量。

2. 中平测量

定义:在基平测量提供的水准点高程的基础上,测定各中桩的地面高程。

中平测量如图 13-32 所示。中平测量记录表如表 13-3 所示。

方法有以下几种。

1) 水准仪法

水准仪法是从一个水准点出发,按普通水准测量的要求,用"视线高法"测出该测段内所有中桩的地面高程,最后附合到另一个水准点上的方法。

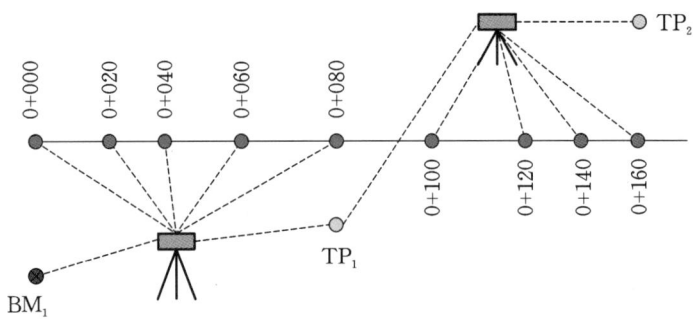

图 13-32 中平测量

表 13-3　中平测量记录表

测点	水准尺读数			视线高/m	测点高程/m	备注
	后视读数	中视读数	前视读数			
MB_1	2.317			107.112	104.795	BM_1 点的高程为 104.795 m
0+000		2.16			104.952	
0+020		1.83			105.282	
0+040		1.2			105.912	
0+060		1.43			105.682	
0+080		1.35			105.762	
TP_1	0.744		1.256	106.6	105.856	
0+100		1.2			105.4	
0+120		1.75			104.85	
……	……	……	……	……	……	……

高差闭合差的限差如下。
① 高速、一级公路：$\pm 30\sqrt{L}$。
② 二级及二级以下公路：$\pm 50\sqrt{L}$。
2) 跨沟谷测量
① 沟内沟外分开测和上坡下坡合并测。
② 接尺法。
3) 全站仪法
先在 BM_1 上测定各转点 TP_1、TP_2 的高程，再在 TP_1、TP_2 上测定各桩点的高程。其原理即为三角高程测量的原理。

13.10.2　纵断面图的绘制

纵断面图以横坐标为里程，纵坐标为高程，主要包括图样和资料表两大部分。
1) 图样部分
图样部分主要包括路线中线纵向地面线和纵坡设计线、竖曲线资料、桥涵结构物的位置及水准点资料等。
2) 资料表
资料表包括地质状况、坡长、坡度、地面高程、设计高程、填挖、里程、直线与曲线。

13.11 竖曲线的计算

在不同坡度的拐点处连接两个坡度的曲线,称为竖曲线,如图 13-33 所示。设计竖曲线的目的是满足视距的要求,使行车安全舒顺。

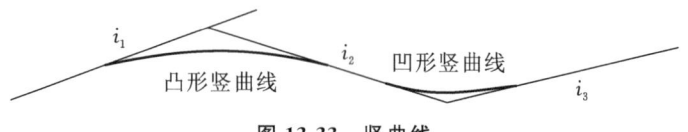

图 13-33　竖曲线

竖曲线一般采用二次抛物线,如图 13-34 所示,相邻纵坡的坡度分别为 i_1、i_2,竖曲线半径为 R,则测设元素可按以下公式计算。

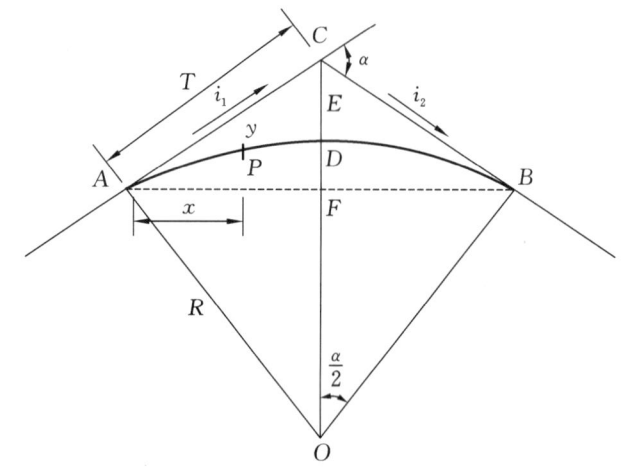

图 13-34　竖曲线测设元素

曲线长 $L=\alpha \times R$。由于竖曲线的转角 α 很小,我们可以认为 $\alpha=i_1-i_2$。

切线长 $T=\dfrac{1}{2}R(i_1-i_2)$。

外距 $E=\dfrac{T^2}{2R}$。

竖曲线上任意一点 P 距切线的纵距的计算公式为 $y=\dfrac{x^2}{2R}$。y 值在凸曲线内为负号,在凹曲线内为正号。当 $x=T$ 时,$y=E$。

【例题 13-3】 某高速公路凸形竖曲线相邻两段坡度为 $i_1=0.013$,$i_2=-0.017$。变坡点里程桩号为 K10+350,该点的高程为 63.540。当竖曲线半径 $R=18\,000$ m 时,试计算该竖曲线段每隔 50 米以及起、终点前后各 50 米的点的桩号及设计高程。

解:(1)计算竖曲线的基本要素。

曲线长 $L = \alpha \times R = (0.013 + 0.017) \times 18\ 000$ m $= 540$ m。

切线长 $T = \dfrac{1}{2} R(i_1 - i_2) = 0.5 \times 540$ m $= 270$ m。

外距 $E = \dfrac{T^2}{2R} = 2.025$ m。

(2) 计算竖曲线主点的桩号及设计高程。

竖曲线起点桩号：K10+350−T=K10+350−270=K10+080。

竖曲线起点设计高程：63.540−T·i_1=[63.540−270×0.013] m=60.030 m。

竖曲线终点桩号：K10+350+T=K10+350+270=K10+620。

竖曲线终点设计高程：63.540+T·i_2=[63.540−270×0.017] m=58.950 m。

竖曲线中点的桩号：K10+350。

竖曲线中点的设计高程：63.540−E=(63.540−2.025) m=61.515 m。

(3) K10+350 处竖曲线的计算。

K10+350 处竖曲线计算表如表 13-4 所示。

表 13-4 K10+350 处竖曲线计算表

桩号	切线高程	纵距	竖曲线高程	备注
30			59.38	
K10+080	60.03	0	60.03	竖曲线起点
130	60.68	0.069	60.611	
180	61.33	0.278	61.052	
230	61.98	0.625	61.355	
280	62.63	1.111	61.519	
330	63.28	1.736	61.544	
K10+350	63.54	2.025	61.515	竖曲线中点
370	63.2	1.736	61.464	
420	62.35	1.111	61.239	
470	61.5	0.625	60.875	
520	60.65	0.278	60.372	
570	59.8	0.069	59.731	
K10+620	58.95	0	58.95	竖曲线终点
670			58.1	

学习情境 14

建筑物变形观测和竣工总平面图测绘

学习情境描述

对于高耸的建筑物或构筑物，为了保证施工质量和使用安全，测量人员必须进行变形监测。虽然施工都是按图施工的，但有些工程由于各种原因，在施工过程中经常变更图纸，使完工的建筑物与原来的设计图纸有很多变化，因此，必须进行竣工测量。

学习目标

（1）掌握水平位移监测方法。
（2）掌握沉降观测方法。
（3）进行平面图的测绘。

任务书

在建筑物的施工阶段和运营管理阶段，为了保证施工和使用安全，测量人员要对建筑物进行变形监测。对于已竣工的建筑物，测量人员要进行竣工图测绘。

任务分组

学生任务分配表

班级		组号		指导老师	
组长		学号			
组员	姓名	学号		姓名	学号
任务分工					

学习情境14 建筑物变形观测和竣工总平面图测绘

获取信息

引导问题1：什么是建筑物变形观测？

引导问题2：建筑物产生变形的原因主要有哪些？

引导问题3：变形观测的实施程序是什么？

引导问题4：沉降观测周期根据什么来确定？

引导问题5：什么是挠度观测？

引导问题6：什么是竣工测量？

工作实施

（1）沉降观测内业成果整理的内容有哪些？

（2）如下图所示，阐述如何进行倾斜观测。

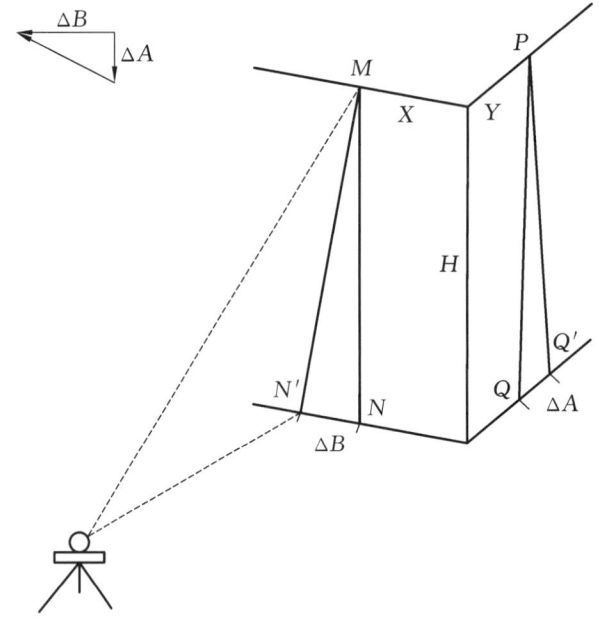

（3）如何进行位移观测？

（4）竣工测量的内容有哪些？

评价反馈

学生进行自评,评价自己是否能完成实训任务。小组互评,点评其他小组任务完成速度、成果精度、小组成员的相互配合情况。老师对各小组整个任务完成情况进行评价。

学生自评与小组互评

实训项目				
小组编号		姓名		学号
序号	评估项目	分值	实训要求	自我评定
1	任务完成情况	30	按时按要求完成实训任务	
2	测量精度	20	成果符合限差要求	
3	实训记录	20	记录规范、完整,计算准确	
4	实训纪律	15	遵守课堂纪律,无事故,仪器未损坏	
5	团队合作	15	服从组长安排,能配合其他成员工作	

实训总结与反思:

其他小组评价得分:_____、_____、_____、_____

教师评价

实训项目				
小组编号		姓名		学号
序号	评估项目	分值	实训要求	考核评定
1	操作程序	20	操作规范、程序正确	
2	操作速度	20	按时完成任务	
3	安全操作	10	无事故发生	
4	数据记录	10	记录规范、无篡改、抄袭等	
5	测量成果	30	计算正确、精度达标	
6	团队合作	10	服从组长安排,能配合其他成员工作	

存在问题:

指导老师:

学习情境的相关知识点

14.1 建筑物变形观测概述

由于各种因素的影响,建筑物及其设备在运营过程中,都会产生变形。这种变形在一定限度之内,应认为是正常的现象,但如果超过了规定的限度,就会影响建筑物的正常使用,严重时还会危及建筑物的安全。因此,在建筑物的施工和运营期间,测量人员必须对建筑物进行变形观测。

14.1.1 建筑物产生变形的原因

在变形观测的过程中,了解变形产生的原因是非常重要的。一般来讲,建筑物变形主要是由以下两个方面的原因引起的。

1. 客观原因

客观原因包括以下内容:
① 自然条件及其变化,即建筑物地基地质构造的差别;
② 土壤的物理性质;
③ 大气温度;
④ 地下水位的升降及其对基础的侵蚀;
⑤ 土基的塑性变形;
⑥ 附近新建工程对地基的扰动;
⑦ 建筑结构与形式,建筑荷载;
⑧ 运转过程中的风力、振动等荷载的作用。

2. 主观原因

主观原因包括以下内容:
① 过量抽取地下水后,土壤固结,引起地面沉降;
② 地质钻探不够充分,未能发现废河道、墓穴等;
③ 设计有误,对地基土的特性认识不足,对土的承载力与荷载估算不当,结构计算差错等;
④ 施工质量差;
⑤ 施工方法有误;
⑥ 软基处理不当引起地面沉降和位移。

14.1.2 建筑物变形观测的分类

1. 沉降类

沉降类包括以下内容：
① 建筑物沉降观测；
② 基坑回弹观测；
③ 地基土分层沉降观测；
④ 建筑场地沉降观测。

2. 位移类

位移类包括以下内容：
① 建筑物主体倾斜观测；
② 建筑物水平位移观测；
③ 裂缝观测；
④ 挠度观测；
⑤ 日照变形观测；
⑥ 风振观测；
⑦ 建筑场地滑坡观测。

14.1.3 建筑物变形观测的要求和施测程序

变形观测就是测定建筑物、构筑物及其地基在建筑荷载和外力作用下随时间的变形的工作。变形观测通过周期性地对观测点进行观测，求得其在两个观测周期内的变量。变形观测的目的是监测建筑物的安全运营，延长其使用寿命，发挥其最大效益，以及检验建筑物设计与施工的合理性，为科学研究提供依据。

建筑物变形观测应能确切反映建筑物、构筑物及其场地的实际变形程度或变形趋势，并以此作为确定作业方法和检验成果质量的基本要求。观测开始前，测量人员应根据变形类型、观测目的、任务要求以及测区条件进行施测方案的设计。施测方案要与拟测变形的类型、大小及变形灵敏度相适应。观测方法与观测工具的选择，主要取决于观测精度。观测精度应根据变形值与变形速度来确定。如果观测的目的是确保建筑物的安全，使变形值不超过某个允许的数值，观测的中误差应小于允许变形值的 1/20～1/10。例如，设计部门允许某大楼顶点的允许偏移值为 120 mm，以其 1/20 作为观测中误差，则观测精度为 ±6 mm。如果观测目的是研究变形过程，中误差应很小。通常，从实用的目的出发，对建筑物的观测应能反映出 1～2 mm 的沉降量。

变形观测的实施程序如下。

1. 建立观测网

测量人员按照测定沉降或位移的要求，分别选定测量点，埋设相应的标石，建立高程网和平面网，也可建立三维网。测量点可分为控制点和观测点（变形点）。高程测量可采用测区原有的高程系统，平面测量可采用独立坐标系统。

2. 变形观测

测量人员应按照确定的观测周期与总次数,对观测网进行观测。变形观测的周期,应以能系统地反映所测变形的变化过程又不遗漏其变化时刻为原则。一般在施工过程中,观测频率应大些,周期可以是3天、7天、半个月等;竣工投产以后,频率可小一些,一般为1个月、2个月、3个月、半年及1年等。除了按周期观测以外,在遇到特殊情况时,测量人员还可以进行临时观测。

3. 成果处理

测量人员应及时对周期的观测成果进行处理,进行平差计算和精度评定;对重要的监测成果进行变形分析,并对变形趋势做出预测。

14.1.4 建筑物变形观测等级和精度要求

建筑物变形观测等级和精度要求如表 14-1 所示。

表 14-1 建筑物变形观测等级和精度要求

变形观测等级	沉降观测 观测点测站高差中误差/mm	位移观测 观测点坐标中误差/mm	适用范围
特级	≤0.05	≤0.3	特高精度要求的特种精密工程和重要科研项目的变形观测
一级	≤0.15	≤1.0	高精度要求的大型建筑物和科研项目的变形观测
二级	≤0.50	≤3.0	中等精度要求的建筑物和科研项目的变形观测;重要建筑物的主体倾斜观测、场地滑坡观测
三级	≤1.50	≤10.0	低精度要求的建筑物的变形观测;一般建筑物的主体倾斜观测、场地滑坡观测

注:①观测点测站高差中误差,系指几何水准测量测站高差中误差或静力水准测量相邻观测点相对高差中误差。
②观测点坐标中误差,系指观测点相对于测站点(如工作基点等)的坐标中误差、坐标差中误差,以及等价的观测点相对于基准线的偏差值中误差、建筑物(或构件)相对于底部定点的水平位移分量中误差。

14.2 建筑物沉降观测

建筑物沉降观测是在高程控制网的基础上进行的。水准基点固定不动且作为沉降观测的高程基准点,应埋设在建筑物变形影响范围之外不受施工影响的基岩层或原状土层中,应是地质条件稳定、附近没有振动源的地方。在建筑区内，水准基点与邻近建筑物的距离应大于建筑物基础最大宽度的2倍。水准基点标石埋深应大于邻近建筑物基础的深度。水准基点标石的规格与埋设应符合《建筑变形测量规程》的要求。水准基点一般不少于3个。

观测点是设立在变形体上能反映其变形特征的点。点的位置和数量应根据地质情况、支护结构形式、基坑周边环境和建筑物荷载等情况而定；点位埋设合理，就可全面、准确地反映出变形体的沉降情况。建筑物上的观测点可设在建筑物四角、大转角，沿外墙间隔10～15 m布设，或在柱上每隔2～3根柱设一点。烟囱、水塔、电视塔、工业高炉、大型储藏罐等高耸构筑物可在基础轴线对称部位设点，每个构筑物不得少于4个点。

1. 沉降观测周期和观测时间的确定

沉降观测周期应根据建筑物（构筑物）的特征、变形速率、观测精度和工程地质条件等因素综合考虑，并根据沉降量的变化情况适当调整。

深基础开挖时，锁口梁会产生较大的水平位移，沉降观测周期应较短，一般每隔1～2天观测一次；浇筑地下室底板后，可每隔3～4天观测一次，至支护结构变形稳定。当出现暴雨、管涌等情况或变形急剧增大时，要严密观测。

建筑物主体结构施工阶段的观测应随施工进度及时进行。一般建筑可在基础完工后或地下室砌完后开始观测，大型、高层建筑可在基础垫层或基础底部完成后开始观测。观测次数与间隔时间应视地基与加荷情况而定。民用建筑可每加高1～5层观测一次；工业建筑可按不同施工阶段（如回填基坑、安装柱子和屋架、砌筑墙体及设备安装等）分别进行观测。如果建筑物均匀增高，测量人员应至少在荷载增加25%、50%、75%和100%时各测一次。施工过程中如果暂时停工，在停工时及重新开工时应各观测一次。停工期间可每隔2～3个月观测一次。

建筑物使用阶段的观测次数应视地基土类型和沉降速度大小决定。除有特殊要求外，一般情况下可在第一年观测3～5次，第二年观测2～3次，第三年后每年观测1次，直至稳定。观测期限一般不少于如下规定：砂土地基2年，膨胀土地基3年，黏土地基5年，软土地基10年。

在观测过程中，如果有基础附近地面荷载突然增减、基础四周大量积水、长时间连续降雨等情况，测量人员均应及时增加观测次数。当建筑物突然产生大量沉降、不均匀沉降或严重裂缝时，测量人员应立即进行逐日或几天一次的连续观测。

沉降是否进入稳定阶段，应由沉降量与时间关系曲线判定。对于重点观测和科研观测工程，若最后3个周期观测中每周期沉降量不大于$2\sqrt{2}$倍测量中误差，可认为已进入稳定阶段。对于一般观测工程，若沉降速度小于0.01～0.04 mm/d，可认为已进入稳定阶段。具体取值根据各地区地基土的压缩性确定。

2. 沉降观测方法

沉降观测点首次观测的高程值是以后各次观测比较的依据。如果首次观测的高程精度不够或存在错误，不仅无法补测，而且会造成沉降观测的矛盾现象。因此，必须提高初测精度，应在同期进行两次观测后取平均值。

沉降观测的水准路线（从一个水准基点到另一个水准基点）应形成闭合路线。与一般水准测量相比，不同的是视线长度较短，一般不大于25 m，一次安置仪器可以有几个前置点。

每次观测应记载施工进度、增加荷载量、仓库进货吨位、气象及建筑物倾斜裂缝等各种影响沉降变化和异常的情况。

3. 沉降观测的成果整理

1）整理原始记录

每次观测结束后，测量人员应检查记录的数据和计算是否正确、精度是否合格，然后调整高差闭合差，推算出各沉降观测点的高程。

2）计算沉降量

沉降量的计算内容和方法如下：

（1）计算各沉降观测点的本次沉降量。

沉降观测点的本次沉降量＝本次观测所得的高程－上次观测所得的高程

（2）计算累积沉降量。

累积沉降量＝本次沉降量＋上次累积沉降量

3）绘制沉降曲线

图 14-1 所示为沉降曲线图。沉降曲线分为两部分，即时间与沉降量关系曲线和时间与荷载关系曲线。

（1）绘制时间与沉降量关系曲线。首先，以沉降量为纵轴，以时间为横轴，组成直角坐标系。然后，以累积沉降量为纵坐标，以观测日期为横坐标，标出沉降观测点的位置。最后，用曲线将标出的各点连接起来，并在曲线的一端注明沉降观测点号码，这样就能绘制出时间与沉降量关系曲线。

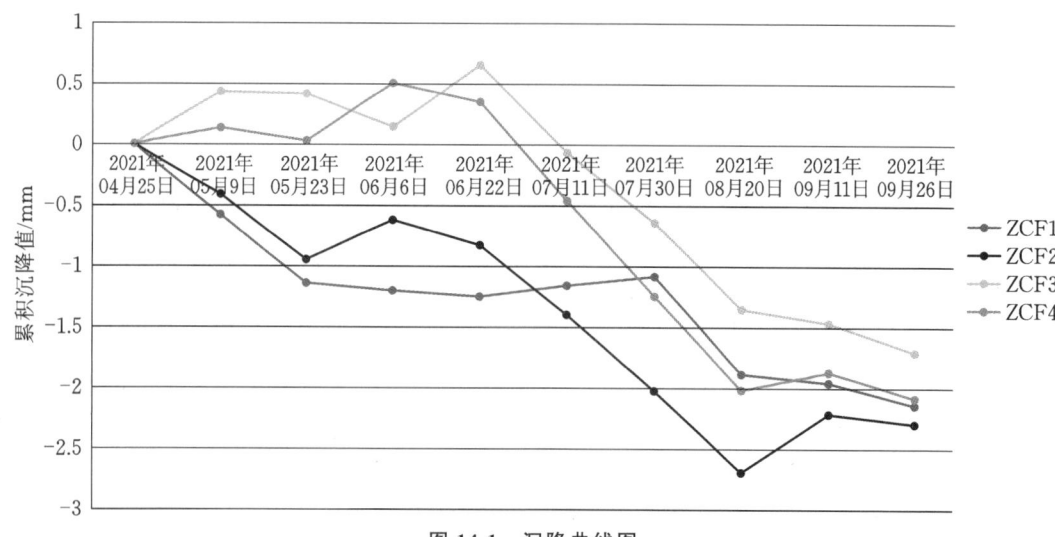

图 14-1 沉降曲线图

（2）绘制时间与荷载关系曲线。首先，以荷载为纵轴，以时间为横轴，组成直角坐标系。然后，根据每次观测时间和相应的荷载标出各点。最后，将各点连接起来，即可绘制出时间与荷载关系曲线。

对观测成果的综合分析评价是沉降观测的一项十分重要的工作。在深基坑开挖阶段，引起沉降的原因主要是支护结构产生大的水平位移和地下水位降低。沉降发生的时间往往比水平位移发生的时间滞后 2~7 天。地下水位降低会较快地引发周边地面大幅度沉降。在建筑物主体施工中，引起沉降异常的因素较为复杂：勘察提供的地基承载力过高，导致地基剪切破坏；施工中人工降水或建筑物使用后大量抽取地下水；地质土层不均匀或地基土层薄厚不均，压缩变形差大；设计错误或打桩方法、工艺不当等。

由于观测存在误差,有时沉降量会出现正值,测量人员应正确分析原因。通常,3个观测周期的累计沉降量小于观测精度时,可作为沉降稳定的限值。

14.3 倾斜和位移观测

14.3.1 建筑物的倾斜观测

1. 一般建筑物主体的倾斜观测

建筑物主体的倾斜观测,应测定建筑物顶部观测点相对于底部观测点的偏移值,再根据建筑物的高度,计算建筑物主体的倾斜度,即

$$i = \tan\alpha = \frac{\Delta D}{H} \tag{14-1}$$

式中:i——建筑物主体的倾斜度;

ΔD——建筑物顶部观测点相对于底部观测点的偏移值,m;

H——建筑物的高度,m;

α——倾斜角,°。

由式(14-1)可知,倾斜观测主要是测定建筑物主体的偏移值 ΔD。偏移值 ΔD 的测定一般采用经纬仪投影法,具体观测方法如下。

(1)如图 14-2 所示,将经纬仪安置在固定测站上。该测站到建筑物的距离为建筑物高度的 1.5 倍以上。瞄准建筑物 X 墙面上部的观测点 M,用盘左、盘右分中投点法,定出下部的观测点 N。用同样的方法,在与 X 墙面垂直的 Y 墙面上定出观测点 P 和下观测点 Q。M、N、P、Q 即为所设观测标志。

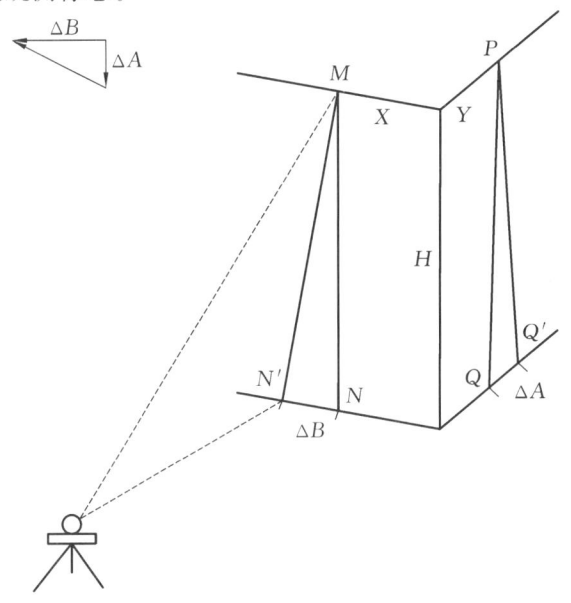

图 14-2 一般建筑物主体的倾斜观测

(2) 相隔一段时间后,在原固定测站上,安置经纬仪,分别瞄准上观测点 M 和 P,用盘左、盘右分中投点法,得到 N' 和 Q'。如果 N 与 N'、Q 与 Q' 不重合,如图 14-2 所示,建筑物产生了倾斜。

(3) 用尺子量出在 X、Y 墙面的偏移值 ΔA、ΔB,然后用矢量相加的方法,计算出该建筑物的总偏移值 ΔD,即

$$\Delta D = \sqrt{\Delta A^2 + \Delta B^2} \tag{14-2}$$

(4) 根据总偏移值 ΔD 和建筑物的高度 H,用式(14-1)计算出倾斜度 i。

2. 圆形建(构)筑物主体的倾斜观测

圆形建(构)筑物主体的倾斜观测,是在互相垂直的两个方向上,测定其顶部中心相对底部中心的偏移值,具体观测方法如下。

(1) 如图 14-3 所示,在烟囱底部横放一根标尺,在标尺中垂线方向上安置经纬仪,使经纬仪到烟囱的距离为烟囱高度的 1.5 倍。

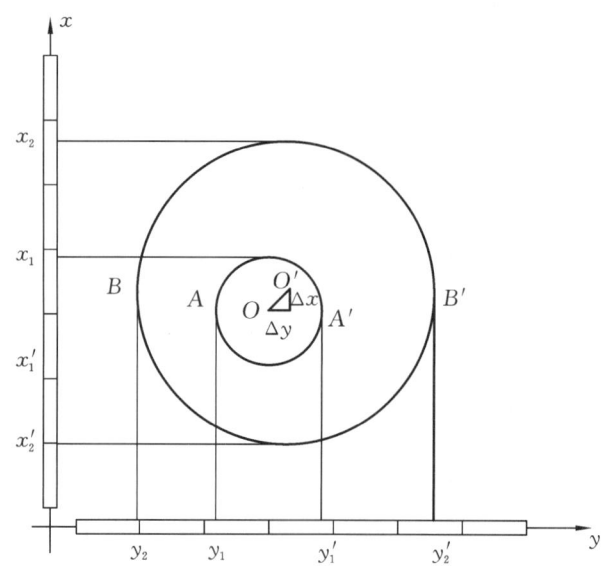

图 14-3 圆形建(构)筑物主体的倾斜观测

(2) 用望远镜将烟囱顶部边缘两点 A、A' 及底部边缘两点 B、B' 分别投到标尺上,得出读数 y_1、y_1' 及 y_2、y_2',如图 14-3 所示。烟囱顶部中心 O 对底部中心 O' 在 y 方向上的偏移值 Δy 为

$$\Delta y = \frac{y_1 + y_1'}{2} - \frac{y_2 + y_2'}{2} \tag{14-3}$$

(3) 用同样的方法,可测得在 x 方向上,顶部中心的偏移值 Δx 为

$$\Delta x = \frac{x_1 + x_1'}{2} - \frac{x_2 + x_2'}{2} \tag{14-4}$$

(4) 用矢量相加的方法,计算出顶部中心 O 对底部中心 O' 的总偏移值 ΔD,即

$$\Delta D = \sqrt{\Delta x^2 + \Delta y^2} \tag{14-5}$$

(5) 根据总偏移值 ΔD 和圆形建筑物的高度 H,用式(14-1)计算出倾斜度 i。

测量人员也可以采用激光铅垂仪或悬吊垂球的方法,直接测定建筑物的倾斜量。

14.3.2 建筑物的位移观测

根据平面控制点测定建筑物的平面位置随时间移动的大小及方向,称为位移观测。位移观测时,测量人员先要在建筑物附近埋设测量控制点,再在建筑物上设置位移观测点。

某些建筑物只要求测定某特定方向上的位移量,如大坝在水压力方向上的位移量,这种情况可采用基准线法进行水平位移观测。图 14-4 所示为用导线测量法查明某建筑物的位移。

观测时,先在位移方向的垂直方向上建立一条基准线。A、B 为施工中平面控制点,M 为在墙上设立的观测标志,用经纬仪测量 $\angle BAM = \beta$。视线方向大致垂直于厂房位移的方向。若厂房有平面位移 MM',测得 $\angle BAM' = \beta'$,设 $\Delta\beta = \beta' - \beta$,则位移量 MM' 按下式计算。

$$MM' = AM \frac{\Delta\beta}{\rho'} \tag{14-6}$$

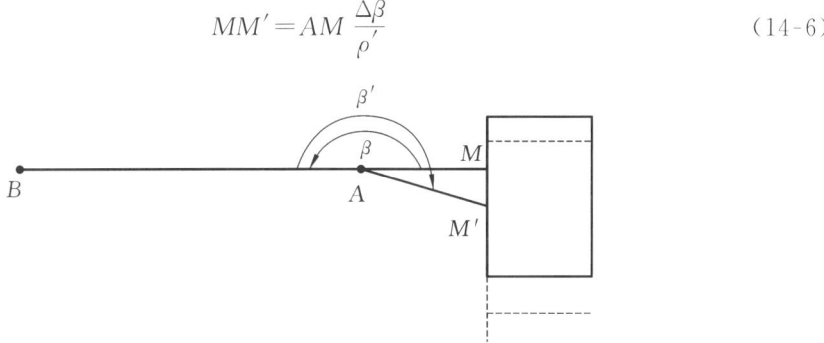

图 14-4　用导线测量法查明某建筑物的位移

14.4　挠度与裂缝观测

14.4.1 建筑物的挠度观测

测定建筑物受力后挠曲程度的工作称为挠度观测。建筑物在应力的作用下产生弯曲和扭曲,弯曲变形时横截面形心沿与轴线垂直方向的线位移称为挠度。对于平置的构件,在两端及中间设置 3 个沉降点进行沉降观测,可以测得在某时间段内 3 个点的沉降量,分别为 h_a、h_b、h_c,则该构件的挠度为

$$\tau = \frac{1}{2}(h_a + h_c - 2h_b)\frac{1}{S_{ac}} \tag{14-7}$$

式中:h_a,h_c——构件两端点的沉降量;

h_b——构件中间点的沉降量;

S_{ac}——两端点的平距。

对于直立的构件,测量人员要设置上、中、下三个位移监测点进行位移监测,利用3点的位移量求出挠度。在这种情况下,我们把在建筑物垂直面内各不同高程点相对于底点的水平位移称为挠度。

对于直立高大型建筑物,挠度的观测方法是测定建筑物在铅垂面内各不同高程点相对于底部的水平位移值。高层建筑物通常采用前方交会法测定。对于内部有竖直通道的建筑物,挠度观测多采用垂线观测,即从建筑物顶部附近悬挂一根不锈钢丝,下挂重锤,直到建筑物底部,在建筑物不同高程上设置观测点,以坐标仪定期测出各点相对于垂线最低点的位移。比较不同周期的观测成果,即可求得建筑物的挠度。电子传感设备可将观测点相对于垂线的微小位移变换成电感输出,放大后由电桥测定并显示各点的挠度。

14.4.2 建筑物的裂缝观测

建筑物出现裂缝后,测量人员应及时进行裂缝观测。常用的裂缝观测方法有以下两种。

1. 石膏板标志

用厚 10 mm,宽 50~80 mm 的石膏板(长度视裂缝大小而定),固定在裂缝的两侧。当裂缝继续发展时,石膏板也随之开裂,从而观察裂缝继续发展的情况。

2. 白铁皮标志

用两块白铁皮,一片为 150 mm×150 mm 的正方形,固定在裂缝的一侧;另一片为 50 mm×200 mm 的矩形,固定在裂缝的另一侧,使两块白铁皮的边缘相互平行,并使其中的一部分重叠。在两块白铁皮的表面,涂上红色油漆。如果裂缝继续发展,两块白铁皮将被逐渐拉开,露出正方形上原被覆盖的没有油漆的部分,其宽度即为裂缝加大的宽度。定期量取两组端线与边线的距离,取平均值,即为裂缝的宽度,连同观测时间一并记入手簿。此外,测量人员还应观测裂缝的走向和长度等项目。

14.5 竣工总平面图的绘制

14.5.1 竣工测量

建(构)筑物竣工验收时进行的测量工作,称为竣工测量。

为做好竣工总平面图的绘制工作,测量人员应随着工程施工进度,同步记载施工资料,并根据实际情况,在竣工时进行竣工测量。竣工测量主要是对施工过程中设计有更改的部分,直接在现场指定施工的部分,以及资料不完整、无法查对的部分,根据施工控制网进行现场实测或补测。

在每一个单项工程完成后,施工单位必须进行竣工测量,并提出该工程的竣工测量成果,作为绘制竣工总平面图的依据。

竣工测量的内容如下。

(1)工业厂房及一般建筑物:测定房角坐标、几何尺寸,管线进出口的位置和高程,室内地坪及房角标高,附注房屋结构层数、面积和竣工时间。

（2）地下管线：测定检修井、转折点、起点、终点的坐标,井盖、井底、沟槽和管顶等的高程,附注管道及检修井的编号、名称、管径、管材、间距、坡度和流向。

（3）架空管线：测定转折点、结点、交叉点和支点的坐标,支架间距、基础面标高等。

（4）交通线路：测定线路起终点、转折点和交叉点的坐标,曲线元素,路面、人行道、绿化带界线等。

（5）特种构筑物：测定沉淀池、烟囱等的外形和四角坐标,圆形构筑物的中心坐标,基础面标高,构筑物的高度或深度等。

竣工测量的基本测量方法与地形测量相似,区别在于以下几点：图根控制点的密度要大于地形测量图根控制点的密度；竣工测量的测量精度较高,地形测量的测量精度要求满足图解精度,而竣工测量的测量精度一般要满足解析精度,应精确至厘米；竣工测量的内容更丰富,不仅测地面的地物和地貌,还要测地下各种隐蔽工程,如上水、下水及热力管线等。

14.5.2 竣工总平面图的绘制方法和整饰

建设工程项目竣工后,应绘制竣工总平面图。竣工总平面图是设计总平面图在施工后实际情况的全面反映,其目的是将主要建筑物、道路和地下管线等位置的工程实际状况进行记录,为工程交付使用后的查询、管理、检修、改建或扩建等提供实际资料,为工程验收提供依据。竣工总平面图的绘制包括竣工测量和资料编绘两个方面的内容。

竣工总平面图的内容主要包括测量控制点、厂房辅助设施、生活福利设施、架空及地下管线、道路的转向点、建筑物或构筑物的坐标和高程,以及预留空地区域的地形。

竣工总平面图一般尽可能绘制在一张图纸上。但对于较复杂的工程绘制在一张图纸上可能会使线条太密集,不便识图,这时可分类编图,如房屋建筑竣工总平面图、道路及管网竣工总平面图等。

绘制竣工总平面图时需收集的资料有设计总平面图、单位工程平面图、纵断面图、横断面图、施工图及施工说明、系统工程平面图、变更设计的资料、更改设计的图纸、数据、施工放样资料、施工检查测量及竣工测量资料等。如果施工单位较多,多次转手可能造成竣工测量资料不全、图面不完整或现场情况不符的情况,测量人员应进行实地施测,再绘制竣工总平面图。

1. 竣工总平面图的绘制方法

（1）在图纸上绘制坐标方格网。绘制坐标方格网的方法、精度要求与地形测量绘制坐标方格网的方法、精度要求相同。比例尺一般采用1∶1000,如果不能清楚地表示某些特别密集的地区,也可在局部采用1∶500的比例尺。

（2）展绘控制点。坐标方格网画好后,将施工控制点按坐标值展绘在图纸上。对所临近的方格而言,允许误差为±0.3 mm。

（3）展绘设计总平面图。根据坐标方格网,将设计总平面图按设计坐标,用铅笔展绘于图纸上,作为底图。

（4）展绘竣工总平面图。对于按设计坐标进行定位的工程,测量人员应以测量定位资料为依据,按设计坐标和标高,用红色数字在图上表示出设计数据。对于原设计变更的工程,测量人员应根据设计变更资料展绘。对于有竣工测量资料的工程,若竣工测量成果与设计值之差不超过所规定的定位允许误差,按设计值展绘;否则,按竣工测量资料展绘。竣工测量成果用黑色墨线展绘并将其坐标和高程注在图上。黑色与红色之差,即为施工与设计之差。

2. 竣工总平面图的整饰

（1）竣工总平面图的符号应与原设计图的符号一致。地形图的图例应使用国家地形图示符号。原设计图没有的图例符号,可使用新的图例符号,但应符合现行总平面图设计的有关规定。

（2）对于厂房,测量人员应使用黑色墨线,绘出竣工位置,并在图上注明工程名称、坐标、高程及有关说明。

（3）对于各种地上、地下管线,测量人员应用各种不同颜色的墨线,绘出其中心位置,并应在图上注明转折点及井位的坐标、高程及有关说明。

（4）对于没有进行设计变更的工程,用墨线绘出的竣工位置,应与按设计原图用铅笔绘出的设计位置重合,但其坐标及高程数据与设计值相比可能稍有不同。

随着工程的进展,逐渐在底图上将铅笔线都绘成墨线。对于直接在现场指定位置进行施工的工程、以固定地物定位施工的工程及多次变更设计而无法查对的工程等,测量人员应进行现场实测,这样测绘出的竣工总平面图称为实测竣工总平面图。

竣工总平面图绘制完成后,应经原设计及施工单位技术负责人审核、会签。

参考文献

[1] 蔡跃.职业教育活页式教材开发指导手册[M].上海:华东师范大学出版社,2020.

[2] 姜树辉,巨辉.建筑工程测量实训[M].重庆:重庆大学出版社,2020.

[3] 周海波,李莎莎.建筑工程测量[M].天津:南开大学出版社,2017.

[4] 周建郑.建筑工程测量[M].4版.北京:中国建筑工业出版社,2018.

[5] 王云江.建筑工程测量[M].3版.北京:中国建筑工业出版社,2013.

[6] 中华人民共和国住房和城乡建设部,国家市场监督管理总局.GB 50026—2020 工程测量标准[S].北京:中国计划出版社,2021.

[7] 中华人民共和国国家质量监督检验检疫总局,中国国家标准化管理委员会.GB/T 12898—2009 国家三、四等水准测量规范[S].北京:中国标准出版社,2009.

[8] 中华人民共和国国家质量监督检验检疫总局,中国国家标准化管理委员会.GB/T 18314—2009 全球定位系统(GPS)测量规范[S].北京:中国标准出版社,2009.

[9] 中华人民共和国住房和城乡建设部.JGJ/T 408—2017 建筑施工测量标准[S].北京:中国建筑工业出版社,2017.

[10] 中华人民共和国住房和城乡建设部.JGJ 8—2016 建筑变形测量规范[S].北京:中国建筑工业出版社,2016.